U0179823

MySQL 微课视频版

数据库开发与管理实战

杜亦舒 编著

中国水利水电出版社
www.waterpub.com.cn
·北京·

内 容 提 要

  《MySQL 数据库开发与管理实战（微课视频版）》是一本系统讲解 MySQL 数据库开发与管理应用的实战教程、视频教程。该书从 MySQL 基础用法讲起，由浅入深地讲解了 MySQL 数据库开发与管理的各方面应用。全书共 4 篇，第 1 篇为 MySQL 基础篇，内容包括 MySQL 概述、MySQL 安装；第 2 篇为必会 SQL 篇，内容包括数据库和表、数据查询、数据更新与删除、复杂查询、常用函数；第 3 篇为 MySQL 进阶篇，内容包括触发器、存储过程、索引、事务、性能优化、高可用 MySQL、MySQL 8 重要新特性；第 4 篇为 MySQL 管理篇，内容包括用户与权限、数据备份与恢复、日志管理、MySQL 监控。技术学习必须理论与实践相结合，本书理论的讲解配备了大量的实例操作和视频讲解，实用性强，旨在帮助 MySQL 数据库的使用者快速掌握其用法，提升实战应用水平。

  《MySQL 数据库开发与管理实战（微课视频版）》适合学习 MySQL 的新用户、MySQL 数据库管理员、急需快速提升 MySQL 应用能力的工程师、需要针对 MySQL 做性能优化与提升可用性的架构师，以及互联网应用系统开发人员等。本书也可做为高等院校或者培训机构计算机相关专业的教材。

图书在版编目（CIP）数据

  MySQL数据库开发与管理实战 ：微课视频版 / 杜亦舒编著.
-- 北京 ： 中国水利水电出版社，2022.2
  ISBN 978-7-5170-9508-8

  Ⅰ. ①M… Ⅱ. ①杜… Ⅲ. ①SQL语言－程序设计
Ⅳ. ①TP311.132.3

中国版本图书馆 CIP 数据核字(2021)第 053532 号

书　　名	MySQL 数据库开发与管理实战（微课视频版） MySQL SHUJUKU KAIFA YU GUANLI SHIZHAN	
作　　者	杜亦舒　编著	
出版发行	中国水利水电出版社 （北京市海淀区玉渊潭南路 1 号 D 座　100038） 网址：www.waterpub.com.cn E-mail：zhiboshangshu@163.com 电话：(010) 62572966-2205/2266/2201（营销中心）	
经　　售	北京科水图书销售中心（零售） 电话：(010) 88383994、63202643、68545874 全国各地新华书店和相关出版物销售网点	
排　　版	北京智博尚书文化传媒有限公司	
印　　刷	三河市龙大印装有限公司	
规　　格	190mm×235mm　16 开本　28.75 印张　720 千字	
版　　次	2022 年 2 月第 1 版　2022 年 2 月第 1 次印刷	
印　　数	0001—3000 册	
定　　价	99.80 元	

前　　言

为什么要写这本书？

数据库可以说是所有应用的必备软件，在 2021 年 4 月全球数据库排行榜中，MySQL 位居第二名，仅次于第一名 Oracle。Oracle 是收费的商用数据库，而 MySQL 是开源免费的，所以 MySQL 的应用范围极为广泛，Google、Facebook、阿里、腾讯等世界著名公司都在使用，MySQL 更是中小型企业的首选数据库。所以掌握 MySQL 技能已经成为程序员、数据库管理员等技术人员的基本要求。

目前图书市场上关于 MySQL 的图书很多，但全面指导实际应用并紧跟最新技术特性的图书却很少。本书从实际应用角度出发，使读者全面掌握 MySQL 的用法以及最新版本的功能特性，提高实际应用能力。

本书有何特色？

1．深入浅出，易学易用

从 MySQL 数据库的基础概念讲起，由浅入深地学习，如从基础 SQL 操作到高阶复杂 SQL 操作，从索引使用到索引优化原理等。由易到难，循序渐进地学习 MySQL。

2．从更高的视角来学习 MySQL

书中讲解了除 MySQL 本身功能应用之外的用法。例如，如何进行优化以提升数据库的性能；如何进行高可用的架构设计以提升 MySQL 的可用性；如何进行 MySQL 数据库的监控等。

3．实例驱动，实战性强

所有涉及操作的章节都有完整的实例，使读者在了解理论知识的同时，能够更生动地理解如何使用，读者完全可以根据书中步骤顺畅地进行实践。

4．紧跟最新功能特性

目前 MySQL 已经发布到 8.x 版本，其中有多项重大功能升级，书中对这些重要的新功能都进行了讲解，使读者可以快速掌握 MySQL 的最新特性。

本书内容及知识体系

本书分为4篇共18章，全面地介绍了 MySQL 数据库的各种概念以及操作方式，从了解 MySQL、掌握基础操作、掌握高阶用法，到 MySQL 的性能优化与架构设计，一步步地深入讲解 MySQL 的知识体系。

第 1 篇　MySQL 基础（第 1、2 章）

本篇介绍了 MySQL 的基础概念。主要包括 MySQL 的发展历史、核心特点、存储引擎的概念以及逻辑架构，最后详细介绍了 MySQL 的安装步骤，以及主流的 MySQL 客户端工具。

第 2 篇　必会 SQL（第 3～7 章）

本篇介绍了 MySQL 基础的核心操作。主要包括数据库与数据表的管理、单表的查询方式、数据的更新与删除、多表的复杂查询方式和常用函数。其中单表查询包括指定查询条件、指定结果目标字段、限制查询结果数量、设置字段别名、结果去重；复杂查询包括多表的关联查询、子查询、视图。

第 3 篇　MySQL 进阶（第 8～14 章）

本篇介绍了 MySQL 的高阶用法。主要包括触发器、存储过程、索引、事务、性能优化、高可用 MySQL、MySQL 8 重要新特性。其中存储过程包括创建存储过程、查看存储过程、删除存储过程、变量与参数、条件判断、循环控制、游标、存储函数；索引包括如何创建、查看、删除索引，以及唯一索引、前缀索引、组合索引、聚簇索引的概念与用法；事务包括如何使用及如何控制隔离级别；性能优化包括基准测试、参数配置及索引与查询的优化方法；高可用架构包括复制结构、读写分离、组复制方式；MySQL 8 重要新特性包括 JSON 操作、Hash Join 算法、隐藏索引，以及 CTE 表达式的用法。

第 4 篇　MySQL 管理（第 15～18 章）

本篇介绍了 MySQL 的重要管理方法。主要包括 MySQL 的用户与权限、数据备份与恢复、日志管理、MySQL 监控。其中，用户与权限包括用户的创建、删除锁定、修改用户名密码，以及授权、撤销权限、角色管理；数据备份与恢复包括全量备份与增量备份的用法，以及相应的恢复方法；日志管理包括错误日志、查询日志、二进制日志、中继日志的管理方法；MySQL 监控包括可用性、状态、性能、复制的监控，以及常用监控工具。

本书资源获取及服务

本书提供配套的教学视频和项目案例源码，读者使用手机微信"扫一扫"功能扫描下面的二维码，或在微信公众号中搜索"人人都是程序猿"，关注后输入 MSQ9508 并发送到公众号后台，获取本书资源下载链接。将该链接复制到计算机浏览器的地址栏中，根据提示下载即可。

读者可加入 QQ 群 125899670，与其他读者交流学习。

适合阅读本书的读者

- MySQL 的新用户。
- 急需快速提升 MySQL 应用能力的工程师。
- 互联网应用系统开发人员。
- MySQL 数据库管理员。
- 需要针对 MySQL 做性能优化、提升可用性的架构师。

阅读本书的建议

- 没有 MySQL 数据库基础的读者，建议从第 1 章顺次阅读并实践。
- 对于具有一定 MySQL 基础的读者，可以根据需要阅读相应章节。
- 在学习具体章节时，建议先浏览主要知识点，做到心中有数，然后再仔细阅读，并动手实际操作，以便加深理解。
- 可以先阅读一遍书中的知识点和操作流程，然后有针对性地精读与实践，这样学习效果会更好。

致谢

本书能够顺利出版，是作者、编辑和所有审校人员共同努力的结果，在此深表谢意。同时，祝福所有读者在职场一帆风顺。

编　者

目　　录

第 1 篇　MySQL 基础

第 1 章　MySQL 概述 ·············· 2
📹 视频讲解：5 集
- **1.1　MySQL 发展历程** ············· **2**
- **1.2　MySQL 核心特点** ·············· **3**
- **1.3　MySQL 存储引擎** ·············· **3**
- **1.4　MySQL 逻辑架构** ·············· **5**
- **1.5　小结** ·························· **7**

第 2 章　MySQL 安装 ·············· 8
📹 视频讲解：9 集
- **2.1　在 Windows 中安装 MySQL** ··· **8**
  - 2.1.1　下载 MySQL ············· 8

- 2.1.2　安装 MySQL ············· 9
- **2.2　在 Linux 中安装 MySQL** ········ **11**
  - 2.2.1　下载 MySQL ············ 11
  - 2.2.2　安装 MySQL ············ 12
  - 2.2.3　配置 MySQL ············ 13
  - 2.2.4　启动 MySQL ············ 14
- **2.3　在 Docker 容器中运行 MySQL** ····· **15**
  - 2.3.1　运行 MySQL 容器 ········ 15
  - 2.3.2　登录 MySQL ············ 16
- **2.4　MySQL 客户端工具** ············ **17**
  - 2.4.1　数据库综合客户端 Navicat ··· 18
  - 2.4.2　MySQL 可视化客户端 SQLyog ··················· 18
- **2.5　小结** ························ **19**

第 2 篇　必会 SQL

第 3 章　数据库和表 ·············· 21
📹 视频讲解：14 集
- **3.1　数据库结构** ·················· **21**
- **3.2　数据库操作** ·················· **22**
  - 3.2.1　创建数据库 ············· 23
  - 3.2.2　查看数据库 ············· 24
  - 3.2.3　选择数据库 ············· 26
  - 3.2.4　修改数据库 ············· 26
  - 3.2.5　删除数据库 ············· 27
- **3.3　数据表操作** ·················· **28**

- 3.3.1　创建表 ················ 28
- 3.3.2　数据类型 ··············· 29
- 3.3.3　查看表结构 ············· 34
- 3.3.4　修改表 ················ 35
- 3.3.5　删除表 ················ 42
- 3.3.6　表的约束 ··············· 42
- 3.3.7　插入数据 ··············· 52
- **3.4　小结** ························ **54**

第 4 章　数据查询 ·············· 55
📹 视频讲解：19 集

4.1 查询基础 ···············**55**

　　4.1.1 指定查询结果中的列 ········ 56

　　4.1.2 设置字段别名 ·········· 58

　　4.1.3 查询结果去重 ·········· 59

　　4.1.4 条件查询 ············ 63

　　4.1.5 限制查询结果数量 ········ 64

4.2 MySQL 运算符 ··········**66**

　　4.2.1 比较运算符 ··········· 66

　　4.2.2 算术运算符 ··········· 73

　　4.2.3 逻辑运算符 ··········· 74

　　4.2.4 位运算符 ············ 78

　　4.2.5 运算符优先级 ·········· 80

4.3 排序 ···············**81**

4.4 统计函数 ·············**83**

　　4.4.1 COUNT()函数 ········· 83

　　4.4.2 AVG()函数 ··········· 85

　　4.4.3 SUM()函数 ··········· 86

　　4.4.4 MAX()函数与 MIN()函数 ··· 86

4.5 分组 ···············**87**

　　4.5.1 分组的基本用法 ········· 88

　　4.5.2 分组统计 ············ 90

　　4.5.3 多字段分组 ··········· 91

　　4.5.4 条件分组 ············ 92

4.6 小结 ···············**95**

第 5 章　数据更新与删除 ········ 96

　視頻讲解：10 集

5.1 数据更新 ·············**96**

　　5.1.1 全表更新 ············ 96

　　5.1.2 条件更新 ············ 98

　　5.1.3 字符串替换 ·········· 100

　　5.1.4 使用 SELECT 查询配合

　　　　　更新 ············ 101

　　5.1.5 多表更新 ··········· 104

5.2 数据删除 ············**105**

　　5.2.1 全表删除 ··········· 105

　　5.2.2 条件删除 ··········· 107

　　5.2.3 限制行数删除 ········· 108

5.3 数据替换 ············**109**

5.4 小结 ··············**110**

第 6 章　复杂查询 ··········· 111

　視頻讲解：17 集

6.1 测试数据库准备 ·········**111**

6.2 多表关联查询 ··········**112**

　　6.2.1 笛卡儿积 ··········· 113

　　6.2.2 内连接 ············ 113

　　6.2.3 左外连接 ··········· 117

　　6.2.4 右外连接 ··········· 121

　　6.2.5 交叉连接 ··········· 122

　　6.2.6 自连接 ············ 123

6.3 子查询 ·············**124**

　　6.3.1 在 WHERE 中应用子查询 ··· 124

　　6.3.2 在 FROM 中应用子查询 ··· 126

　　6.3.3 相关子查询 ·········· 128

　　6.3.4 EXISTS 运算符 ······· 130

6.4 视图 ··············**131**

　　6.4.1 创建视图 ··········· 132

　　6.4.2 查看视图 ··········· 133

　　6.4.3 修改视图 ··········· 135

　　6.4.4 删除视图 ··········· 137

　　6.4.5 视图数据操作 ········· 138

6.5 小结 ··············**140**

第 7 章　常用函数 ··········· 141

　視頻讲解：21 集

7.1 数学计算函数 ··········**141**

　　7.1.1 获取绝对值 ·········· 142

　　7.1.2 数值截取 ··········· 143

　　7.1.3 四舍五入 ··········· 144

　　7.1.4 获取余数 ··········· 145

7.1.5 获取整数 ························146

7.1.6 获取随机数 ··················146

7.2 字符串函数 ······················**147**

7.2.1 字符串拼接 ··················148

7.2.2 字符串查找 ··················150

7.2.3 获取字符串长度 ···········152

7.2.4 字符串大小写转换 ·······153

7.2.5 字符串替换 ··················154

7.2.6 去除首尾空格 ··············155

7.2.7 字符串截取 ··················158

7.3 日期函数 ·······················**163**

7.3.1 获取当前日期与时间 ·······163

7.3.2 提取日期与时间 ···········167

7.3.3 日期计算 ······················170

7.4 流程控制函数 ···················**174**

7.4.1 CASE 表达式 ···············174

7.4.2 IF()函数 ······················176

7.4.3 IFNULL()函数 ···············177

7.4.4 NULLIF()函数 ···············178

7.5 小结 ·····························**179**

第 3 篇   MySQL 进阶

第 *8* 章   触发器 ················ 181

视频讲解：7 集

8.1 触发器概述 ···················**181**

8.2 创建触发器 ···················**182**

8.2.1 创建 INSERT 触发器 ·····182

8.2.2 创建 UPDATE 触发器 ·····187

8.2.3 创建 DELETE 触发器 ·····191

8.3 查看触发器 ···················**194**

8.4 删除触发器 ···················**196**

8.5 小结 ·····························**197**

第 *9* 章   存储过程 ············ 198

视频讲解：17 集

9.1 存储过程概述 ·················**198**

9.2 创建存储过程 ·················**200**

9.3 查看存储过程 ·················**201**

9.4 删除存储过程 ·················**203**

9.5 变量与参数 ···················**205**

9.5.1 变量 ····························205

9.5.2 参数 ····························206

9.6 条件判断 ······················**210**

9.6.1 IF 语句 ·······················210

9.6.2 CASE 语句 ··················215

9.7 循环控制 ······················**218**

9.7.1 LOOP 语句 ··················218

9.7.2 WHILE 语句 ················220

9.7.3 REPEAT 语句 ···············221

9.8 错误处理 ······················**223**

9.9 游标 ·····························**225**

9.10 存储函数 ·····················**227**

9.10.1 创建存储函数 ···········227

9.10.2 查看存储函数 ···········229

9.10.3 删除存储函数 ···········230

9.11 小结 ···························**231**

第 *10* 章   索引 ················ 232

视频讲解：9 集

10.1 索引的作用 ··················**232**

10.2 创建索引 ·····················**233**

10.3 查看索引 ·····················**235**

10.4 删除索引 ·····················**236**

10.5 唯一索引 ·····················**237**

10.6 前缀索引 ·····················**239**

10.7　组合索引 ·················243
10.8　聚簇索引 ·················247
10.9　小结 ·····················247

第 11 章　事务 ·············248

视频讲解：7 集

11.1　事务概述 ·················248
　　11.1.1　事务的概念 ·········248
　　11.1.2　事务的特性 ·········249
11.2　事务控制 ·················250
11.3　事务隔离 ·················254
　　11.3.1　事务并发问题 ·······254
　　11.3.2　事务隔离级别 ·······256
　　11.3.3　事务隔离的实现机制 ··264
11.4　小结 ·····················266

第 12 章　性能优化 ·········267

视频讲解：17 集

12.1　性能优化的维度 ·········267
12.2　基准测试 ·················268
　　12.2.1　基准测试的概念 ·····269
　　12.2.2　基准测试的目标 ·····269
　　12.2.3　基准测试的步骤 ·····269
　　12.2.4　基准测试的工具 ·····270
12.3　参数配置 ·················278
　　12.3.1　参数介绍 ···········278
　　12.3.2　内存参数 ···········279
　　12.3.3　I/O 参数 ···········280
　　12.3.4　安全参数 ···········281
12.4　索引优化 ·················283
　　12.4.1　B+Tree 索引 ·······283
　　12.4.2　索引应用原则 ·······284
12.5　查询优化 ·················286
　　12.5.1　查询执行过程 ·······286
　　12.5.2　慢查询定位 ·········288

12.5.3　执行计划分析 ·········292
12.5.4　查询优化策略 ·········297
12.6　MySQL 之外的优化方式 ···306
12.7　小结 ·····················307

第 13 章　高可用 MySQL ·····308

视频讲解：11 集

13.1　主从复制 ·················308
　　13.1.1　主从复制概述 ·······308
　　13.1.2　主从复制的原理 ·····310
　　13.1.3　基于日志点的主从复制 ···311
　　13.1.4　基于 GTID 的复制 ···315
　　13.1.5　复制延时优化 ·······319
　　13.1.6　复制延时监控 ·······320
13.2　读写分离 ·················322
　　13.2.1　读写分离概述 ·······322
　　13.2.2　读写分离的实现方式 ···322
13.3　MHA 高可用架构 ·········329
13.4　组复制 ···················331
　　13.4.1　组复制概述 ·········331
　　13.4.2　组复制的实现方式 ···332
13.5　小结 ·····················337

第 14 章　MySQL 8 重要新
　　　　　　特性 ···············339

视频讲解：11 集

14.1　JSON 文档 ···············339
　　14.1.1　JSON 数据类型 ·····340
　　14.1.2　JSON 数据查询 ·····342
　　14.1.3　JSON 数据更新 ·····344
　　14.1.4　JSON 聚合函数 ·····346
14.2　Hash Join 算法 ···········347
　　14.2.1　Nested Loop 嵌套循环
　　　　　　算法 ···············347
　　14.2.2　Hash Join 算法应用 ···347

14.3 隐藏索引 ············· **351**
   14.3.1 隐藏索引概述 ········ 351
   14.3.2 隐藏索引的主要操作 ··· 351
14.4 CTE 通用表达式 ··········· **352**

   14.4.1 CTE 的形式 ··········· 355
   14.4.2 CTE 的实际应用 ········ 357
14.5 小结 ················· **361**

第 4 篇　MySQL 管理

第 15 章　用户与权限 ········· 363
📹 视频讲解：7 集

15.1 创建新用户 ············· **363**
15.2 用户授权 ··············· **366**
15.3 撤销权限 ··············· **368**
15.4 删除用户 ··············· **371**
15.5 修改用户名 ············· **374**
15.6 修改用户密码 ··········· **377**
15.7 锁定与解锁用户 ········· **378**
15.8 角色管理 ··············· **380**
15.9 小结 ··················· **385**

第 16 章　数据备份与恢复 ···· 386
📹 视频讲解：16 集

16.1 数据备份概述 ··········· **386**
16.2 全量备份 ··············· **387**
   16.2.1 备份单个数据库 ········ 388
   16.2.2 备份多个数据库 ········ 388
   16.2.3 备份所有数据库 ········ 390
   16.2.4 备份所有库到独立的
           文件 ··············· 391
   16.2.5 备份单独表 ··········· 392
   16.2.6 备份表结构 ··········· 393
   16.2.7 备份表数据 ··········· 394
   16.2.8 压缩备份 ············· 394
   16.2.9 文本格式备份 ········· 395
16.3 全量恢复 ··············· **397**
   16.3.1 恢复一个数据库 ········ 397

   16.3.2 恢复一张数据表 ········ 399
   16.3.3 从文本格式备份文件中
           恢复 ··············· 401
16.4 增量备份 ··············· **402**
16.5 增量恢复 ··············· **404**
16.6 小结 ··················· **409**

第 17 章　日志管理 ··········· 410
📹 视频讲解：14 集

17.1 错误日志 ··············· **410**
   17.1.1 开启错误日志 ········· 410
   17.1.2 查看错误日志 ········· 412
   17.1.3 删除错误日志 ········· 412
17.2 通用查询日志 ··········· **413**
   17.2.1 开启通用查询日志 ····· 413
   17.2.2 查看通用查询日志 ····· 414
   17.2.3 停止与删除通用查询
           日志 ··············· 415
17.3 慢查询日志 ············· **416**
   17.3.1 开启慢查询日志 ········ 416
   17.3.2 设置慢查询阈值 ········ 417
   17.3.3 查看慢查询日志 ········ 418
   17.3.4 分析慢查询日志 ········ 419
   17.3.5 停止与删除慢查询日志 ··· 420
17.4 二进制日志 ············· **421**
   17.4.1 开启二进制日志 ········ 421
   17.4.2 查看二进制日志 ········ 422
   17.4.3 停止二进制日志 ········ 422
   17.4.4 删除二进制日志 ········ 423

17.5　中继日志 ……………………425

17.6　小结 …………………………426

第 *18* 章　MySQL 监控 ………427

🎥 视频讲解：7 集

18.1　可用性监控 …………………427

18.2　整体状态监控 ………………428

18.3　性能监控 ……………………433

18.4　复制监控 ……………………437

18.5　性能监控工具 ………………439

18.5.1　Mytop ………………………439

18.5.2　综合监控工具 OrzDBA …441

18.6　小结 …………………………445

第 1 篇

MySQL 基础

第 1 章 MySQL 概述

MySQL 发展至今已经有 20 多年的历史，在计算机技术领域中可谓是历史悠久了，从当初一个小小的只提供给公司内部使用的小程序，到如今全球都在广泛应用的软件，中间的发展历程是非常坎坷而丰富的，技术架构不断演进，形成现在多存储引擎灵活插拔架构形式，还有众多鲜明的功能特性。

本章的目标就是了解 MySQL 发展历史中的重要历程节点、MySQL 的核心特点，以及存储引擎、逻辑架构，以便从外在特点和内在技术结构上对 MySQL 形成整体的认识。

通过本章的学习，可以掌握以下主要内容：

- MySQL 的发展历程。
- MySQL 的核心特点。
- MySQL 的存储引擎。
- MySQL 的逻辑架构。

扫一扫，看视频

1.1 MySQL 发展历程

提到 MySQL 就会让人想到那只小海豚 LOGO，如图 1-1 所示。海豚是自由的、活跃的，而且感知灵敏精确。这些特质与 MySQL 的思想高度一致，便使用了海豚作为 LOGO。后来 MySQL 公司还为这只海豚进行了征名活动，最后命名为 sakila。MySQL 这一路的成长历程与海豚的特质非常相似，动作敏捷，对数据库市场反应敏锐，产品本身品质极高，不断改进，并且开源，受到了众多人的喜爱。

图 1-1　MySQL LOGO

MySQL 之父 Monty 是一个喜欢创新、不断追求高效代码的大神级程序员，MySQL 能够发展到今天这种程度，都是 Monty 和同事们不懈努力的成果。1995 年，MySQL 1.0 版本诞生了，但这个版本只是提供给内部一部分人使用。一年之后，MySQL 3.11.1 正式对外发布，直接跳过了 2.x 版本，说明改动很大。即便如此，也只有对表的增、删、改、查等基础功能。1999 年 MySQL AB 公司正式成立，MySQL 开始了专业化的公司运作，由此开始，MySQL 进入了快速发展的新阶段。

2005 年，MySQL 发布了里程碑式的重要版本——MySQL 5.0，支持了大量的重要新特性，如存储过程、游标、触发器、XA 事务、视图等。2009 年，MySQL 被 Oracle 公司收购。MySQL 5.x 之后的版本直接就变为了 MySQL 8，跳过了 6.x 和 7.x，可见变动之大，如支持 JSON 类型数据、窗口函数、通用表达式，以及对空间地理功能的增强等。

扫一扫，看视频

1.2　MySQL 核心特点

MySQL 能够成为主流的数据库产品，是由其自身众多优秀特质决定的，如下面的这些特点。

- 开源，大大降低了使用门槛，可以快速使用，无须商业购买，使用成本低廉，而且采用了 GPL 协议，允许修改源码。
- 使用了标准 SQL，具有通用性。
- 社区非常活跃，会快速地推出新版本，增加新的功能，或者优化性能，而且遇到问题时，可以很快获得帮助。
- 性能卓越，经过了无数次的性能优化，应用了各种性能优化手段，如支持多线程、优化 SQL 查询算法、调整底层模型等功能。
- 服务稳定，MySQL 本身可以高可靠地长时间运行，而且有成熟的高可靠架构方案，支持各种复制模式。
- 安装以及使用都很简单，易于维护，安装及维护成本低，提供了丰富的管理、检查等各种工具。
- 支持多种操作系统，如 Linux、Windows、Mac、AIX、FreeBSD、OpenBSD、Solaris 等。
- 支持各种主流的开发语言，如 C、C++、PHP、Python、Java、Perl、C#、Golang、Ruby 等。
- 使用 C/C++编写，经过多种编译器测试，保证了源代码各个平台的移植性。
- 采用可插拔式存储引擎架构，目前已经支持 10 多种存储引擎，可以根据实际需要来选用合适的存储引擎。
- 支持多种字符编码，如常见的 GB2312、BIG5、UTF-8 等。
- 完善的用户权限系统，可以满足通用权限需求。

扫一扫，看视频

1.3　MySQL 存储引擎

存储引擎是 MySQL 的底层核心部件，数据库中很多重要功能都是依靠存储引擎来实现的，如下面的这些问题。

- 数据的物理存储形式是什么样的？
- 数据存储时使用什么数据结构？
- 是否支持事务？
- 索引的组织形式是怎样的？
- 是否支持锁？
- 锁的粒度是什么样的？表级锁还是行级锁？

这些都是存储引擎的职责范围，以上问题还只是一部分，存储引擎实际负责的工作非常多，难度也极大，所以说存储引擎是 MySQL 的核心。

不同的存储引擎有不同的特点，适用的场景也不同，为了适应各种需求场景，MySQL 支持了多种不同的存储引擎，满足了数据库领域的普遍需求。

既然支持多种存储引擎，那么就需要能够方便地使用它们，MySQL 采用了可插拔式存储引擎架构，可以根据需要灵活选择存储引擎。

以下是 MySQL 目前支持的主要存储引擎。

1. InnoDB

InnoDB 是 MySQL 的默认存储引擎，如果没有特别指定，那么默认就会使用 InnoDB。InnoDB 可以支持事务，采用 MVCC（Multi-Version Concurrency Control）多版本并发控制机制来支持事务一致性和并发，实现了 4 种隔离级别，默认的隔离级别是可重复读。

2. MyISAM

MyISAM 是 InnoDB 之前的默认存储引擎，MyISAM 提供了很多好用的功能，如压缩、全文索引、空间函数等。但是 MyISAM 也有比较明显的不足，首先是不支持事务，而且锁的粒度也比较大，MyISAM 是锁表不支持行级锁，所以并发性能弱于 InnoDB。

3. Archive

Archive 是一种比较简单的存储引擎，只支持 INSERT、SELECT 操作，但是在磁盘 I/O 上性能很好，对写数据进行了缓存，采用 zlib 对数据进行高效压缩，而且支持行级锁。基于这样的特点，Archive 存储引擎比较适合日志、数据采集这类的使用场景。

4. Blackhole

black hole 是"黑洞"的意思，所以 Blackhole 存储引擎具有黑洞的特性，Blackhole 存储引擎是没有存储机制的，所有插入进来的数据都不会被保存，但是所有 SQL 语句会被记录下来，可以用于 Slave 从服务器复制。基于这样的特性，Blackhole 存储引擎适合在主从复制的结构中作为中继器或者过滤器机制。

5. CSV

从名字就可以看出来，这种存储引擎很适合做 CSV 文件的处理，CSV 存储引擎可以将 CSV 文件作为 MySQL 数据表来处理，存储格式就是普通的 CSV 文件格式，可以对数据文件直接打开编辑，非常方便。可以把 CSV 文件拷贝出来，也可以把 CSV 文件拷贝进去，作为数据表，其他程序也可以直接访问编辑。基于这样的特点，CSV 存储引擎比较适合作为数据交换过程中的中间表。

6. Federated

Federated 存储引擎是一种远程连接的机制，可以连接到远程的 MySQL 服务器，在本地所做的操作实际都是通过这个远程连接在远程服务器中进行的，本地只是保存表结构，实际的数据操作都在远程服务器中进行。例如，数据的插入和查询都是作用在远程 MySQL 上，Federated 存储引擎是作为远程的代理。

7. Memory

Memory 存储引擎与名称一样，就是使用内存来操作数据，磁盘上只会保存表结构的描述文件，表数据都是存在内存中的，Memory 存储引擎是支持索引的，默认使用 Hash 索引。因为数据都在内存中，所以对内存的空间占用会很大，而且数据的可靠性不高，又因为数据在内存中，还有索引的支持，所以查询速度非常快，基于这样的特点，Memory 存储引擎适合用在数据生命周期比较短并且对查询性能要求较高的场景。

8. Merge

Merge 存储引擎相当于是多个 MyISAM 表的组合。例如，有 3 张 User 表，它们的表结构相同，使用的都是 MyISAM 存储引擎，只是表中的数据不同，那么就可以创建一个使用 Merge 存储引擎的表，其中指定包含这 3 张 User 表，之后对 Merge 的查询实际就是对这 3 张 User 表中数据的查询，插入数据也是同理。所以，Merge 存储引擎适合处理 MyISAM 分表。

9. NDB

NDB 存储引擎是 MySQL 的集群存储引擎，用于 MySQL 的集群环境，可以对集群中的多个 MySQL 数据库进行操作。

扫一扫，看视频

1.4　MySQL 逻辑架构

MySQL 逻辑架构如图 1-2 所示。

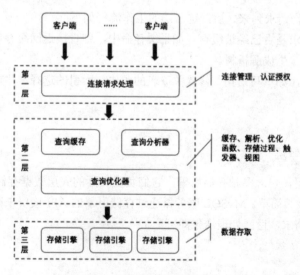

图 1-2　MySQL 逻辑架构

1. 第一层：连接层

第一层用于管理 MySQL Client 客户端的连接。当 Client 客户端连接到 MySQL 服务器之后，服务器会检查这个客户端的基本信息，包括主机、用户名、密码，对其进行身份验证，如果客户端使用的是 SSL 安全套接字方式连接，就会使用安全证书完成验证。

客户端通过身份验证之后，就可以成功连接到 MySQL 服务器，接下来服务器还需要对客户端进行权限验证，如该客户端允许访问哪些数据库，以及可以使用的操作方式。

身份验证是判断客户端是否可以进入 MySQL，权限验证是判断客户端可操作的范围。

验证完成后，客户端就可以操作 MySQL 了，在 MySQL 服务器内部，每个 Client 连接都有自己的线程，这个连接的请求都会在一个单独的线程中执行，MySQL 会对所有客户端的连接线程进行统一管理。

2. 第二层：请求处理层

第二层是实际的请求处理层。这是 MySQL 的核心部分，负责实际的底层数据处理之前的所有工作，如：

- 权限判断。
- SQL 解析。
- 执行计划优化。
- 查询缓存处理。
- 函数执行。
- 存储过程。
- 触发器。
- 视图。

例如，一个 SQL 查询请求到来之后，这一层的工作流程如下：

（1）查看此查询请求是否已经被缓存，如果缓存命中，则直接返回缓存结果；否则进入下一步。

（2）解析查询语句，生成解析树。

（3）优化查询方式，如重写语句、修改关联表的顺序、索引的选择、生成查询计划等。

（4）执行查询。

（5）返回查询结果。

3. 第三层：存储引擎层

第三层是存储引擎层，包含多种存储引擎，它们负责实际的底层数据存储与获取操作。存储引擎功能强大，但操作起来极其简单。MySQL 服务器通过存储引擎的 API 接口来请求各个存储引擎，存储引擎只需要简单的响应请求，返回处理结果即可。

1.5　小　　结

　　本章主要介绍了 MySQL 数据库的发展历史以及特点，对 MySQL 有了整体的认识，然后介绍了 MySQL 的核心部件——存储引擎，MySQL 支持各种类型的存储引擎，满足了普遍的需求场景，MySQL 使用可插拔式的存储引擎架构，可以灵活选择。

　　最后介绍了 MySQL 的整体逻辑架构，分为三个层次，第一层负责连接管理，第二层负责请求处理，第三层负责底层的数据存取。了解了逻辑架构之后，我们就对 MySQL 的工作方式有了整体性的认识。

第 2 章　MySQL 安装

MySQL 支持各种系统平台，如常用的 Windows 系统和 Linux 系统，近几年容器平台也有很广泛的应用，MySQL 也支持容器运行方式。本章的目标就是掌握 MySQL 在 Windows、Linux 系统中的安装方法，以及在 Docker 容器中的启动运行方式。

通过本章的学习，可以掌握以下主要内容：

● Windows 安装 MySQL。
● Linux 安装 MySQL。
● Docker 容器运行 MySQL。
● MySQL 客户端工具。

2.1　在 Windows 中安装 MySQL

在 Windows 系统中安装 MySQL 非常简单，只需要如下两个步骤：

（1）下载 MySQL 安装文件。

（2）运行 MySQL 安装文件，按步骤执行安装过程。

安装之前需要说明 MySQL 的版本问题，MySQL 现在已经有非常多的版本，本书选择的版本是 MySQL 5.7，因为这个版本是 MySQL 的经典版本，也是目前使用最为普遍的版本。

MySQL 从产品上分为企业版（Enterprise）、社区版（Community），企业版是收费的，社区版是免费的，本书选择的是社区版。

2.1.1　下载 MySQL

扫一扫，看视频

首先下载 MySQL，进入 MySQL 官网的下载页面，网址为 https://www.mysql.com/downloads/，下载页面如图 2-1 所示。

单击链接 MySQL Community（GPL）Downloads，进入 MySQL Community 下载列表页面，此页面中会列出各种下载资源，如图 2-2 所示。

单击页面中的 MySQL Installer for Windows 链接，进入 Windows 安装程序下载页面，如图 2-3 所示。

页面中默认显示的是最新版本，我们需要下载的是 5.7 版本，所以需要更换版本，单击 Archives 标签，进入版本选择页面，如图 2-4 所示。

如图 2-4 中方框位置所示，下载目标已经选好，各项如下：

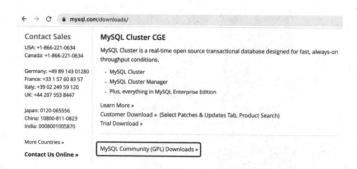

图 2-1　下载页面

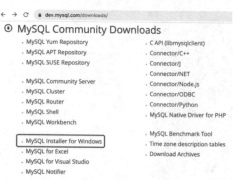

图 2-2　MySQL Community 下载资源列表页面

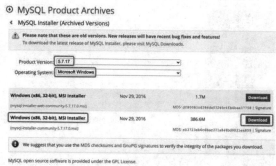

图 2-3　MySQL Windows 安装程序下载页面

图 2-4　版本选择页面

（1）版本选择 5.7.17。

（2）操作系统选择 Microsoft Windows。

（3）下载对象选择 Windows (x86, 32-bit), MSI Installer。

然后单击 Download 按钮即可下载。

2.1.2　安装 MySQL

扫一扫，看视频

下载完成之后，双击安装文件，进入安装界面，首先需要选择安装类型，选择默认的开发者类型即可，如图 2-5 所示。

之后就是自动化的安装过程，如图 2-6 所示。

安装过程结束后，进入网络配置界面，网络相关的配置选择默认即可，如图 2-7 所示。

然后进入密码设置界面，如图 2-8 所示。

设置好密码之后，下一步就是自动配置过程，如图 2-9 所示。

自动配置过程结束之后，就进入安装完成界面，如图 2-10 所示。

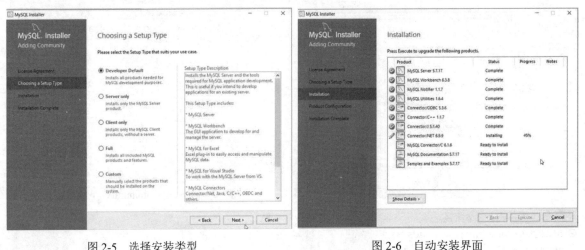

图 2-5　选择安装类型　　　　　　　　　　　图 2-6　自动安装界面

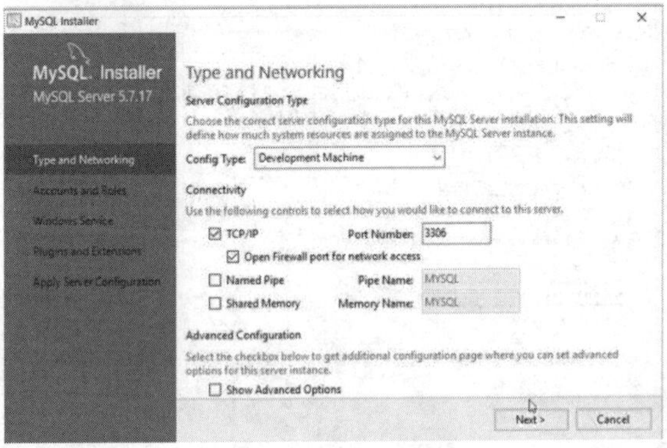

图 2-7　网络配置界面 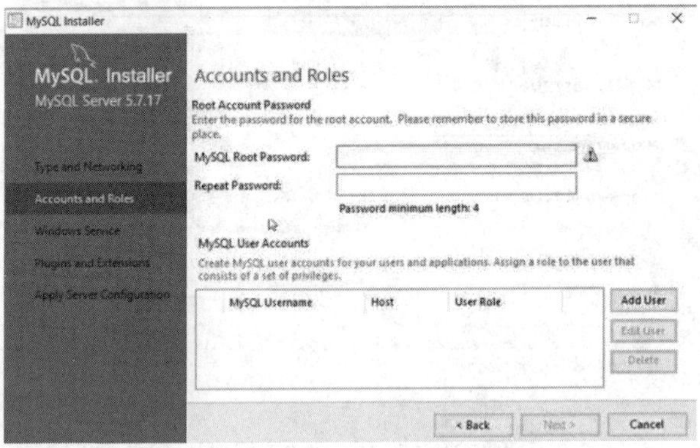　　　　　　　　　　　图 2-8　密码设置界面

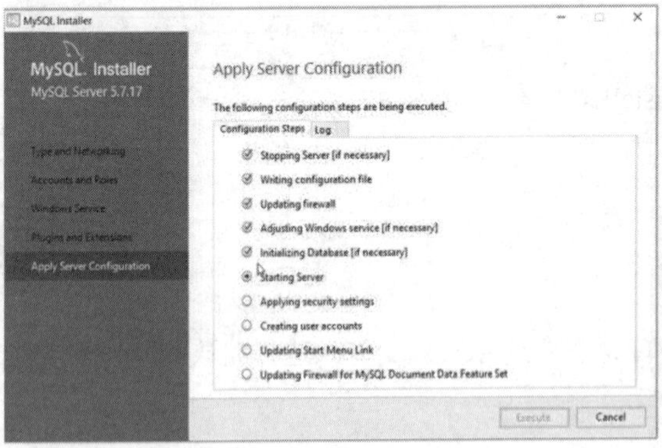

图 2-9　自动配置界面　　　　　　　　　　　图 2-10　安装完成界面

单击 Finish 按钮，Windows 中的 MySQL 就安装完成了。

2.2　在 Linux 中安装 MySQL

Linux 下的平台种类繁多，如 Ubuntu、CentOS 等，不少平台中也有自动化的安装方式，但安装方法各不相同。为了通用性，本书使用一种在 Linux 下都可以用的安装方式，就不必关心具体是什么类型的 Linux。整体分为如下步骤：

（1）下载 Linux 下的 MySQL 安装包。

（2）安装 MySQL。

（3）配置 MySQL。

（4）启动 MySQL。

2.2.1　下载 MySQL

扫一扫，看视频

首先下载 Linux 环境的 MySQL，下载页面地址为 https://dev.mysql.com/downloads/，页面如图 2-11 所示。

单击页面中的链接 MySQL Community Server，进入下载页面，如图 2-12 所示。

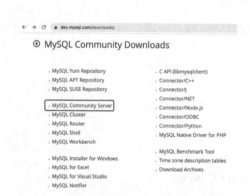

图 2-11　MySQL Community 资源下载页面

图 2-12　MySQL Server 下载页面

页面中默认是最新版本，因为我们需要选择 MySQL 5.7 版本，所以需要切换版本，单击页面中的 Archives 标签（如图 2-12 中方框位置所示），进入版本选择页面，如图 2-13 所示。

如图 2-13 中方框位置所示，下载对象已经选好，各项如下：

（1）MySQL 版本选择 5.7.17。

（2）操作系统选择 Linux-Generic（表示通用的意思）。

（3）下载目标选择 Linux - Generic (glibc 2.5) (x86, 64-bit)，Compressed TAR Archive（这是 64 位的版本，因为现在计算机绝大部分都是 64 位）。

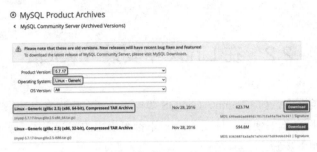

图 2-13　MySQL 下载目标选择页面

单击 Download 按钮即可开始下载。

2.2.2　安装 MySQL

扫一扫，看视频

解压之前下载的 MySQL 安装压缩包，执行命令：

```
tar zxf mysql-5.7.17-linux-glibc2.5-x86_64.tar.gz
```

把解压后的文件夹移动到新的位置"/usr/local/mysql"，因为"/usr/local"这个目录是 Linux 下通用的安装目录，执行命令：

```
mv mysql-5.7.17-linux-glibc2.5-x86_64 /usr/local/mysql
```

新建一个文件夹"/data/mysql"，作为 MySQL 存放数据的目录，这样可以把 MySQL 的数据库数据独立出来，执行命令：

```
mkdir -p /data/mysql
```

新建一个 MySQL 用户组与用户，执行命令：

```
// 创建用户组
groupadd mysql
// 创建用户，设置为禁止登录 shell
useradd -r -s /sbin/nologin -g mysql mysql -d /usr/local/mysql
```

把 MySQL 的安装目录"/usr/local/mysql"和数据目录"/data/mysql"修改一下所有者，都改为刚刚新建的用户 mysql，执行命令：

```
// 进入到 MySQL 安装目录
cd /usr/local/mysql
// 修改所有者
chown -R mysql
chgrp -R mysql
chown -R mysql /data/mysql
```

接下来初始化 MySQL，指定所使用的用户为 mysql，安装目录为"/usr/local/mysql"，数据目录为"/data/mysql"，执行命令：

```
bin/mysqld --initialize --user=mysql --basedir=/usr/local/mysql --datadir=/data/mysql
```

输出内容如下：

```
bin/mysqld --initialize --user=mysql --basedir=/usr/local/mysql --datadir=/data/mysql
 2020-08-26T06:43:26.389960Z 0 [Warning] TIMESTAMP with implicit DEFAULT value is deprecated.
Please use --explicit_defaults_for_timestamp server option (see documentation for more details).
 2020-08-26T06:43:26.632324Z 0 [Warning] InnoDB: New log files created, LSN=45790
 2020-08-26T06:43:26.681590Z 0 [Warning] InnoDB: Creating foreign key constraint system tables.
 2020-08-26T06:43:26.753572Z 0 [Warning] No existing UUID has been found, so we assume that
this is the first time that this server has been started. Generating a new UUID:
71f1b715-e767-11ea-a6f1-0800279c05bc.
 2020-08-26T06:43:26.755048Z 0 [Warning] Gtid table is not ready to be used. Table
'mysql.gtid_executed' cannot be opened.
 2020-08-26T06:43:26.756114Z 1 [Note] A temporary password is generated for root@localhost:
#;ooou10rNw?
```

执行初始化命令之后，会为 root 用户自动生成一个临时密码，显示在输出内容的最后位置，如上面输出的 "#;ooou10rNw?"，这个密码需要记下来，之后登录 MySQL 的时候需要使用。

然后需要生成数据库密钥文件，需要指定数据库数据目录，执行命令：

```
bin/mysql_ssl_rsa_setup  --datadir=/data/mysql
```

输出内容如下：

```
Generating a 2048 bit RSA private key
.........................................................+++
...............................................+++
writing new private key to 'ca-key.pem'
-----
Generating a 2048 bit RSA private key
........................................+++
............................+++
writing new private key to 'server-key.pem'
-----
Generating a 2048 bit RSA private key
...........+++
...................+++
writing new private key to 'client-key.pem'
-----
```

这些新生成的文件会存放在 MySQL 的数据目录下。

2.2.3 配置 MySQL

MySQL 提供了一个配置文件的样本，在 MySQL 安装目录下的 support-files 文件夹中，名字为 my-default.cnf，需要把这个文件复制到 "/etc" 目录下，并重命名为 my.cnf，执行命令：

```
cp support-files/my-default.cnf /etc/my.cnf
```

还有一个文件需要复制，也是在 support-files 文件夹中，名字为 mysql.server，将其复制到 "/etc/init.d"
目录，并重命名为 mysql，执行命令：

```
cp support-files/mysql.server /etc/init.d/mysql
```

接下来需要修改一下 "/etc/init.d/mysql"，打开此文件，看一下原本的内容，执行命令：

```
vi /etc/init.d/mysql
```

显示文件内容如下：

```
# If you install MySQL on some other places than /usr/local/mysql, then you
# have to do one of the following things for this script to work:
#
# - Run this script from within the MySQL installation directory
# - Create a /etc/my.cnf file with the following information:
#   [mysqld]
#   basedir=<path-to-mysql-installation-directory>
# - Add the above to any other configuration file (for example ~/.my.ini)
#   and copy my_print_defaults to /usr/bin
# - Add the path to the mysql-installation-directory to the basedir variable
#   below.
#
# If you want to affect other MySQL variables, you should make your changes
# in the /etc/my.cnf, ~/.my.cnf or other MySQL configuration files.

# If you change base dir, you must also change datadir. These may get
# overwritten by settings in the MySQL configuration files.

basedir=
datadir=
```

因为文件内容过长，以上仅为文件中的部分内容，可以看到 basedir 和 datadir 这两项配置为空，需
要把它们改为之前指定的目录，改后的内容为：

```
basedir=/usr/local/mysql
datadir=/data/mysql
```

保存，退出编辑器即可。

2.2.4 启动 MySQL

执行启动 MySQL 的命令如下：

```
/etc/init.d/mysql start
```

输出内容如下：

```
Starting MySQL.Logging to '/data/mysql/localhost.localdomain.err'.
 SUCCESS!
```

提示启动成功，接下来可以登录测试一下，执行登录连接命令：

```
bin/mysql -hlocalhost -uroot -p
```

执行之后会提示输入密码，就是初始化 MySQL 之后自动生成的那个密码，输入之后便会进入
MySQL 客户端控制台，效果如下：

```
Welcome to the MySQL monitor.  Commands end with ; or \g.
Your MySQL connection id is 4
Server version: 5.7.17

Copyright (c) 2000, 2016, Oracle and/or its affiliates. All rights reserved.

Oracle is a registered trademark of Oracle Corporation and/or its
affiliates. Other names may be trademarks of their respective
owners.

Type 'help;' or '\h' for help. Type '\c' to clear the current input statement.

mysql>
```

可以看到，结果中显示了版本、版权等信息，最后是 MySQL 命令提示符，此时表明 MySQL 已经
安装成功。

2.3　在 Docker 容器中运行 MySQL

Docker 容器已经是现在的主流技术，容器提供了细粒度的系统隔离机制，每个容器都完全独立，
其中包括了应用以及所有需要的系统依赖，可以把系统中每个服务放入容器，让各个服务都以容器的
形式运行，这样就大大简化了系统的部署过程，更加便于维护。

MySQL 自然也是支持 Docker 的，有各个版本的 MySQL 镜像，使用 Docker 容器运行 MySQL 非
常方便，只要系统安装好了 Docker 环境，那么只需要一条命令就可以把 MySQL 运行起来，因为容器
具有隔离性，一台服务器中可以运行不同版本的 MySQL，互相之间没有任何影响。

2.3.1　运行 MySQL 容器

在 Docker 中运行 MySQL 的命令如下：

```
docker run \
  -p 3306:3306 \
  --name mysql5.7 \
```

扫一扫，看视频

```
-v /data/mysql:/var/lib/mysql \
-e MYSQL_ROOT_PASSWORD=123456 \
-d mysql:5.7
```

其中各项参数的含义如下。

● -p：本机与容器的端口映射，把容器内的 3306 端口映射到本机的 3306 端口，当访问本机的
3306 端口时，就相当于访问了容器的 3306 端口。

● --name：为容器起一个名字。

● -v：本机与容器的目录映射，容器内"/var/lib/mysql"目录下的内容会写入本机的 "/data/mysql"
目录。

● -e：设置容器内的环境变量，"MYSQL_ROOT_PASSWORD"表示 MySQL 中 root 用户的密
码。

● -d：后台运行方式。

执行命令之后，会下载镜像"mysql:5.7"，然后启动容器，这样 MySQL 就已经是正常的运行了。

2.3.2　登录 MySQL

扫一扫，看视频

由于本机中并没有安装 MySQL，所以无法通过本地的 MySQL 命令来登录，可以使用以下两种方
式来登录：

（1）启动一个临时的 MySQL 容器，作为 MySQL 客户端。

（2）进入 MySQL 容器内部，执行 MySQL 命令连接到 MySQL。

对于第一种方式，只需要执行如下启动容器的命令：

```
docker run -it \
  --link mysql5.7:mysql \
  --rm mysql:5.7 \
  sh -c 'exec mysql -h"$MYSQL_PORT_3306_TCP_ADDR" -P"$MYSQL_PORT_3306_TCP_PORT" -uroot
-p"$MYSQL_ENV_MYSQL_ROOT_PASSWORD"'
```

其中各选项的含义如下。

● --link：连接容器。

● --rm：容器退出后清理内部文件系统。

● sh -c ...：容器启动后执行的命令，这里就是执行 MySQL 登录命令，所以容器启动后就会连接
进入 MySQL。

命令执行后的效果如图 2-14 所示。

对于第二种方式，是进入 MySQL 容器的内部，就像登录到安装 MySQL 的服务器一样，然后执行
MySQL 命令实现登录。

```
> docker run -it \
   --link mysql5.7:mysql \
   --rm mysql:5.7 \
 | sh -c 'exec mysql -h"$MYSQL_PORT_3306_TCP_ADDR" -P"$MYSQL_PORT_3306_TCP_PORT" -uroot -p"$MYSQL_ENV_MYSQL_ROOT_PASSWORD"'
mysql: [Warning] Using a password on the command line interface can be insecure.
Welcome to the MySQL monitor.  Commands end with ; or \g.
Your MySQL connection id is 8
Server version: 5.7.30 MySQL Community Server (GPL)

Copyright (c) 2000, 2020, Oracle and/or its affiliates. All rights reserved.

Oracle is a registered trademark of Oracle Corporation and/or its
affiliates. Other names may be trademarks of their respective
owners.

Type 'help;' or '\h' for help. Type '\c' to clear the current input statement.

mysql>
```

图 2-14　MySQL 容器客户端

执行如下命令进入 MySQL 容器内部：

```
docker exec -it mysql5.7 bash
```

其中各项参数的含义如下。

- exec：在容器内执行命令。
- -it：以交互式终端的方式进入容器。
- mysql 5.7：要进入的目标容器名称。
- bash：进入容器后执行的命令。

执行命令之后就会进入容器，效果与登录普通的 Linux 服务器一致，如显示如下的 bash 交互界面：

```
root@7cbea2cfe565:/#
```

在这个界面下可以正常地输入命令，如输入连接 MySQL 的命令：

```
root@7cbea2cfe565:/# mysql -u root -p
```

此时会提示输入密码，密码就是启动 MySQL 容器时通过环境变量设置的密码，正确输入密码之后便可连接上 MySQL，界面效果如图 2-15 所示。

```
> docker exec -it mysql5.7 bash
root@7cbea2cfe565:/# mysql -uroot -p
Enter password:
Welcome to the MySQL monitor.  Commands end with ; or \g.
Your MySQL connection id is 9
Server version: 5.7.30 MySQL Community Server (GPL)

Copyright (c) 2000, 2020, Oracle and/or its affiliates. All rights reserved.

Oracle is a registered trademark of Oracle Corporation and/or its
affiliates. Other names may be trademarks of their respective
owners.

Type 'help;' or '\h' for help. Type '\c' to clear the current input statement.

mysql>
```

图 2-15　在容器内登录 MySQL

2.4　MySQL 客户端工具

　　MySQL 的命令行客户端工具可以完成所有操作，但通过命令行的方式使用起来不够方便，没有可视化界面的方式便捷。在可视化终端中通过鼠标单击就可以完成很多操作，不用频繁地输入命令，便于 MySQL 的管理。目前已经有多款 MySQL 可视化客户端工具，下面介绍两款普及率较高的 MySQL 客户端：Navicat 和 SQLyog。

2.4.1　数据库综合客户端 Navicat

扫一扫，看视频

　　Navicat 是一款综合性的数据库管理工具，使用 Navicat 这一个工具就可以同时连接 6 种数据库，包括 MySQL、MariaDB、MongoDB、SQL Server、Oracle、PostgreSQL，方便快捷地管理所有数据库。而且 Navicat 还包含了数据库设计工具，可以方便地创建数据库模型。

　　因为 Navicat 的功能非常强大，所以用户量是非常庞大的，成了主流的数据库管理工具之一。需要注意的是，Navicat 是收费的，但可以免费试用，Navicat 的官方网站地址为 http://www.navicat.com.cn。Navicat 的界面如图 2-16 所示。

图 2-16　Navicat 界面

2.4.2　MySQL 可视化客户端 SQLyog

扫一扫，看视频

　　SQLyog 是一款专业的 MySQL 图形化管理工具，速度非常快，界面也很简洁。SQLyog 有收费版本，也有免费开源的社区版，虽然免费版的功能不如收费版那么强大，但也足够满足我们的日常数据库管理需求了。

因为 SQLyog 具有专业、简洁、开源等特性，所以 SQLyog 也拥有了大量用户，成了主流的 MySQL 客户端工具之一。

SQLyog 的官方网站地址为 https://www.webyog.com/product/sqlyog，开源版本的网址为 https://github.com/webyog/sqlyog-communit，SQLyog 的界面如图 2-17 所示。

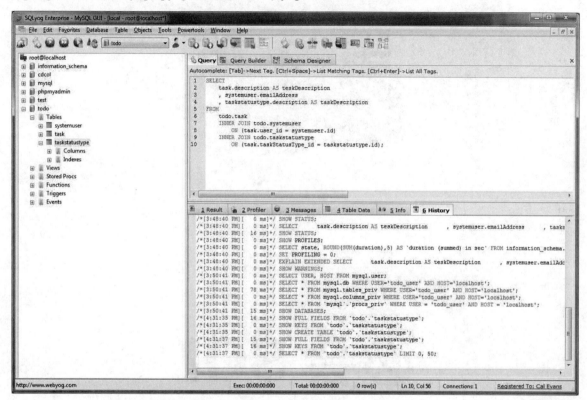

图 2-17　SQLyog 界面

扫一扫，看视频

2.5　小　　结

本章主要介绍了 MySQL 的安装方法，包括在 Windows 与 Linux 系统中的安装过程，并介绍了如何使用 Docker 容器来运行 MySQL，可以选择适合自己的方式来安装好 MySQL，为后续的学习实践做好准备。

工欲善其事，必先利其器。可以选择一款自己喜欢的 MySQL 客户端，除了本章中介绍的 Navicat 和 SQLyog，也可以尝试查找安装其他工具，以便之后的 MySQL 操作使用。

CHAPTER 2

第 2 篇

必会 SQL

第3章　数据库和表

数据库就像是一个档案库，数据表就像是档案库中的一个个档案柜。数据库的操作从根本上讲，就是往里面存档案，然后查找档案拿出来。数据库和表的操作就是把档案库构建好，把档案柜打造好，这样存档案的基础就打好了。本章的目标就是掌握如何操作数据库和数据表，能够把数据存放进去。

通过本章的学习，可以掌握以下主要内容：

- 数据库的整体构造。
- 如何创建、修改、删除数据库。
- 如何创建、修改、删除数据表以及如何把数据保存到数据表中。

3.1　数据库结构

扫一扫，看视频

从整体来看，数据库的结构可以分为 3 大部分，如图 3-1 所示。

- 客户端：使用数据库的程序。
- 服务器：操作数据库的程序。
- 数据库：保管实际的数据。

可以把数据库理解为一个大仓库，里面有很多的小仓库，存放不同的货物。有了仓库这个存储空间，谁来管理这个空间呢？就得有仓库管理员，负责规划这个空间哪里该放什么。在有人来送货之后，管理员需要往仓库中存放货物；有人来取货的时候，需要把对方想要的货物从仓库里找出来交给对方。

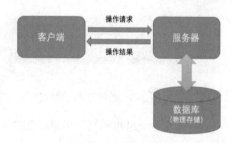

图 3-1　数据库整体结构

送货和取货的人就是客户端，仓库管理员就是服务器，仓库就是数据库。客户端只需要向管理员表达自己的需求，具体的操作都是委托给服务器去执行，客户端不会直接操作数据库，如图 3-2 所示。

图 3-2　仓库操作

客户端有很多类型，如 MySQL 自带的命令行、数据库管理工具（如 Navicat）、开发的程序（如

Java、PHP）等，如图 3-3 所示。

所有的客户端都是与服务器进行沟通的，客户端有不同的类型，需要一个通用的标准沟通方式，就是 SQL 语句，如图 3-4 所示。

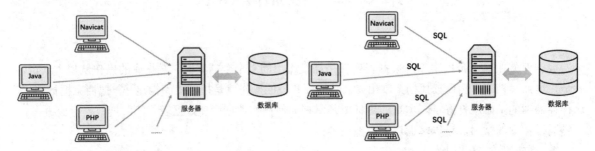

图 3-3 多种数据库客户端连接数据库   图 3-4 客户端统一使用 SQL 与数据库沟通

了解了数据库的宏观结构后，走进数据库看看里面的结构是什么样的。数据库里面是一个个的子数据库，每个子数据库都是完全隔离的空间，互不影响，如图 3-5 所示。

子数据库由一个或多个数据表组成，每个数据表也是独立的空间，如图 3-6 所示。

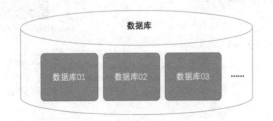

图 3-5 数据库与子数据库

图 3-6 数据库与数据表

数据表是一组相同结构信息的集合，一条信息就是一个记录，每个记录中分为多个字段，所以数据表是二维的结构，如图 3-7 所示。

	id	orderNo	userId	userName	amount
1	1	116480227524	1	小郭	6698
2	2	116490227523	1	小王	66980
3	96	1590203827696	\<null\>	test	6698
4	97	1590240504452	\<null\>	test	6698
5	103	1590242003059	\<null\>	test	16698

列，表的字段

图 3-7 数据表结构

3.2 数据库操作

从上一节对数据库的描述中可以看到数据库这个概念有多种意思。例如，可以说 MySQL 是一个数据库，这个"数据库"可以理解为 MySQL 这个软件的类型。而 MySQL 这个数据库中又包含 3 个部分：客户端、服务器、数据库，这个"数据库"可以理解为"存储数据的物理数据库"。在这个数据库中又包含多个数据库，这个"数据库"可以理解为 MySQL 中的"逻辑子库"。

本节的"数据库操作"就是指"逻辑子库"，具体的操作有创建、修改、查看、删除。

3.2.1 创建数据库

扫一扫，看视频

创建数据库就是在 MySQL 中创建一个新的完全独立的数据库空间。SQL 语法如下：

```
CREATE DATABASE <数据库名字>;
```

数据库命名规则如下：

（1）唯一，不能重名。

（2）可以由 a～z、A～Z、0～9、下划线"_"组成，开头必须是字母（还有其他一些字符也允许使用，但实际场景中很少使用，记住这几项即可）。

（3）不要使用 MySQL 的保留字（如 ADD、ALTER、COLUMN 等）。

（4）长度小于 128 位。

📢 注意

保留字有很多，具体可以到 MySQL 官网查询，地址为 https://dev.mysql.com/doc/refman/5.7/en/keywords.html。这些保留字不需要记忆，命名时使用与自己业务相关的字母单词组合即可。

代码 3-1 创建数据库 shop

```
mysql> create database shop;
Query OK, 1 row affected (0.01 sec)
```

SQL 语句不区分大小写，create database shop 同样可用。

返回信息的含义如下：

● Query OK 表示此 SQL 语句执行成功。

● 1 row affected 表示此 SQL 语句执行后所影响的记录数量。

● 0.01 sec 表示此 SQL 语句执行所耗费的时间。

如果再次执行 create database shop，会报错，因为数据库 shop 已经存在了。

代码 3-2 创建数据库时名称重复

```
mysql> create database shop;
ERROR 1007 (HY000): Can't create database 'shop'; database exists
```

为了避免这个错误，可以在建库语句中添加一个指令，SQL 语法如下：

```
CREATE DATABASE [IF NOT EXISTS] <数据库名>;
```

代码 3-3 创建数据库时判断是否存在

```
mysql> create database if not exists shop;
Query OK, 1 row affected, 1 warning (0.01 sec)
```

使用 MySQL 数据库客户端工具创建数据库时，除了数据库名称外，还会看到两项内容，如图 3-8 所示。

图 3-8　MySQL 客户端工具建表界面

（1）Character Set：用于设置字符集，对于中文环境，utf8 和 utf8mb4 有两种选择，我们需要选择 utf8mb4，因为 utf8mb4 是老版本 utf8 的升级，改正了 utf8 长度不足的问题。

（2）Collation：是校对规则的意思，定义了比较字符串的方式，对于字符类型（如 VARCHAR、CHAR、TEXT 等）都需要有 COLLATE 类型来指定如何对该列排序和比较。凡是涉及字符类型比较或排序的地方，都与 COLLATE 有关，如 ORDER BY、DISTINCT、GROUP BY、HAVING 等。

完整的建库语法如下：

```
CREATE DATABASE [IF NOT EXISTS] <数据库名>
[[DEFAULT] CHARACTER SET <字符集名>]
[[DEFAULT] COLLATE <校对规则名>];
```

代码 3-4　创建数据库时指定字符集与校对规则

```
mysql> CREATE DATABASE IF NOT EXISTS db_test
    -> DEFAULT CHARACTER SET utf8mb4
    -> DEFAULT COLLATE utf8mb4_general_ci;
Query OK, 1 row affected (0.01 sec)
```

3.2.2　查看数据库

扫一扫，看视频

查看当前数据库中已经存在的数据库列表，SQL 语句如下：

```
show databases;
```

代码 3-5　查询当前数据库列表

```
mysql> show databases;
+--------------------+
| Database           |
+--------------------+
| information_schema |
| mysql              |
| performance_schema |
| shop               |
| sys                |
+--------------------+
```

看到了上节创建的数据库 shop，但还有另外 4 个数据库，它们是 MySQL 的系统数据库，注意不要更改它们。

查看当前使用的是哪个数据库，可以使用如下 SQL 语句：

```
select database();
```

代码 3-6　查看当前使用的数据库

```
mysql> select database();
+------------+
| database() |
+------------+
| NULL       |
+------------+
1 row in set (0.00 sec)
```

结果为 NULL，说明现在还没有选择任何的数据库。

status 命令也可以查看当前使用的是哪个数据库，而且还有更多的信息。

代码 3-7　查看数据库状态信息

```
mysql> status
--------------
mysql  Ver 14.14 Distrib 5.7.30, for Linux (x86_64) using  EditLine wrapper

Connection id:          5
Current database: db_test
Current user:           root@localhost
SSL:            Not in use
Current pager:          stdout
Using outfile:          ''
Using delimiter:
Server version:         5.7.30 MySQL Community Server (GPL)
Protocol version: 10
Connection:     Localhost via UNIX socket
Server characterset:  latin1
Db     characterset:  utf8mb4
Client characterset:  latin1
Conn characterset:    latin1
UNIX socket:    /var/run/mysqld/mysqld.sock
Uptime:         153 days 5 hours 42 min 22 sec

Threads: 4  Questions: 90  Slow queries: 0  Opens: 113  Flush tables: 1  Open tables: 106
Queries per second avg: 0.000
--------------
```

结果中的常用信息如下。

● Current database：当前使用的数据库。

- Db characterset：当前数据库的字符集。
- Slow queries：慢查询数量。
- Queries per second avg：平均每秒查询次数。

3.2.3 选择数据库

扫一扫，看视频

对于数据库内容的操作都是基于某个数据库的，所以需要先选择好目标数据库，SQL 语句如下：

```
select database();
```

代码 3-8　选择使用数据库 shop

```
mysql> use shop;
Database changed

mysql> select database();
+------------+
| database() |
+------------+
| shop       |
+------------+
1 row in set (0.00 sec)
```

3.2.4 修改数据库

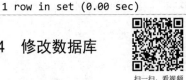
扫一扫，看视频

可以使用语句 ALTER DATABASE 来修改数据库，该语句只能对数据库使用的字符集和校对规则进行修改，语法格式如下：

```
ALTER DATABASE [数据库名] {
[ DEFAULT ] CHARACTER SET <字符集名> |
[ DEFAULT ] COLLATE <校对规则名>}
```

在 3.2.1 小节中，创建数据库 shop 时没有指定字符集。这里以此为例，对其修改字符集，先查看当前使用的字符集，然后使用 ALTER DATABASE 语句来修改，之后查询字符集确认是否修改成功。

代码 3-9　修改数据库字符集

```
# 选择数据库 shop
mysql> use shop;
Database changed

# 查看数据库字符集
mysql> show variables like 'character%';
+--------------------------+----------------------------------+
| Variable_name            | Value                            |
+--------------------------+----------------------------------+
```

```
| character_set_client     | latin1                  |
| character_set_connection | latin1                  |
| character_set_database   | latin1                  |
| character_set_filesystem | binary                  |
| character_set_results    | latin1                  |
| character_set_server     | latin1                  |
| character_set_system     | utf8                    |
| character_sets_dir       | /usr/share/mysql/charsets/ |
+--------------------------+-------------------------+
8 rows in set (0.00 sec)

# 当前字符集为 latin1，修改为 utf8mb4
mysql> alter database shop
    -> DEFAULT CHARACTER SET utf8mb4
    -> DEFAULT COLLATE utf8mb4_general_ci;
Query OK, 1 row affected (0.00 sec)

# 验证修改后的字符集
mysql> show variables like 'character%';
+--------------------------+-------------------------+
| Variable_name            | Value                   |
+--------------------------+-------------------------+
| character_set_client     | latin1                  |
| character_set_connection | latin1                  |
| character_set_database   | utf8mb4                 |
| character_set_filesystem | binary                  |
| character_set_results    | latin1                  |
| character_set_server     | latin1                  |
| character_set_system     | utf8                    |
| character_sets_dir       | /usr/share/mysql/charsets/ |
+--------------------------+-------------------------+
8 rows in set (0.01 sec)
```

3.2.5 删除数据库

扫一扫，看视频

删除数据库的语法如下：

```
DROP DATABASE <数据库名字>;
```

代码 3-10 删除数据库 shop

```
# 删除数据库 shop
mysql> drop database shop;
Query OK, 0 rows affected (0.02 sec)

# 查询数据库列表
mysql> show databases;
```

```
+---------------------+
| Database            |
+---------------------+
| information_schema  |
| db_test             |
| mysql               |
| performance_schema  |
| sys                 |
+---------------------+
10 rows in set (0.02 sec)
```

3.3　数据表操作

3.3.1　创建表

扫一扫，看视频

创建数据库之后，在其中使用 CREATE TABLE 语句创建表。为了便于理解，先从最基础的 CREATE TABLE 语法开始，语句如下：

```
CREATE TABLE <表名>(
<列名 1> <数据类型>,
<列名 2> <数据类型>,
...);
```

表名、列名、列的数据类型是创建表时最基础的要素，是必备的。

代码 3-11　创建数据表

```
# 创建数据库 shop
mysql> create database shop
    -> DEFAULT CHARACTER SET utf8mb4
    -> DEFAULT COLLATE utf8mb4_general_ci;
Query OK, 1 row affected (0.01 sec)

# 选择数据库 shop
mysql> use shop;
Database changed

# 创建数据表 order
mysql> create table orders(
    ->    order_no varchar(10),
    ->    user_id int(11),
    ->    create_time timestamp
    -> );
Query OK, 0 rows affected (0.05 sec)
```

增加一点复杂度，为列和表增加约束，SQL 语法如下：

```
CREATE TABLE <表名>(
<列名1> <数据类型> <列约束>,
<列名2> <数据类型> <列约束>,
...
<表约束>,
<表约束>,
...);
```

"列约束"可以为"不允许为空""默认值"等,"表约束"可以为"表的主键"等。

代码 3-12　创建表添加约束

```
mysql> create table orders2(
    ->     id int(11) unsigned NOT NULL AUTO_INCREMENT,
    ->     order_no varchar(10) DEFAULT NULL,
    ->     user_id int(11) DEFAULT NULL,
    ->     create_time timestamp NULL DEFAULT NULL,
    ->     PRIMARY KEY ('id')
    -> );
Query OK, 0 rows affected (0.04 sec)
```

重点内容如下:

- id int(11) unsigned NOT NULL AUTO_INCREMENT 中 id 是列名, int(11) unsigned 是数据类型, NOT NULL 表示此列不允许为空, AUTO_INCREMENT 表示此列的值会自动增长。
- NOT NULL AUTO_INCREMENT 是对列的约束。
- DEFAULT NULL 也是列的约束,表示此列的默认值为空。
- PRIMARY KEY ('id')是对表的约束,指定了此表的主键为 id。

数据表的命名规则与数据库一致,也是使用以下 3 种类型的字符。

(1)英文字母。

(2)数字。

(3)下划线(_)。

扫一扫,看视频

3.3.2　数据类型

MySQL 数据库中的数据库可以有多种类型,包括数字、字符串、日期时间。

1. 数字类型

数字类型包括整数型、浮点小数型、定点小数型。

↘ 整数型

MySQL 支持标准 SQL 中的 INT、SMALLINT,还有自己扩展的 TINYINT、MEDIUMINT、BIGINT, 如表 3-1 所示。

表 3-1　整数型取值范围

类 型 名	字节	范围（有符号）	范围（无符号）
INT(INTEGER)	4	−2147483648～2147483647	0～4294967295
SMALLINT	2	−32768～32767	0～65535
TINYINT	1	−128～127	0～255
MEDIUMINT	3	−8388608～8388607	0～16777215
BIGINT	8	−9223372036854775808～9223372036854775807	0～18446744073709551615

在实际使用中，如果需要确认各个类型的范围，最准确的方式是在 MySQL 中查询帮助系统。帮助系统的使用步骤如下。

（1）查看帮助类型。

```
mysql> help contents
You asked for help about help category: "Contents"
For more information, type 'help <item>', where <item> is one of the following
categories:
   ...
   Data Types
   ...
```

其中有"Data Types"（数据类型）这一项。

（2）查看某一项的帮助信息。

```
mysql> help Data Types
You asked for help about help category: "Data Types"
For more information, type 'help <item>', where <item> is one of the following
topics:
   AUTO_INCREMENT
   BIGINT
   BINARY
   BIT
   DEC
   DECIMAL
   DOUBLE
   DOUBLE PRECISION
   ENUM
   FLOAT
   INT
   ...
```

（3）查看某个类型的帮助。

```
mysql> help int
Name: 'INT'
Description:
```

```
INT[(M)] [UNSIGNED] [ZEROFILL]

A normal-size integer. The signed range is -2147483648 to 2147483647.
The unsigned range is 0 to 4294967295.

URL: https://dev.mysql.com/doc/refman/5.7/en/numeric-type-syntax.html
```

给出了数值的范围，还有说明文档的地址。

❯ **浮点小数型**

MySQL 中浮点型有两种，分别为 FLOAT、DOUBLE，如表 3-2 所示。

表 3-2　浮点型取值范围

类型名	字节	合　法　值
FLOAT	4	−3.402823466E+38～−1.175494351E−38
		0
		1.175494351E−38～3.402823466E+38
DOUBLE	8	−1.7976931348623157E+308～−2.2250738585072014E−308
		0
		2.2250738585072014E−308～1.7976931348623157E+308

建议谨慎使用 FLOAT，MySQL 帮助文档中已经说明：使用 FLOAT 可能会给您带来一些意想不到的问题，因为 MySQL 中的计算是以双精度完成的。

❯ **定点小数型**

定点小数型是 DECIMAL，用法与 FLOAT、DOUBLE 相同，那么为什么还需要 DECIMAL？因为精度的问题。

代码 3-13　定点小数型的特点

```
# 创建一个测试表
mysql> create table test_dec (
    ->     col_float float(10, 2),
    ->     col_double double(20, 2),
    ->     col_decimal decimal(20, 2)
    -> );
Query OK, 0 rows affected (0.03 sec)

# 插入测试数据
mysql> insert into test_dec values(1111111.88, 22222333334444455.88, 66666777778888899.88);
Query OK, 1 row affected (0.01 sec)

mysql> insert into test_dec values(11111112.88, 222223333344444555.88, 666667777788888999.88);
Query OK, 1 row affected (0.00 sec)

# 查询测试表中的数据
```

```
mysql> select * from test_dec;
+------------+-----------------------+------------------------+
| col_float  | col_double            | col_decimal            |
+------------+-----------------------+------------------------+
| 1111111.88 | 22222333334444456.00  | 66666777778888899.88   |
| 11111113.00| 222223333344444540.00 | 666667777788888999.88  |
+------------+-----------------------+------------------------+
2 rows in set (0.00 sec)
```

可以看到 col_float 和 col_double 这两列中显示的数据和插入时的数据并不完全一致，但 col_decimal 是完全一致的，这是因为 FLOAT、DOUBLE 存储的是近似值，而 DECIMAL 存储的是字符串，不会存在精度丢失的问题。

DECIMAL 类型适用于对小数点后的数字比较敏感的系统中，如金融行业。

2. 字符串

MySQL 中字符串有几个最基础的类型，包括 CHAR、VARCHAR、TEXT、BLOB，在此基础上还有一些扩展。如表 3-3 所示。

表 3-3　字符串类型说明

类　　型	说　　明
CHAR(M)	定长字符串，M 指定了字符串的长度，M 的取值范围是 0～255，如果没有指定 M，默认的长度为 1
VARCHAR(M)	可变长度字符串，M 指定了字符串的长度，M 的取值范围是 0～65535，如果使用了 utf8 编码，长度范围就是 0～21844
TEXT	长字符串，最大长度 65535，使用 2 个字节用于存储值的字节长度
TINYTEXT	最大长度 255，使用 1 个字节存储值的字节长度
MEDIUMTEXT	最大长度 16777215，使用 3 个字节存储值的字节长度
LONGTEXT	最大长度 4GB，使用 4 个字节存储值的字节长度
BLOB	最大长度 65535，使用 2 个字节用于存储值的字节长度
TINYBLOB	最大长度 255，使用 1 个字节存储值的字节长度
MEDIUMBLOB	最大长度 16777215，使用 3 个字节存储值的字节长度
LONGBLOB	最大长度 4GB，使用 4 个字节存储值的字节长度

CHAR 为什么是定长呢？因为对其值总会进行右填充，使用空格填充到指定的长度。在查询 CHAR 值的时候，尾部的空格会被自动去掉，除非开启 "PAD_CHAR_TO_FULL_LENGTH" SQL 模式。

VARCHAR 值的前 1 个字节或者前 2 个字节存储的是字符串的长度，如果字符串的长度小于 255，就需要 1 个字节；如果字符串的长度大于 255，则需要 2 个字节。

TEXT 和 BLOB 也有存储其值长度的地方，但并不会占用其值的空间，这点与 VARCHAR 不同。VARCHAR 与 TEXT 有一定的联系，如果 VARCHAR 的值超过一定长度，就会自动转为 TEXT。

TEXT 和 BLOB 的区别简单来讲就是存储的类型不同，TEXT 存储的是字符串，而 BLOB 存储的是二进制字符串。

这么多种字符串的类型，应该如何选择呢？可以参考如下建议。

（1）知道字符串长度时，如果 CHAR 能装下就用 CHAR，性能最佳。

（2）如果长度经常变化，需要使用 VARCHAR 或者 TEXT，优先选择 VARCHAR，其查询速度更快。

（3）如果需要存储二进制数据（图片、视频等），选择 BLOB。

3．日期时间

MySQL 支持 DATE、TIME、YEAR、DATETIME、TIMESTAMP 这五种日期类型，如表 3-4 所示。

表 3-4　日期类型说明

类　　型	说　　明	格　　式	范　　围
DATE	日期	YYYY-MM-DD	'1000-01-01'～'9999-12-31'
TIME	时间	hh:mm:ss	'-838:59:59.000000'～'838:59:59.000000'
YEAR	年份	YYYY	1901～2155
DATETIME	日期+时间	YYYY-MM-DD hh:mm:ss	'1000-01-01 00:00:00.000000'～'9999-12-31 23:59:59.999999'
TIMESTAMP	时间戳	从 '1970-01-01 00:00:00' UTC 开始的秒数	'1970-01-01 00:00:01.000000' UTC～'2038-01-19 03:14:07.999999' UTC

代码 3-14　日期类型效果

```
# 创建测试表 t_time
mysql> create table t_time (
    ->     col_date date,
    ->     col_time time,
    ->     col_year year,
    ->     col_datetime datetime,
    ->     col_timestamp timestamp
    -> );
Query OK, 0 rows affected (0.05 sec)

# 插入数据，都为当前时间
mysql> insert into t_time values(now(), now(), now(), now(), now());
Query OK, 1 row affected, 1 warning (0.01 sec)

# 查询 t_time，查看个列的值
mysql> select * from t_time;
+------------+----------+----------+---------------------+---------------------+
| col_date   | col_time | col_year | col_datetime        | col_timestamp       |
+------------+----------+----------+---------------------+---------------------+
| 2020-06-02 | 13:17:00 |     2020 | 2020-06-02 13:17:00 | 2020-06-02 13:17:00 |
+------------+----------+----------+---------------------+---------------------+
```

```
1 row in set (0.00 sec)
```

DATETIME 和 TIMESTAMP 看似是一样的，但有一些区别。

（1）DATETIME 需要占用 8 个字节，TIMESTAMP 占用 4 个字节。

（2）DATETIME 默认值为空，当插入的值为 NULL 时，该列的值就是 NULL，而 TIMESTAMP 默认值不为空，当插入的值为 NULL 时，会自动插入当前时间。

代码 3-15　DATETIME 和 TIMESTAMP 的区别

```
mysql> insert into t_time values(now(), now(), now(), null, null);
Query OK, 1 row affected, 1 warning (0.00 sec)

mysql> select * from t_time;
+------------+----------+----------+---------------------+---------------------+
| col_date   | col_time | col_year | col_datetime        | col_timestamp       |
+------------+----------+----------+---------------------+---------------------+
| 2020-06-02 | 13:17:00 |     2020 | 2020-06-02 13:17:00 | 2020-06-02 13:17:00 |
| 2020-06-02 | 13:21:56 |     2020 | NULL                | 2020-06-02 13:21:56 |
+------------+----------+----------+---------------------+---------------------+
2 rows in set (0.00 sec)
```

3.3.3　查看表结构

扫一扫，看视频

创建数据表之后，查看表结构可以使用如下 SQL 语句：

```
DESCRIBE <表名>;
```

如果记不清表名，可以查询一下当前库中的数据表列表，SQL 语句如下：

```
SHOW TABLES;
```

代码 3-16　查看数据表结构

```
# 查询数据表列表
mysql> show tables;
+----------------+
| Tables_in_shop |
+----------------+
| orders         |
| orders2        |
| t_time         |
| test_dec       |
+----------------+
4 rows in set (0.00 sec)

# 查看 orders2 表结构
mysql> describe orders2;
+--------------+-------------------+------+-----+---------+----------------+
```

```
| Field       | Type               | Null | Key | Default | Extra          |
+-------------+--------------------+------+-----+---------+----------------+
| id          | int(11) unsigned   | NO   | PRI | NULL    | auto_increment |
| order_no    | varchar(10)        | YES  |     | NULL    |                |
| user_id     | int(11)            | YES  |     | NULL    |                |
| create_time | timestamp          | YES  |     | NULL    |                |
+-------------+--------------------+------+-----+---------+----------------+
4 rows in set (0.01 sec)
```

如果希望查看建表语句，可以使用如下 SQL 语句：

```
SHOW CREATE TABLE <表名>;
```

代码 3-17　查看建表语句

```
mysql> show create table orders2 \G;
*************************** 1. row ***************************
       Table: orders2
Create Table: CREATE TABLE 'orders2' (
  'id' int(11) unsigned NOT NULL AUTO_INCREMENT,
  'order_no' varchar(10) DEFAULT NULL,
  'user_id' int(11) DEFAULT NULL,
  'create_time' timestamp NULL DEFAULT NULL,
  PRIMARY KEY ('id')
) ENGINE=InnoDB DEFAULT CHARSET=utf8mb4
1 row in set (0.00 sec)
```

"show create table orders2 \G" 中的 "\G"，它的作用是把查询结果以纵向结构显示，在横向显示很乱时就可以使用 "\G"。

3.3.4　修改表

表结构和代码一样，常常需要修改，主要的修改包括修改表名、添加字段、删除字段、修改字段等。

1. 修改表名

修改表名需要使用 ALTER TABLE 语句，指定目标表名和新表名，要注意目标表名必须已经存在，而新表名不能已经存在。具体的 SQL 语法如下：

```
ALTER TABLE <现表名> RENAME <新表名>;
```

ALTER TABLE 关键字表明是要修改表，之后指定要修改的表名，RENAME 关键字后面指定新的表名。代码 3-18 展示了修改表名的用法。

代码 3-18　数据表重命名

```
# 查看数据表列表
mysql> show tables;
+----------------+
```

```
| Tables_in_shop |
+----------------+
| orders         |
| orders2        |
| t_time         |
| test_dec       |
+----------------+
4 rows in set (0.01 sec)

# 修改 orders 名字为 orderlist
mysql> alter table orders rename orderlist;
Query OK, 0 rows affected (0.02 sec)

# 查看数据表列表
mysql> show tables;
+----------------+
| Tables_in_shop |
+----------------+
| orderlist      |
| orders2        |
| t_time         |
| test_dec       |
+----------------+
4 rows in set (0.01 sec)
```

2. 添加字段

添加字段需要使用 ALTER TABLE 语句，指定需要在哪张表中添加字段，然后指定新字段的名称，以及新字段的定义信息。需要注意，目标表必须存在，新添加的字段不能已经存在。具体的 SQL 语法如下：

```
ALTER TABLE <表名> ADD <字段名称> <字段定义>;
```

ALTER TABLE 关键字表名是修改表结构，之后指定要修改的表名，ADD 关键字表明需要添加新的字段，后面指定要添加的字段名，后面指定新字段的定义信息，如数据类型、最大长度、字段限制等。代码 3-19 展示了添加字段的用法。

代码 3-19　在数据表中添加字段

```
# 查看现有表结构
mysql> describe orderlist \G;
*************************** 1. row ***************************
  Field: order_no
   Type: varchar(10)
   Null: YES
    Key:
Default: NULL
  Extra:
```

```
*************************** 2. row ***************************
   Field: user_id
    Type: int(11)
    Null: YES
     Key:
 Default: NULL
   Extra:
*************************** 3. row ***************************
   Field: create_time
    Type: timestamp
    Null: NO
     Key:
 Default: CURRENT_TIMESTAMP
   Extra: on update CURRENT_TIMESTAMP
5 rows in set (0.00 sec)
```

添加字段 user_name，类型为 varchar(10)
```
mysql> alter table orderlist add user_name varchar(10);
Query OK, 0 rows affected (0.05 sec)
Records: 0  Duplicates: 0  Warnings: 0
```

查看表结构
```
mysql> describe orderlist \G;
*************************** 1. row ***************************
   Field: order_no
    Type: varchar(10)
    Null: YES
     Key:
 Default: NULL
   Extra:
*************************** 2. row ***************************
   Field: user_id
    Type: int(11)
    Null: YES
     Key:
 Default: NULL
   Extra:
*************************** 3. row ***************************
   Field: create_time
    Type: timestamp
    Null: NO
     Key:
 Default: CURRENT_TIMESTAMP
   Extra: on update CURRENT_TIMESTAMP
***************************45. row ***************************
   Field: user_name
    Type: varchar(10)
```

```
   Null: YES
    Key:
Default: NULL
  Extra:
5 rows in set (0.00 sec)
```

可以看到新添加的字段 user_name 是在最后的位置，其实在添加字段时可以指定位置。例如，需要添加一个 id 字段，这个字段通常在第一个位置，可以在添加字段的语句最后加一个 first。代码 3-20 展示了具体用法。

代码 3-20 在数据表首行添加字段

```
# 在第一行添加 id 字段
mysql> alter table orderlist add id int first;
Query OK, 0 rows affected (0.05 sec)
Records: 0  Duplicates: 0  Warnings: 0


# 查看表结构
mysql> describe orderlist \G;
*************************** 1. row ***************************
  Field: id
   Type: int(11)
   Null: YES
    Key:
Default: NULL
  Extra:
*************************** 2. row ***************************
  Field: order_no
   Type: varchar(10)
   Null: YES
    Key:
Default: NULL
  Extra:
*************************** 3. row ***************************
  Field: user_id
   Type: int(11)
   Null: YES
    Key:
Default: NULL
  Extra:
*************************** 4. row ***************************
  Field: create_time
   Type: timestamp
   Null: NO
    Key:
Default: CURRENT_TIMESTAMP
  Extra: on update CURRENT_TIMESTAMP
```

```
*************************** 5. row ***************************
   Field: user_name
    Type: varchar(10)
    Null: YES
     Key:
 Default: NULL
   Extra:
5 rows in set (0.00 sec)
```

除了第一行和最后一行，还可以更灵活一些，如明确指定添加到某个字段之后，使用 AFTER 关键字，在其后面指定目标字段的名称。代码 3-21 展示了具体用法。

代码 3-21　在 order_no 之后添加字段

```
mysql> alter table orderlist add product_name varchar(10) after order_no;
Query OK, 0 rows affected (0.07 sec)
Records: 0  Duplicates: 0  Warnings: 0

mysql> show create table orderlist \G;
*************************** 1. row ***************************
       Table: orderlist
Create Table: CREATE TABLE 'orderlist' (
  'id' int(11) DEFAULT NULL,
  'order_no' varchar(10) DEFAULT NULL,
  'product_name' varchar(10) DEFAULT NULL,
  'user_id' int(11) DEFAULT NULL,
  'create_time' timestamp NOT NULL DEFAULT CURRENT_TIMESTAMP ON UPDATE CURRENT_TIMESTAMP,
  'user_name' varchar(10) DEFAULT NULL
) ENGINE=InnoDB DEFAULT CHARSET=utf8mb4
1 row in set (0.00 sec)
```

可以看到顺序是符合预期的。

3. 删除字段

可以添加字段，也可以删除字段，也是使用 ALTER TABLE 语句，指定目标表名，以及要删除的字段。需要注意的是，指定的表名和字段名都必须是存在的。具体的 SQL 语法如下：

```
ALTER TABLE <表名> DROP <字段名称>;
```

ALTER TABLE 关键字表明要修改数据表，后面指定目标表名，DROP 关键字指定修改的动作为删除字段，然后指定要删除的字段名称。代码 3-22 展示了删除字段的用法。

代码 3-22　删除 product_name 字段

```
# 删除字段
mysql> alter table orderlist drop product_name;
Query OK, 0 rows affected (0.05 sec)
Records: 0  Duplicates: 0  Warnings: 0
```

```
# 查看表结构
mysql> show create table orderlist \G;
*************************** 1. row ***************************
       Table: orderlist
Create Table: CREATE TABLE 'orderlist' (
  'id' int(11) DEFAULT NULL,
  'order_no' varchar(10) DEFAULT NULL,
  'user_id' int(11) DEFAULT NULL,
  'create_time' timestamp NOT NULL DEFAULT CURRENT_TIMESTAMP ON UPDATE CURRENT_TIMESTAMP,
  'user_name' varchar(10) DEFAULT NULL
) ENGINE=InnoDB DEFAULT CHARSET=utf8mb4
1 row in set (0.00 sec)
```

4. 修改字段

字段的修改包括修改字段的名称、修改字段的定义、同时修改字段的名称和定义。

↘ 修改字段的名称

SQL 语法如下：

```
ALTER TABLE <表名> CHANGE <旧字段名称> <新字段名称> <旧字段定义>;
```

修改字段名称还是使用 ALTER TABLE 语句，CHANGE 关键字表明需要修改字段名称，之后指定要修改的字段名称，以及新字段名称、字段的定义。代码 3-23 展示了修改字段名称的用法。

代码 3-23　修改字段名称

```
# 修改字段名称
mysql> alter table orderlist change user_name userName varchar(10);
Query OK, 0 rows affected (0.04 sec)
Records: 0  Duplicates: 0  Warnings: 0

# 查看表结构
mysql> show create table orderlist \G;
*************************** 1. row ***************************
       Table: orderlist
Create Table: CREATE TABLE 'orderlist' (
  'id' int(11) DEFAULT NULL,
  'order_no' varchar(10) DEFAULT NULL,
  'user_id' int(11) DEFAULT NULL,
  'create_time' timestamp NOT NULL DEFAULT CURRENT_TIMESTAMP ON UPDATE CURRENT_TIMESTAMP,
  'userName' varchar(10) DEFAULT NULL
) ENGINE=InnoDB DEFAULT CHARSET=utf8mb4
1 row in set (0.00 sec)
```

↘ 修改字段的定义

SQL 语法如下：

```
ALTER TABLE <表名> MODIFY <字段名称> <字段定义>;
```

修改字段的定义，需要使用 MODIFY 关键字，后面指定需要修改的字段名称，以及新的字段定义信息。代码 3-24 展示了修改字段定义的用法。

代码 3-24　修改 userName 的类型为 varchar(30)

```
# 修改字段定义
mysql> alter table orderlist modify userName varchar(30);
Query OK, 0 rows affected (0.03 sec)
Records: 0  Duplicates: 0  Warnings: 0

# 查看表结构
mysql> show create table orderlist \G;
*************************** 1. row ***************************
      Table: orderlist
Create Table: CREATE TABLE 'orderlist' (
  'id' int(11) DEFAULT NULL,
  'order_no' varchar(10) DEFAULT NULL,
  'user_id' int(11) DEFAULT NULL,
  'create_time' timestamp NOT NULL DEFAULT CURRENT_TIMESTAMP ON UPDATE CURRENT_TIMESTAMP,
  'userName' varchar(30) DEFAULT NULL
) ENGINE=InnoDB DEFAULT CHARSET=utf8mb4
1 row in set (0.00 sec)
```

↘　同时修改字段的名称和定义

SQL 语法如下：

```
ALTER TABLE <表名> CHANGE <旧字段名称> <新字段名称> <新字段定义>;
```

除了使用 ALTER TABLE 语句中的 MODIFY 关键字修改字段的定义外，CHANGE 关键字在修改字段名称的时候可以一同修改字段的定义。在 CHANGE 关键字后指定目标字段的名称，然后指定新的字段名称与字段定义信息。代码 3-25 展示了具体用法。

代码 3-25　修改字段名称和类型

```
# 修改字段名称
mysql> alter table orderlist change userName user_name varchar(10);
Query OK, 0 rows affected (0.07 sec)
Records: 0  Duplicates: 0  Warnings: 0

# 查看表结构
mysql> show create table orderlist \G;
*************************** 1. row ***************************
      Table: orderlist
Create Table: CREATE TABLE 'orderlist' (
  'id' int(11) DEFAULT NULL,
  'order_no' varchar(10) DEFAULT NULL,
  'user_id' int(11) DEFAULT NULL,
  'create_time' timestamp NOT NULL DEFAULT CURRENT_TIMESTAMP ON UPDATE CURRENT_TIMESTAMP,
  'user_name' varchar(10) DEFAULT NULL
) ENGINE=InnoDB DEFAULT CHARSET=utf8mb4
```

```
1 row in set (0.01 sec)
```

3.3.5　删除表

扫一扫，看视频

删除表需要使用 DROP TABLE 语句，其后指定要删除的表名即可。具体的 SQL 语法如下：

```
DROP TABLE <表名>;
```

需要注意的是，指定的表名必须是已经存在的。代码 3-26 展示了删除表的用法。

代码 3-26　删除表

```
# 创建一个新表 test_drop
mysql> create table test_drop(id int);
Query OK, 0 rows affected (0.02 sec)

# 删除表 test_drop
mysql> drop table test_drop;
Query OK, 0 rows affected (0.02 sec)
```

3.3.6　表的约束

扫一扫，看视频

在创建表一节中已经接触了"表的约束"，如表 3-5 所示。

表 3-5　表约束说明

约　束	说　明
PRIMARY KEY	主键约束，设置字段为表的主键，且值唯一、非空
NOT NULL	非空约束，值不能为空
UNIQUE	唯一性约束，字段的值唯一
DEFAULT	默认值约束，设置字段的默认值
AUTO_INCREMENT	自增约束，设置字段的值自动增长
FOREIGN KEY	外键约束，设置字段为表的外键

1. 主键约束

设置主键是为了更快地查找表中的数据，对主键的要求包括主键字段的值非空、主键字段的值唯一、每张表只能有一个主键。

通常使用的是 id 字段，数字类型，并使用自增约束（AUTO_INCREMENT）。主键可以选择单一字段，也可以把多个字段的组合作为主键。设置主键的 SQL 语法如下：

```
CREATE TABLE <表名>(
...
PRIMARY KEY (<字段名>[,<字段名>...]),
);
```

PRIMARY KEY 关键字后面指定作为主键的字段名称，如果指定多个字段，需要使用逗号（,）分隔。代码 3-27 展示了具体用法。

代码 3-27　主键约束

```
# 建表
mysql> create table test_pk(
    ->   id int,
    ->   name varchar(10),
    ->   primary key (id)
    -> );
Query OK, 0 rows affected (0.02 sec)

# 查看表
mysql> desc test_pk;
+-------+-------------+------+-----+---------+-------+
| Field | Type        | Null | Key | Default | Extra |
+-------+-------------+------+-----+---------+-------+
| id    | int(11)     | NO   | PRI | NULL    |       |
| name  | varchar(10) | YES  |     | NULL    |       |
+-------+-------------+------+-----+---------+-------+
2 rows in set (0.00 sec)
```

可以看到 id 的 Key 列值为 PRI，表示此字段为主键，而且 NULL 字段的值为 NO，表示不允许为空，这是自动设置的，建表的时候并没有设置。下面插入数据试试，看主键的值重复时会提示什么。

代码 3-28　主键数据重复

```
mysql> insert into test_pk values(1, "name1");
Query OK, 1 row affected (0.01 sec)

mysql> insert into test_pk values(1, "name2");
ERROR 1062 (23000): Duplicate entry '1' for key 'PRIMARY'
```

给出了错误提示：主键的值重复了。

上面是单字段主键的情况，复合主键只需要指定多个字段。

代码 3-29　复合主键

```
# 建表，添加主键约束时指定 2 个字段
mysql> create table test_pk2(
    -> id int,
    -> name varchar(10),
    -> primary key (id,name)
    -> );
Query OK, 0 rows affected (0.04 sec)

# 查看表结构
mysql> desc test_pk2;
```

```
+-------+-------------+------+-----+---------+-------+
| Field | Type        | Null | Key | Default | Extra |
+-------+-------------+------+-----+---------+-------+
| id    | int(11)     | NO   | PRI | NULL    |       |
| name  | varchar(10) | NO   | PRI | NULL    |       |
+-------+-------------+------+-----+---------+-------+
2 rows in set (0.01 sec)
```

可以看到 id 和 name 的 Key 列值都是 PRI 了。

主键约束是可以删除的，SQL 语法如下：

```
ALTER TABLE <表名> DROP PRIMARY KEY;
```

同样使用 ALTER TABLE 语句，指定目标表名，然后使用 DROP PRIMARY KEY 关键字指定要删除的主键约束。代码 3-30 展示了具体用法。

代码 3-30　删除主键约束

```
# 删除主键约束
mysql> alter table test_pk drop primary key;
Query OK, 1 row affected (0.08 sec)
Records: 1  Duplicates: 0  Warnings: 0

# 查看表结构
mysql> desc test_pk;
+-------+-------------+------+-----+---------+-------+
| Field | Type        | Null | Key | Default | Extra |
+-------+-------------+------+-----+---------+-------+
| id    | int(11)     | NO   |     | NULL    |       |
| name  | varchar(10) | YES  |     | NULL    |       |
+-------+-------------+------+-----+---------+-------+
2 rows in set (0.01 sec)
```

可以看到 Key 列的值空了，没有主键了。

添加主键约束的 SQL 语法如下：

```
ALTER TABLE <表名> ADD PRIMARY KEY (<字段名>...);
```

主键可以删除，同样可以添加，与 DROP PRIMARY KEY 相对应的是 ADD PRIMARY KEY，其后指定要作为主键的字段名称，同样可以指定多个字段。代码 3-31 展示了具体用法。

代码 3-31　添加主键约束

```
mysql> alter table test_pk add primary key (id,name);
Query OK, 0 rows affected (0.10 sec)
Records: 0  Duplicates: 0  Warnings: 0

mysql> desc test_pk;
+-------+-------------+------+-----+---------+-------+
| Field | Type        | Null | Key | Default | Extra |
```

```
+-------+-------------+------+-----+---------+-------+
| id    | int(11)     | NO   | PRI | NULL    |       |
| name  | varchar(10) | NO   | PRI | NULL    |       |
+-------+-------------+------+-----+---------+-------+
2 rows in set (0.00 sec)
```

2. 非空约束

非空约束的 SQL 语法如下：

```
CREATE TABLE <表名>(
  <字段名> <数据类型> NOT NULL,
  ...
);
```

如果某个字段的值是必填的，不允许为空，就可以使用非空约束，只需要定义字段的时候添加 NOT NULL 关键字即可。代码 3-32 展示了具体用法。

代码 3-32　添加非空约束

```
# 建表
mysql> create table test_notnull(
    ->   id int not null,
    ->   name varchar(10)
    -> );
Query OK, 0 rows affected (0.04 sec)

# 查看表结构
mysql> desc test_notnull;
+-------+-------------+------+-----+---------+-------+
| Field | Type        | Null | Key | Default | Extra |
+-------+-------------+------+-----+---------+-------+
| id    | int(11)     | NO   |     | NULL    |       |
| name  | varchar(10) | YES  |     | NULL    |       |
+-------+-------------+------+-----+---------+-------+
2 rows in set (0.01 sec)

# 测试插入记录时不指定 id
mysql> insert into test_notnull(name) values('test');
ERROR 1364 (HY000): Field 'id' doesn't have a default value
```

插入数据时，如果 NOT NULL 字段的值没有指定，就会报错。

3. 唯一性约束

唯一性约束可以保证字段值不是重复的，就像主键一样，所有值都必须是唯一的。具体 SQL 语法如下：

```
CREATE TABLE <表名>(
```

```
<字段名> <数据类型> UNIQUE,
...
);
```

字段如果设置了唯一性约束，该字段的值就不允许重复了，定义字段的时候使用 UNIQUE 关键字即可。代码 3-33 展示了具体用法。

代码 3-33 建表时添加唯一约束

```
# 建表时指定唯一性约束
mysql> create table test_unique(
    -> id int unique,
    -> name varchar(10)
    -> );
Query OK, 0 rows affected (0.05 sec)

# 查看表结构
mysql> desc test_unique;
+-------+-------------+------+-----+---------+-------+
| Field | Type        | Null | Key | Default | Extra |
+-------+-------------+------+-----+---------+-------+
| id    | int(11)     | YES  | UNI | NULL    |       |
| name  | varchar(10) | YES  |     | NULL    |       |
+-------+-------------+------+-----+---------+-------+
2 rows in set (0.00 sec)
```

可以看到 id 的 Key 列值为 UNI，说明已经添加了唯一性约束。

对设置了 UNIQUE 的列插入重复值试试，看看效果。

代码 3-34 建表时添加唯一约束

```
mysql> insert into test_unique values(1, 'name1');
Query OK, 1 row affected (0.00 sec)

# 插入重复值
mysql> insert into test_unique values(1, 'name2');
ERROR 1062 (23000): Duplicate entry '1' for key 'id'
```

可以看到，与主键重复时的错误信息是一样的。

还可以为约束设置一个名字，SQL 语法如下：

```
CREATE TABLE <表名>(
  ...
  CONSTRAINT <约束名字> UNIQUE(<字段名>)
);
```

在 CONSTRAINT 关键字后面指定约束名称即可。代码 3-35 展示了具体用法。

代码 3-35 添加约束名

```
# 建表，为 name 字段添加唯一约束，并指定约束的名称为 uk_name
```

```
mysql> create table test_unique2(
    -> id int,
    -> name varchar(10),
    -> constraint uk_name unique(name)
    -> );
Query OK, 0 rows affected (0.05 sec)

# 查询表结构
mysql> desc test_unique2;
+-------+-------------+------+-----+---------+-------+
| Field | Type        | Null | Key | Default | Extra |
+-------+-------------+------+-----+---------+-------+
| id    | int(11)     | YES  |     | NULL    |       |
| name  | varchar(10) | YES  | UNI | NULL    |       |
+-------+-------------+------+-----+---------+-------+
2 rows in set (0.01 sec)
```

为约束设置了名称之后就比较方便了，可以很容易地去掉约束，SQL 语法如下：

ALTERT TABLE <表名> DROP KEY <约束名称>;

代码 3-36 删除约束

```
# 删除上一个示例中添加的约束 uk_name
mysql> alter table test_unique2 drop key uk_name;
Query OK, 0 rows affected (0.04 sec)
Records: 0  Duplicates: 0  Warnings: 0

# 查看表结构
mysql> desc test_unique2;
+-------+-------------+------+-----+---------+-------+
| Field | Type        | Null | Key | Default | Extra |
+-------+-------------+------+-----+---------+-------+
| id    | int(11)     | YES  |     | NULL    |       |
| name  | varchar(10) | YES  |     | NULL    |       |
+-------+-------------+------+-----+---------+-------+
2 rows in set (0.00 sec)
```

除了建表时可以添加唯一约束，也可以通过修改表的方式添加，SQL 语法如下：

ALTER TABLE <表名> ADD CONSTRAINT <约束名称> UNIQUE (<字段名>);

代码 3-37 修改表时添加唯一约束

```
# 为字段 id 添加唯一约束，命名为 uk_id
mysql> alter table test_unique2 add constraint uk_id unique (id);
Query OK, 0 rows affected (0.03 sec)
Records: 0  Duplicates: 0  Warnings: 0

# 查看表结构
```

```
mysql> desc test_unique2;
+-------+-------------+------+-----+---------+-------+
| Field | Type        | Null | Key | Default | Extra |
+-------+-------------+------+-----+---------+-------+
| id    | int(11)     | YES  | UNI | NULL    |       |
| name  | varchar(10) | YES  |     | NULL    |       |
+-------+-------------+------+-----+---------+-------+
2 rows in set (0.00 sec)
```

当表里没有主键时，第一个出现的非空且为唯一的列会被视为主键。

4. 自增约束

为某字段指定自增约束之后，插入记录时，可以不指定此字段的值，会自动生成一个值，是在上次生成值的基础上加 1，自增约束默认是从 1 开始的。

使用自增约束的要求如下：

（1）必须添加在一个定义为 Key（主键、唯一）的字段上，通常配合主键使用。

（2）字段的数据类型必须为数字类型。

SQL 语法如下：

```
CREATE TABLE <表名>(
  <字段名> <数据类型> AUTO_INCREMENT,
  ...
  <KEY 约束>
);
```

代码 3-38　对主键添加自增约束

```
# 建表，对主键使用自增约束
mysql> create table test_auto(
    -> id float primary key AUTO_INCREMENT,
    -> name varchar(10)
    -> );
Query OK, 0 rows affected (0.05 sec)

# 插入测试数据，不指定主键的值
mysql> insert into test_auto(name) values('name1');
Query OK, 1 row affected (0.01 sec)

# 查看表数据
mysql> select * from test_auto;
+----+-------+
| id | name  |
+----+-------+
|  1 | name1 |
+----+-------+
1 row in set (0.00 sec)
```

代码 3-39　UNIQUE 配合自增约束

```
# 建表
mysql> create table test_auto2(
    -> id int unique AUTO_INCREMENT,
    -> name varchar(10)
    -> );
Query OK, 0 rows affected (0.04 sec)

# 插入数据
mysql> insert into test_auto2(name) values('n1');
Query OK, 1 row affected (0.01 sec)

# 查看表数据
mysql> select * from test_auto2;
+----+------+
| id | name |
+----+------+
|  1 | n1   |
+----+------+
1 row in set (0.00 sec)
```

5. 外键约束

外键约束是用来增强数据库实体完整性、参照完整性的约束，让多个表之间有严格的关联关系。

例如，文章属于某个分类，在文章表中有一个分类 ID 的字段，使用外键约束之后，分类 ID 的值必须是存在分类表中的。具体的 SQL 语法如下：

```
CREATE TABLE <表名>(
  <字段名> <数据类型>,
  ...
  CONSTRAINT <约束名称> FOREIGN KEY (<字段名>) REFERENCES <表名>(<字段名>)
);
```

添加外键约束需要使用 FOREIGN KEY 关键字，表明此约束为一个外键约束，需要指定字段名，以及与之关联的表名及其字段名。

代码 3-40　建表添加外键

```
# 创建分类表 tb_category
mysql> create table tb_category(
    -> id int primary key AUTO_INCREMENT
    -> );
Query OK, 0 rows affected (0.05 sec)

# 创建文章表 tb_article，外键关联分类表
mysql> create table tb_article(
    -> id int primary key AUTO_INCREMENT,
    -> cate_id int,
```

```
    -> constraint fk_cateid foreign key (cate_id) references tb_category(id)
    -> );
Query OK, 0 rows affected (0.03 sec)

# 向分类表中插入测试数据
mysql> insert into tb_category values(1),(2),(3);
Query OK, 3 rows affected (0.01 sec)
Records: 3  Duplicates: 0  Warnings: 0

# 向文章表中插入测试数据
mysql> insert into tb_article(cate_id) values(1);
Query OK, 1 row affected (0.01 sec)
```

向文章表中插入的 cate_id 值为 1，可以正常插入，因为 1 是分类表中存在的。

试试插入一个分类表中不存在的值。

代码 3-41　插入不存在的分类 ID

```
mysql> insert into tb_article(cate_id) values(4);
ERROR 1452 (23000): Cannot add or update a child row: a foreign key constraint fails ('shop'.
'tb_article', CONSTRAINT 'fk_cateid' FOREIGN KEY ('cate_id') REFERENCES 'tb_category' ('id'))
```

给出了错误提示：违反了外键约束。因为 4 不在分类表中。

分类表是被文章表中外键引用的，如果删除分类表会如何？

代码 3-42　删除被引用的分类表

```
mysql> drop table tb_category;
ERROR 1217 (23000): Cannot delete or update a parent row: a foreign key constraint fails
```

报错了，还是因为外键约束。

同理，删除分类表中 id 为 1 的记录也会失败。

代码 3-43　删除被引用的分类记录

```
mysql> delete from tb_category where id=1;
ERROR 1451 (23000): Cannot delete or update a parent row: a foreign key constraint fails ('shop'.
'tb_article', CONSTRAINT 'fk_cateid' FOREIGN KEY ('cate_id') REFERENCES 'tb_category' ('id'))
```

删除分类表中没有被关联的记录是没问题的。

代码 3-44　删除未被引用的分类记录

```
mysql> delete from tb_category where id=3;
Query OK, 1 row affected (0.00 sec)
```

分类表中被关联的记录不允许删除，但如果业务就是要求删除怎么办？可以在添加外键约束时设置一下关联策略。

代码 3-45　设置关联策略——关联删除

```
# 删除文章表
```

```
mysql> drop table tb_article;
Query OK, 0 rows affected (0.02 sec)

# 重新创建文章表，指定外键时添加关联策略
create table tb_article(
id int primary key AUTO_INCREMENT,
cate_id int,
constraint fk_cateid foreign key (cate_id) references tb_category(id) on delete cascade
);
```

添加外键约束时增加了 on delete cascade，意思是"在关联的记录删除时，此表中的记录随之删除"。

代码 3-46　测试关联删除效果

```
# 添加测试数据，关联分类表中 ID 为 1 的记录
mysql> insert into tb_article(cate_id) values(1);
Query OK, 1 row affected (0.01 sec)

# 删除分类表中 ID 为 1 的记录
mysql> delete from tb_category where id=1;
Query OK, 1 row affected (0.00 sec)

# 查询文章表
mysql> select * from tb_article;
Empty set (0.01 sec)
```

可以看到，可以正常删除了，查询文章表中的记录为空，说明已经被自动删除了。

同样的道理，修改被关联记录时也会报错，也需要指定关联修改策略。

代码 3-47　设置关联策略——关联更新

```
# 删除文章表
mysql> drop table tb_article;
Query OK, 0 rows affected (0.02 sec)

# 重新创建文章表，指定外键时添加关联策略
create table tb_article(
id int primary key AUTO_INCREMENT,
cate_id int,
constraint fk_cateid foreign key (cate_id) references tb_category(id) on delete cascade on
update cascade
);
```

on delete cascade on update cascade 指定了关联记录删除和修改时随之同样操作。

代码 3-48　测试关联更新效果

```
# 插入测试数据
mysql> insert into tb_article(cate_id) values(2);
```

```
Query OK, 1 row affected (0.01 sec)

# 修改分类表中 id 为 2 的值
mysql> update tb_category set id=22 where id=2;
Query OK, 1 row affected (0.00 sec)
Rows matched: 1  Changed: 1  Warnings: 0

# 查询文章表
mysql> select * from tb_article;
+----+---------+
| id | cate_id |
+----+---------+
| 1  |    22   |
+----+---------+
1 row in set (0.00 sec)
```

可以看到，id 的值已经随之修改了。

3.3.7 插入数据

扫一扫，看视频

数据表准备好之后，就可以插入数据了，在之前的操作中已经接触到了插入方法，就是使用 insert，插入数据的基础 SQL 语法如下：

```
INSERT INTO <表名>
    ( <字段 1>, <字段 2>,... )
VALUES
    ( <值 1>,   <值 2>,... );
```

先指定要插入的表名及其字段，然后指定每个字段的值，字段与其值是根据顺序对应的，所以字段的数量与值的数量是必须一致的，一定要注意值的顺序，不要弄混了。

代码 3-49　插入数据的基本用法

```
# 创建数据表
mysql> create table test_insert
    -> (
    ->    id       int auto_increment primary key,
    ->    name     varchar(10) null,
    ->    age      int         null,
    ->    email    varchar(30) null,
    ->    birthday timestamp
    -> );
Query OK, 0 rows affected (0.05 sec)

# 插入数据
mysql> insert into test_insert(name, age, email, birthday)
    ->    values('gates', 18, 'g@a.com', null);
```

```
Query OK, 1 row affected (0.00 sec)
```

如果每个字段都需要插入值，也就是插入一条完整的记录，那么字段列表可以省掉，但一定要确保值的顺序与表中字段的顺序一致。

代码 3-50　插入完整记录

```
mysql> insert into test_insert values(8, 'joge', 10, 'j@a.com', null);
Query OK, 1 row affected (0.00 sec)
```

如果希望插入多条记录，不必执行多条 insert 语句，可以批量插入。

SQL 语法如下：

```
INSERT INTO <表名>
    ( <字段1>, <字段2>,... )
VALUES
    ( <值1>,   <值2>,... ),
    ( <值1>,   <值2>,... ),
    ( <值1>,   <值2>,... ),
    ...;
```

代码 3-51　批量插入

```
mysql> insert into test_insert values
    -> (10, 'joge', 10, 'j@a.com', null),
    -> (11, 'sun', 20, 's@a.com', null),
    -> (12, 'moon', 30, 'm@a.com', null);
Query OK, 3 rows affected (0.00 sec)
Records: 3  Duplicates: 0  Warnings: 0
```

上面的值都是直接指定的，值还可以来自查询结果，只要查询结果的类型、顺序与要插入字段一致即可。

SQL 语法如下：

```
INSERT INTO <表名>
    ( <字段1>, <字段2>,... )
    SELECT <字段1>, <字段2>,... FROM <表名> WHERE ...
```

代码 3-52　select 插入

```
mysql> insert into test_insert(name, age, email)
    -> select name, age, email from test_insert where id=1;
Query OK, 1 row affected (0.01 sec)
Records: 1  Duplicates: 0  Warnings: 0
```

扫一扫，看视频

3.4　小　　结

　　本章主要介绍了如何操作数据库和数据表，先介绍了数据库的结构，从整体上有个清晰的认识，然后以实践的方式详细介绍了数据库和数据表的核心操作方法。学习实践之后便可以建立起数据的存储空间，并可以把数据记录添加进去，为之后的数据查询打好基础。

第4章 数据查询

掌握了如何创建数据库、如何插入数据之后，就要掌握如何把数据从数据库中查询出来，数据的查询占据着数据库工作的绝大部分比例。

本章的目标就是掌握 MySQL 中对于一张表的多维度、多类型的查询方式。对于一张表，纵向可以选取要查询的列，这是查询过程中对于查询字段的选择；横向可以选择某些满足条件的行，这是查询过程中的条件查询。

对于查询出来的结果数据，还可以进一步地分析处理，如根据某个字段进行排序、根据某些字段进行分组、对分组的数据进行统计、限定查询结果的数量、对查询结果进行去重等。

通过本章的学习，可以掌握以下主要内容：

● 查询指定的列与行。
● MySQL 运算符。
● 查询结果排序与去重。
● 查询结果分组统计。
● 限制查询结果数量。

4.1 查询基础

数据的查询简单来说就是怎么从数据表里面把数据拿出来的问题。MySQL 中数据的查询是通过 SELECT 语句实现的。

在 SELECT 语句中，可以指定想要在查询结果中显示的列，也可以通过指定查询条件来找出符合条件的行。不仅如此，SELECT 语句中还可以对查找出来的结果进行处理，包括排序、分组、统计、去重等操作。所以想要做好数据的查询，必须掌握 SELECT 语句的用法。

最基础的 SELECT 查询方式包括：

● 指定查询结果中的列。
● 指定查询条件。
● 设置字段别名。
● 查询结果去重。
● 限定结果数量。

4.1.1 指定查询结果中的列

SELECT 单词的中文意思是"选择、选取"，所以 SELECT 语句就是从数据表中挑选出我们想要的数据。

SELECT 语句最基本的语法如下：

```
SELECT <字段 1>,<字段 2>,...
    FROM <表名>;
```

下面仔细分析一下这个语句的每一部分。

首先，使用 SELECT 关键字开头，这个关键字用来指示 MySQL 获取数据。

然后，在 SELECT 关键字后面的"<字段 1>,<字段 2>,..."是希望在查询结果集中显示的字段列表。

最后，使用 FROM 关键字指示要查询的表名，FROM 中文意思是"始于、来自、从哪儿开始"，所以 FROM 就是用来指定从哪个表来选取数据。表名的后面跟上";"结束 SELECT 语句。

上面语句中的 SELECT 和 FROM 关键字使用的都是大写，实际上与大小写无关，使用大写是为了突出显示的作用，SQL 语句都是对大小写不敏感的。

还有 FROM 关键字另起了一行，也是没有关系的，MySQL 并没有这种写法要求，在新的一行写 FROM 是为了更好的可读性和更容易维护。

所以，写成如下的形式也是正常的。

```
select <字段 1>,<字段 2>,... from <表名>;
```

有一点需要注意，MySQL 在执行 SELECT 语句时，执行顺序并不是按照书写的顺序，MySQL 会先执行 FROM 子句，然后再执行 SELECT 子句，如图 4-1 所示。

接下来创建一个示例表并插入几条测试数据，以便做 SELECT 查询演示。

图 4-1　SELECT 执行顺序

代码 4-1　创建示例表

```
# 创建表 user
CREATE TABLE 'user' (
  'id' int(11) NOT NULL AUTO_INCREMENT,
  'name' varchar(30) DEFAULT NULL,
  'age' int(11) DEFAULT NULL,
  'address' varchar(50) DEFAULT NULL,
  PRIMARY KEY ('id')
)

# 插入数据
INSERT INTO 'user'
    VALUES (1, 'Dell', 18, 'Beijing');
INSERT INTO 'user'
```

```
    VALUES (2, 'Acer', 9, 'Tianjin');
 INSERT INTO 'user'
    VALUES (3, 'HuaW', 20, 'Xi'an');
```

表的整体情况如图 4-2 所示。

先做一个查询单个字段的示例，查询出 user 表中 name 字段的值，如图 4-3 所示。

图 4-2　user 表数据情况

图 4-3　查询 name 字段

代码 4-2　查询单字段

```
mysql> select name
    -> from user;
+------+
| name |
+------+
| Dell |
| Acer |
| HuaW |
+------+
3 rows in set (0.00 sec)
```

接下来尝试查询多字段，查询出 name 和 address 这两个字段的值，如图 4-4 所示。

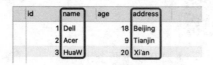

图 4-4　查询 name 与 address 字段

代码 4-3　查询多字段

```
mysql> select name, address
    -> from user;
+------+---------+
| name | address |
+------+---------+
| Dell | Beijing |
| Acer | Tianjin |
| HuaW | Xi'an   |
+------+---------+
3 rows in set (0.00 sec)
```

如果想查询出所有的字段，就没有必要在 SELECT 语句中明确写出每个字段，可以直接使用"*"来表示列出所有字段。

代码 4-4　查询所有字段

```
mysql> select *
    -> from user;
+----+------+------+---------+
| id | name | age  | address |
+----+------+------+---------+
|  1 | Dell |  18  | Beijing |
|  2 | Acer |   9  | Tianjin |
|  3 | HuaW |  20  | Xi'an   |
+----+------+------+---------+
3 rows in set (0.00 sec)
```

对于"*"的使用需要谨慎，建议只有真正想要查询所有字段时使用，而不要因为列出多个字段写起来比较麻烦而使用"*"。

使用"*"可能会出现以下问题：

● MySQL 需要从数据库物理文件中读取所有字段，磁盘 I/O 成本高。

● MySQL 把所有字段的值通过网络传递给 Client 时，数据量大，网络 I/O 成本高。

● 某些字段可能是敏感的，会暴露给 Client。

● 明确列出字段名称时，可以指定结果中字段的顺序，使用"*"后只能按照建表时字段的顺序显示。

● 明确列出字段名称时，可以为字段设置别名。例如，字段名称为 product_name，可以设置别名为 pname，这样在结果集中就会显示这个别名，但使用"*"后无法设置别名。

4.1.2　设置字段别名

扫一扫，看视频

为查询结果中的字段设置别名，主要有以下两个作用：

（1）提高便利性。例如，表字段名字很长，可以设置一个较短的别名，假设原字段名称为 user_address，为了方便，可以设置为同样易懂的简称 addr。

（2）明确字段含义。例如，表字段名称含义不够明确，可以设置一个意思更清晰的别名，假设"销售员工编号"这个字段名称为 abc，为了更好地理解，可以使用能够明确描述字段含义的别名 salesEmployeeNumber。

为字段设置别名是通过 AS 关键字在 SELECT 子句中字段名的后面添加 AS 关键字以及自定义的别名，语法如下：

```
SELECT <字段 1> AS <别名 1>,<字段 2> AS <别名 2>,...
    FROM <表名>;
```

同样地，AS 关键字也是不区分大小写的，统一记住 SQL 语句不区分大小写即可。

例如，查询 user 表中的 address 字段，为其设置别名 addr。

代码 4-5　设置别名——使用 AS 关键字

```
mysql> select address as addr
    -> from user;
+---------+
| addr    |
+---------+
| Beijing |
| Tianjin |
| Xi'an   |
+---------+
3 rows in set (0.00 sec)
```

结果集中的字段名即为设置的别名。

为了提升便利性，AS 关键字也可以省略，字段原名与别名用空格分隔即可，例如下面的示例。

代码 4-6　设置别名——省略 AS 关键字

```
mysql> select address addr, name n
    -> from user;
+---------+------+
| addr    | n    |
+---------+------+
| Beijing | Dell |
| Tianjin | Acer |
| Xi'an   | HuaW |
+---------+------+
3 rows in set (0.00 sec)
```

但为了可读性，还是建议使用 AS 关键字，更加易读，而且 AS 关键字很简单，并没有增加书写的复杂度。

4.1.3　查询结果去重

在查询结果中有可能会出现重复的值，如 name 字段就可能会有重名，如果不希望查询结果中出现重复，就需要在 SELECT 语句中声明去重。

DISTINCT 关键字用来指定某字段需要去重，语法如下：

```
SELECT DISTINCT <字段>
  FROM <表名>;
```

下面做一个示例，先准备好数据环境，向 user 表中新插入一条记录，以便产生一条 name 重复的记录。

代码 4-7　插入重复记录

```
# 插入数据
mysql> INSERT INTO 'user' VALUES (4, 'HuaW', 22, 'Nanjing');
```

```
Query OK, 1 row affected (0.01 sec)

# 查询 name 字段值
mysql> select name from user;
+------+
| name |
+------+
| Dell |
| Acer |
| HuaW |
| HuaW |
+------+
4 rows in set (0.00 sec)
```

现在 name 字段中已经有了两条值为 HuaW 的记录，就以 name 为目标，对其进行去重查询。

代码 4-8　去重查询

```
mysql> select distinct name from user;
+------+
| name |
+------+
| Dell |
| Acer |
| HuaW |
+------+
3 rows in set (0.00 sec)
```

可以看到，name 字段的重复值已经去掉了。

字段的值有可能是 null（空值），如果有多个 null，也属于重复的值，DISTINCT 关键字是否可以对 null 值去重呢？

可以做一个测试，新添加两条值为 null 的记录，准备好数据环境。

代码 4-9　插入重复 null 值记录

```
# 插入数据
mysql> INSERT INTO 'user' VALUES (null, 'HuaW', 22, null);
Query OK, 1 row affected (0.00 sec)

# 插入数据
mysql> INSERT INTO 'user' VALUES (null, 'Zhx', 2, null);
Query OK, 1 row affected (0.00 sec)

# 查询 user 表当前数据
mysql> select * from user;
+----+------+------+---------+
| id | name | age  | address |
```

```
+----+------+------+---------+
|  1 | Dell |  18  | Beijing |
|  2 | Acer |   9  | Tianjin |
|  3 | HuaW |  20  | Xi'an   |
|  4 | HuaW |  22  | Nanjing |
|  5 | HuaW |  22  | NULL    |
|  6 | Zhx  |   2  | NULL    |
+----+------+------+---------+
6 rows in set (0.00 sec)
```

address 字段已经有两条值为 null 的记录了，下面使用 DISTINCT 关键字做去重查询，验证是否去重成功。

代码 4-10　null 值去重查询

```
mysql> select distinct address from user;
+---------+
| address |
+---------+
| Beijing |
| Tianjin |
| Xi'an   |
| Nanjing |
| NULL    |
+---------+
5 rows in set (0.00 sec)
```

可以看到，DISTINCT 关键字对于 null 值同样可以去重。

之前的查询示例中，都是只查询了单个字段，比较简单，但是对于多个字段情况下的 DISTINCT 使用就需要注意了。

如下面这条查询语句：

```
select name, distinct address
from user;
```

语义是查询出 user 表中的 name、address 字段，并对 address 字段的值进行去重操作。这条语句看似没有问题，但运行之后就会报错。

代码 4-11　多字段应用 DISTINCT 错误示例

```
mysql> select name, distinct address
    -> from user;
 ERROR 1064 (42000): You have an error in your SQL syntax; check the manual that corresponds
to your MySQL server version for the right syntax to use near 'distinct address from user' at
line 1
```

提示语法错误，这是因为 DISTINCT 关键字必须放在第一个字段的前面。把语句中字段的顺序调换一下便不会报错。

代码 4-12 多字段应用 DISTINCT 无效示例

```
mysql> select distinct address,name
    -> from user;
+---------+------+
| address | name |
+---------+------+
| Beijing | Dell |
| Tianjin | Acer |
| Xi'an   | HuaW |
| Nanjing | HuaW |
| NULL    | HuaW |
| NULL    | Zhx  |
+---------+------+
6 rows in set (0.00 sec)
```

此时语句已经正常执行了，但是查询结果并不符合预期，因为 address 字段的值中还是有重复的 null 值，没有去重。

这是因为在多字段的情况下，DISTINCT 关键字是对所有字段起作用，而不仅仅是针对 DISTINCT 后面的那一个字段。也就是说 DISTINCT 关键字会把后面的多个字段看作一个组合，去重时，只有这个组合的值重复时才执行去重操作。

在代码 4-12 中，虽然 address 这个字段中有重复的内容，但是 address + name 这个字段组合并没有重复的值，所以没有执行去重的操作。

为了测试多字段去重的情况，需要添加一条新的记录，用以产生 address + name 重复的情况。

代码 4-13 多字段重复

```
# 插入数据
mysql> INSERT INTO 'user' VALUES (null, 'Zhx', 23, null);
Query OK, 1 row affected (0.00 sec)

# 查询表中当前数据
mysql> select * from user;
+----+------+------+---------+
| id | name | age  | address |
+----+------+------+---------+
|  1 | Dell |  18  | Beijing |
|  2 | Acer |   9  | Tianjin |
|  3 | HuaW |  20  | Xi'an   |
|  4 | HuaW |  22  | Nanjing |
|  5 | HuaW |  22  | NULL    |
|  6 | Zhx  |   2  | NULL    |
|  7 | Zhx  |  23  | NULL    |
+----+------+------+---------+
7 rows in set (0.00 sec)
```

表中 ID 为 6 和 7 的记录中，name 与 address 字段的值是相同的，数据环境已经准备好了，再次执行代码 4-12 中的查询语句。

代码 4-14　多字段应用 DISTINCT 示例

```
mysql> select distinct address,name
    -> from user;
+---------+------+
| address | name |
+---------+------+
| Beijing | Dell |
| Tianjin | Acer |
| Xi'an   | HuaW |
| Nanjing | HuaW |
| NULL    | HuaW |
| NULL    | Zhx  |
+---------+------+
6 rows in set (0.00 sec)
```

可以看到去重成功了。所以在查询多字段的情况下使用 DISTINCT 关键字需要注意以下两点：

（1）DISTINCT 关键字必须放在第一个字段的前面。

（2）DISTINCT 关键字是对后面多个字段都重复的情况去重。

扫一扫，看视频

4.1.4　条件查询

之前的查询都是纵向的，从表的若干字段中选择某些字段显示，查询结果中的行都会显示出来，相当于是过滤的列，而本节中按条件查询是针对行的，设定行数据的过滤条件，只有符合条件的记录才会显示出来，相当于是过滤的行。

例如，设定的查询条件为 name 字段的值等于 HuaW，那么只有 name = HuaW 的记录才会显示在结果集中。

查询条件是通过 WHERE 子句来设置的，语法如下：

```
SELECT
    <字段名>,...
FROM
    <表名>
WHERE
    <条件表达式>;
```

做一个示例，查询出 name 字段的值为 HuaW 的记录。

代码 4-15　WHERE 示例

```
mysql> select *
    -> from user
    -> where name='HuaW';
+----+------+------+---------+
```

```
| id | name | age | address |
+----+------+------+---------+
|  3 | HuaW |  20 | Xi'an   |
|  4 | HuaW |  22 | Nanjing |
|  5 | HuaW |  22 | NULL    |
+----+------+------+---------+
3 rows in set (0.00 sec)
```

如果 SELECT 后面指定具体的字段，并且使用 WHERE 指定查询条件，那么就实现了对列与行的同时过滤。例如下面的语句：

```
select
  name, address
from
  user
where
  name = 'HuaW';
```

对于查询语句，已经学习了 3 个子句，包括 SELECT、FROM、WHERE，需要明确知道它们的执行顺序，如图 4-5 所示。

图 4-5　查询语句执行顺序

先执行 FROM 子句，确定查询的目标；然后执行 WHERE 子句，过滤出符合条件的记录；最后执行 SELECT 语句，对查询结果集进行处理。

4.1.5　限制查询结果数量

扫一扫，看视频

之前的查询都是查询出所有的数据记录，如果数据表中的数据非常多，每次查询都返回所有数据的话，磁盘 I/O 和网络传输的压力就会比较大，对查询性能有不良影响。而且在查询需求上也会有需要指定返回查询结果中某个范围记录的情况。

查询语句中的 LIMIT 子句用来设置返回结果的数量和指定结果集中的范围。

LIMIT 的语法如下：

```
SELECT
    <字段列表>
FROM
    <表名>
LIMIT [offset,] row_count;
```

LIMIT 可以接收两个参数：

（1）offset 参数用来指定第一条记录在查询结果集中的偏移量，需要注意的是 offset 的值是从 0 开始，而不是从 1 开始。

（2）row_count 参数用于指定返回结果的最大条数。

用一个例子来说明 LIMIT 子句的作用，如下面的查询语句：

```
select n from t
limit 2,4;
```

执行结果如图 4-6 所示。

LIMIT 简单理解就是从所有符合条件的结果集合中取出一部分，需要指定从哪儿（offset）开始取，和取多少条（row_count）。

其中 offset 参数是可选的，如果 LIMIT 只有一个参数，那么这个参数就代表 row_count，对于 offset 会自动使用默认值 0。下面两种方式是相等的：

```
LIMIT row_count;
```

```
LIMIT 0 , row_count;
```

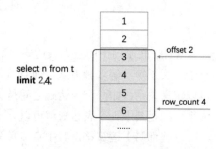

图 4-6　LIMIT 示意图

LIMIT 经常应用在"分页"这个需求场景中，如每页显示 10 条数据。

为了计算出总页数，需要查询出数据总条数，然后除以每页显示的条数，在具体获取某页中的记录时，就需要使用 LIMIT 子句。

假设 user 表中一共有 122 条记录，需求是每个页面显示 10 条数据，那么页面总数就是 13 页，前 12 页都可以显示 10 条记录，第 13 页只显示 2 条记录。

获取第 1 页数据的查询语句：

```
SELECT
    id,
    name
FROM
    user
LIMIT 10;
```

获取第 2 页数据的查询语句：

```
SELECT
    id,
    name
FROM
    user
LIMIT 10, 10;
```

一定要记得 offset 是从 0 开始的，所以"LIMIT 10,10"返回的记录范围是 11～20。

现在已经学习了 4 个子句：SELECT、FROM、WHERE、LIMIT，需要明确它们的执行顺序，如图 4-7 所示。

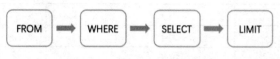

图 4-7　查询语句执行顺序

4.2　MySQL 运算符

WHERE 子句中的查询表达式的形式是非常灵活的，不止可以用等号（=）判断，还可以使用大于、小于、大于等于等多种方式，而且查询表达式也不是只能有一个，可以使用多个，那么表达式之间也可以定义关系，如两个表达式之间是 AND 关系，表示是要同时满足这两个表达式才行，还可以是 OR 关系，满足其中一个表达式就可以。

这些都属于运算符，其中有多种分类，既然有很多运算符，又可以在一个 WHERE 子句中使用多个运算符，那么就涉及优先级的问题。

MySQL 运算符包括以下内容：

- 比较运算符。
- 算术运算符。
- 逻辑运算符。
- 位运算符。
- 运算符优先级。

4.2.1　比较运算符

扫一扫，看视频

通过比较运算符，可以判断出数据表中的记录是否符合条件。如果比较结果为真，则返回 1；如果为假，则返回 0，比较结果还有一种情况是"不确定"，则返回 NULL。

一个比较运算符会给出两个信息：比较的方式、成功的条件。

例如，"="比较运算符中的信息包括：

（1）比较的方式是判断两端内容是否相等。

（2）成功的条件是必须相等。

"!="比较运算符中的信息包括：

（1）比较的方式是判断两端内容是否相等。

（2）成功的条件是必须不相等。

MySQL 中支持的比较运算符如表 4-1 所示。

表 4-1　比较运算符列表

比较运算符	说　　明	示　　例
<	小于	a < b
>	大于	a > b
=（<=>）	等于	a = b
<=	小于等于	a <= b

比较运算符	说　　明	示　　例
>=	大于等于	a >= b
!=, <>	不等于	a != b, a <> b
BETWEEN AND	在指定范围之间	a BETWEEN x AND y
IN	在指定集合之中	a IN (x,y,z)
LIKE	模糊匹配	a LIKE 'a%'
IS NULL	为空	a IS NULL
REGEXP	正则表达式匹配	a REGEXP 'xib'

从表 4-1 中可以看出，比较运算符大体上可以分为以下两类：

（1）符号型。

（2）字母型。

符号型很好理解，通过以下示例即可明白。

代码 4-16　比较运算符示例

```
mysql> select
    ->    8=9 as "8=9",
    ->    2+3=3+4 as "2+3=3+4",
    ->    'abc'='abc' as "'abc'='abc'",
    ->    NULL=NULL as "NULL=NULL";
+-----+---------+-------------+-----------+
| 8=9 | 2+3=3+4 | 'abc'='abc' | NULL=NULL |
+-----+---------+-------------+-----------+
|   0 |       0 |           1 |      NULL |
+-----+---------+-------------+-----------+
1 row in set (0.01 sec)

mysql> select
    ->    8>=6 as "8>=6",
    ->    'a'<'b' as "'a'<'b'",
    ->    1+3<=5+6 as "1+3<=5+6";
+------+---------+----------+
| 8>=6 | 'a'<'b' | 1+3<=5+6 |
+------+---------+----------+
|    1 |       1 |        1 |
+------+---------+----------+
1 row in set (0.00 sec)
```

下面重点看一下字母型的比较运算符。

1. BETWEEN AND

BETWEEN AND 运算符用于判断一个值是否在某个范围内，语法如下：

```
expr [NOT] BETWEEN begin_val AND end_val;
```

其中，expr 是判断目标；begin_val 和 end_val 是范围的起止值。对于这三者，要求它们的数据类型必须相同。

如果 expr 大于等于 begin_val，并且小于等于 end_val，BETWEEN 会返回 TRUE（1）；否则返回 0。

对于 NOT BETWEEN，就是 BETWEEN 的相反情况，在 expr 小于 begin_val 或者大于 end_val 时返回 TRUE；否则返回 0。

【示例】查询 user 表中 age 在 20～30 之间的记录。

代码 4-17　BETWEEN 示例

```
mysql> select *
    -> from user
    -> where
    ->   age between 20 and 30;
+----+------+------+---------+
| id | name | age  | address |
+----+------+------+---------+
|  3 | HuaW |   20 | Xi'an   |
|  4 | HuaW |   22 | Nanjing |
|  5 | HuaW |   22 | NULL    |
|  7 | Zhx  |   23 | NULL    |
+----+------+------+---------+
4 rows in set (0.00 sec)
```

【示例】查询 user 表中 age 不在 20～30 之间的记录。

代码 4-18　NOT BETWEEN 示例

```
mysql> select *
    -> from user
    -> where
    ->   age not between 20 and 30;
+----+------+------+---------+
| id | name | age  | address |
+----+------+------+---------+
|  1 | Dell |   18 | Beijing |
|  2 | Acer |    9 | Tianjin |
|  6 | Zhx  |    2 | NULL    |
+----+------+------+---------+
3 rows in set (0.00 sec)
```

2. IN

比较运算符 IN 用于判断一个值是否匹配一个集合中的某个值。

IN 的语法如下：

```
SELECT
    <column1>,<column2>,...
```

```
FROM
    <表名>
WHERE
    (expr|column1) IN ('value1','value2',...);
```

其中，IN 前面的部分可以是一个表达式或者某个字段名，IN 后面是一个集合，可以是直接写好的用 "," 分隔的值，也可以是一个子查询。

如果表达式的计算结果或者指定字段的值在后面的集合中，IN 会返回 1；否则返回 0。

如果 IN 后面是一个常量列表，那么 IN 的执行步骤如下：

（1）取得字段 column1 的值，或者计算出表达式 expr 的值。

（2）对 IN 后面列表中的值排序。

（3）使用二分算法在列表中搜索。

所以，在 IN 后面使用常量列表的情况下，执行速度是非常快的。

【示例】查询 user 表中 name 字段值在集合 ("Zhx","HuaW") 中的记录。

代码 4-19　IN 示例

```
mysql> select *
    -> from user
    -> where
    -> name in ("Zhx","HuaW");
+----+-------+------+---------+
| id | name  | age  | address |
+----+-------+------+---------+
|  3 | HuaW  |  20  | Xi'an   |
|  4 | HuaW  |  22  | Nanjing |
|  5 | HuaW  |  22  | NULL    |
|  6 | Zhx   |   2  | NULL    |
|  7 | Zhx   |  23  | NULL    |
+----+-------+------+---------+
5 rows in set (0.00 sec)
```

IN 同样可以配合 NOT 关键字来取反，表示查询不在集合中的记录。

代码 4-20　NOT IN 示例

```
mysql> select * from user
    -> where
    -> age not in(10,18,20,22);
+----+-------+------+---------+
| id | name  | age  | address |
+----+-------+------+---------+
|  2 | Acer  |   9  | Tianjin |
|  6 | Zhx   |   2  | NULL    |
|  7 | Zhx   |  23  | NULL    |
+----+-------+------+---------+
3 rows in set (0.00 sec)
```

3. LIKE

比较运算符 LIKE 用于判断一个字符串是否包含一个指定的模式，语法如下：

```
expression LIKE pattern
```

pattern 中允许使用两种通配符。

（1）百分号（%）：用于匹配字符串，可以包含 0 或多个字符。"%s"可以匹配任何以"s"开头的字符串，如 s、sample、six。

（2）下划线（_）：用于匹配单个字符。"s_"可以匹配以 s 开头，并且后面只有一个字符的字符串，如 se、si。

【示例】查询 user 表中 name 字段以 A 开头的记录。

代码 4-21　LIKE 示例（一）

```
mysql> select *
    -> from user
    -> where
    ->   name like 'A%';
+----+------+------+---------+
| id | name | age  | address |
+----+------+------+---------+
| 2  | Acer |   9  | Tianjin |
+----+------+------+---------+
1 row in set (0.00 sec)
```

【示例】查询 user 表中 name 字段符合 "Ac[任意字符]r" 这种形式的记录。

代码 4-22　LIKE 示例（二）

```
mysql> select *
    -> from user
    -> where
    ->   name like 'Ac_r';
+----+------+------+---------+
| id | name | age  | address |
+----+------+------+---------+
| 2  | Acer |   9  | Tianjin |
+----+------+------+---------+
1 row in set (0.00 sec)
```

通配符 "_" 与 "%" 可以混合使用，示例如下。

代码 4-23　LIKE 示例（三）

```
mysql> select *
    -> from user
    -> where
    ->   name like '_u%';
+----+------+------+---------+
```

```
| id | name | age  | address |
+----+------+------+---------+
|  3 | HuaW |  20  | Xi'an   |
|  4 | HuaW |  22  | Nanjing |
|  5 | HuaW |  22  | NULL    |
+----+------+------+---------+
3 rows in set (0.00 sec)
```

LIKE 同样可以配合 NOT 关键字使用。例如，查询 user 表中 name 字段中不以 A 开头的记录。

代码 4-24　LIKE 示例（四）

```
mysql> select *
    -> from user
    -> where
    ->   name not like 'A%';
+----+------+------+---------+
| id | name | age  | address |
+----+------+------+---------+
|  1 | Dell |  18  | Beijing |
|  3 | HuaW |  20  | Xi'an   |
|  4 | HuaW |  22  | Nanjing |
|  5 | HuaW |  22  | NULL    |
|  6 | Zhx  |   2  | NULL    |
|  7 | Zhx  |  23  | NULL    |
+----+------+------+---------+
6 rows in set (0.00 sec)
```

4. IS NULL

用于判断指定值是否为空，语法如下：

```
value IS NULL;
```

如果 value 为空，返回 1；否则返回 0。

【示例】查询 user 表中 address 字段值为 NULL 的记录。

代码 4-25　IS NULL 示例

```
mysql> select *
    -> from user
    -> where
    ->   address is null;
+----+------+------+---------+
| id | name | age  | address |
+----+------+------+---------+
|  5 | HuaW |  22  | NULL    |
|  6 | Zhx  |   2  | NULL    |
|  7 | Zhx  |  23  | NULL    |
+----+------+------+---------+
3 rows in set (0.00 sec)
```

IS NULL 同样也可以配合 NOT 关键字使用，形式为 IS NOT NULL，示例如下。

代码 4-26　NOT NULL 示例

```
mysql> select *
    -> from user
    -> where
    ->   address is not null;
+----+------+------+----------+
| id | name | age  | address  |
+----+------+------+----------+
|  1 | Dell |   18 | Beijing  |
|  2 | Acer |    9 | Tianjin  |
|  3 | HuaW |   20 | Xi'an    |
|  4 | HuaW |   22 | Nanjing  |
+----+------+------+----------+
4 rows in set (0.01 sec)
```

5. REGEXP

运算符 REGEXP 用于判断一个字符串是否匹配指定的正则表达式，语法如下：

```
value REGEXP expr;
```

如果 value 匹配指定的 expr，返回 1；否则返回 0。

代码 4-27　REGEXP 示例

```
# 判断是否以 'ab' 开头
mysql> select 'abc' regexp '^ab';
+--------------------+
| 'abc' regexp '^ab' |
+--------------------+
|                  1 |
+--------------------+
1 row in set (0.00 sec)

# 判断是否以 'bc' 结尾
mysql> select 'abc' regexp 'bc$';
+--------------------+
| 'abc' regexp 'bc$' |
+--------------------+
|                  1 |
+--------------------+
1 row in set (0.00 sec)

# 任意匹配中间 2 个字符
mysql> select 'abcd' regexp 'a..d';
+----------------------+
| 'abcd' regexp 'a..d' |
```

```
+---------------------+
|                   1 |
+---------------------+
1 row in set (0.00 sec)

# 判断有 1 个或 2 个 'ab'
mysql> select 'abab123' regexp 'ab{1,2}';
+---------------------------+
| 'abab123' regexp 'ab{1,2}' |
+---------------------------+
|                         1 |
+---------------------------+
1 row in set (0.00 sec)
```

4.2.2　算术运算符

扫一扫，看视频

算术运算符就是我们熟悉的加、减、乘、除，还有取模，如表 4-2 所示。

表 4-2　算术运算符

算术运算符	说　　明	示　　例
+	加法	a+b
−	减法	a−b
*	乘法	a*b
/	除法	a/b
%	取模	a%b

算术运算符的使用非常简单，通过下面示例即可理解。

代码 4−28　算术运算符示例（一）

```
mysql> select
    -> 2+3,
    -> 4-3,
    -> 2*5,
    -> 5/2,
    -> 5%2;
+-----+-----+-----+--------+------+
| 2+3 | 4-3 | 2*5 | 5/2    | 5%2  |
+-----+-----+-----+--------+------+
|   5 |   1 |  10 | 2.5000 |    1 |
+-----+-----+-----+--------+------+
1 row in set (0.00 sec)
```

在算术运算符"/""%"中，除数不能为 0，如果是 0 或者其他非法的除数，都会返回 NULL。

代码 4-29　算术运算符示例（二）

```
mysql> select
    -> 5/0,
    -> 5%0;
+------+------+
| 5/0  | 5%0  |
+------+------+
| NULL | NULL |
+------+------+
1 row in set, 2 warnings (0.00 sec)
```

4.2.3　逻辑运算符

扫一扫，看视频

逻辑运算符包括与、非、或、异或，如表 4-3 所示。

表 4-3　逻辑运算符

逻辑运算符	说　　明	示　　例
AND（&&）	与	a AND b
OR（‖）	或	a OR b
NOT（!）	非	NOT a
XOR	异或	a XOR b

1. AND（逻辑与）

AND 运算符可以组合两个或者多个布尔表达式，语法如下：

```
boolean_expr_1 AND boolean_expr_2
```

当其中任何一个表达式的结果为 FALSE，那么 AND 便返回 FALSE，只有当所有表达式的值都为 TRUE 时，AND 才返回 TRUE，表 4-4 为 AND 返回值的各种情况。

表 4-4　AND 返回值

返回值	TRUE	FALSE	NULL
TRUE	TRUE	FALSE	NULL
FALSE	FALSE	FALSE	FALSE
NULL	NULL	FALSE	NULL

总结一下 AND 返回值：

- 表达式的值都为 TRUE 时，返回 TRUE。
- 表达式的值出现 FALSE 时，返回 FALSE。
- 其他情况返回 NULL。

例如下面的语句：

```
SELECT 1 = 0 AND 1 / 0 ;
```

只执行表达式"1 = 0"，因为它的值是 FALSE，那么"1 = 0 AND 1 / 0"整体的值就可以确定是 FALSE 了，也就无须计算剩余的表达式"1 / 0"了。

这条语句的执行情况如下：

```
mysql> SELECT 1 = 0 AND 1 / 0 ;
+-----------------+
| 1 = 0 AND 1 / 0 |
+-----------------+
|               0 |
+-----------------+
1 row in set (0.00 sec)
```

【示例】查询 user 表中 name 等于 HuaW 并且 age 等于 22 的记录。

代码 4-30　AND 示例

```
mysql> select *
    -> from user
    -> where
    ->   name = 'HuaW'
    ->   and
    ->   age = 22;
+----+------+------+---------+
| id | name | age  | address |
+----+------+------+---------+
|  4 | HuaW |   22 | Nanjing |
|  5 | HuaW |   22 | NULL    |
+----+------+------+---------+
2 rows in set (0.00 sec)
```

AND 也可以连接多个表达式，例如：

```
select *
from user
where
  name = 'HuaW'
  and
  age > 10
  and
  address = 'Xi'an';
```

2. OR（逻辑或）

OR 运算符可以组合两个或者多个布尔表达式，语法如下：

```
boolean_expr_1 OR boolean_expr_2
```

当其中任何一个表达式的结果为 TRUE，那么 OR 便返回 TRUE，只有当所有表达式的值都为 FALSE

时，OR 才返回 FALSE，表 4-5 为 OR 返回值的各种情况。

表 4-5　OR返回值

返回值	TRUE	FALSE	NULL
TRUE	TRUE	TRUE	TRUE
FALSE	TRUE	FALSE	NULL
NULL	TRUE	NULL	NULL

总结一下 OR 的返回值：

● 只要有表达式的值为 TRUE 时，返回 TRUE。

● 所有表达式的值为 FALSE 时，返回 FALSE。

● 其他情况返回 NULL。

例如下面的语句：

```
SELECT 1 = 1 OR 1 / 0;
```

只有表达式 "1 = 1" 会被执行，因为其值为 TRUE，那么 OR 语句返回值便为 TRUE，另一个表达式 "1 / 0" 不会被执行。

这条语句的执行情况如下：

```
mysql> SELECT 1 = 1 OR 1 / 0;
+----------------+
| 1 = 1 OR 1 / 0 |
+----------------+
|              1 |
+----------------+
1 row in set (0.00 sec)
```

【示例】查询 user 表中 name 等于 HuaW 或者 age 等于 18 的记录。

代码 4–31　OR 示例

```
mysql> select *
    -> from user
    -> where
    ->   name='HuaW'
    ->   or
    ->   age=18;
+----+-------+------+----------+
| id | name  | age  | address  |
+----+-------+------+----------+
|  1 | Dell  |   18 | Beijing  |
|  3 | HuaW  |   20 | Xi'an    |
|  4 | HuaW  |   22 | Nanjing  |
|  5 | HuaW  |   22 | NULL     |
+----+-------+------+----------+
```

```
4 rows in set (0.00 sec)
```

3. NOT（逻辑非）

NOT 用于对表达式的值取反，语法如下：

```
NOT boolean_expr
```

NOT 返回值有如下 3 种情况：

（1）表达式的值为非 0 数组时，返回 0。

（2）表达式的值为 0 时，返回 1。

（3）表达式的值为 NULL，返回 NULL。

代码 4-32　NOT 示例

```
mysql> select
    -> not 5,
    -> not -1,
    -> not 0,
    -> not NULL;
+-------+--------+-------+----------+
| not 5 | not -1 | not 0 | not NULL |
+-------+--------+-------+----------+
|     0 |      0 |     1 |     NULL |
+-------+--------+-------+----------+
1 row in set (0.00 sec)
```

4. XOR（逻辑异或）

XOR 语法如下：

```
boolean_expr_1 XOR boolean_expr_2
```

XOR 返回值有如下 3 种情况：

（1）2 个表达式值都为数字，且一个为 0，另一个非 0，返回 1。

（2）2 个表达式值都为数字，且同为 0，或者同为非 0，返回 0。

（3）任意一个表达式为 NULL，返回 NULL。

代码 4-33　XOR 示例

```
mysql> select
    -> 5 xor 0,
    -> 1 xor 1,
    -> 0 xor 0,
    -> null xor 1;
+---------+---------+---------+------------+
| 5 xor 0 | 1 xor 1 | 0 xor 0 | null xor 1 |
+---------+---------+---------+------------+
|       1 |       0 |       0 |       NULL |
```

```
+---------+---------+---------+------------+
1 row in set (0.00 sec)
```

4.2.4　位运算符

扫一扫，看视频

位运算符包括按位与、按位或、按位异或、取反、按位左移、按位右移，如表 4-6 所示。

表 4-6　位运算符

运　算　符	说　明	示　例
&	按位与	a & b
|	按位或	a | b
^	按位异或	a ^ b
~	取反	~a
<<	按位左移	a<<b
>>	按位右移	a>>b

代码 4-34　位运算符示例（一）

```
# 按位与
mysql> select 5&6;
+-----+
| 5&6 |
+-----+
|   4 |
+-----+
1 row in set (0.00 sec)
```

分析一下计算过程，5 的二进制值为 101，6 的二进制值为 110，数字二进制的值可以通过 bin() 函数计算得出，例如：

```
mysql> select bin(5);
+--------+
| bin(5) |
+--------+
| 101    |
+--------+
1 row in set (0.00 sec)

mysql> select bin(6);
+--------+
| bin(6) |
+--------+
| 110    |
+--------+
```

```
1 row in set (0.00 sec)
```

101 和 110 进行"按位与"的计算结果为 100，是 4 的二进制值，所以 5&6 的值为 4。

代码 4-35　位运算符示例（二）

```
# 按位或
mysql> select 6|8;
+-----+
| 6|8 |
+-----+
|  14 |
+-----+
1 row in set (0.00 sec)

# 按位异或
mysql> select 2^3;
+-----+
| 2^3 |
+-----+
|   1 |
+-----+
1 row in set (0.00 sec)

# 按位取反
mysql> select ~6;
+----------------------+
| ~6                   |
+----------------------+
| 18446744073709551609 |
+----------------------+
1 row in set (0.01 sec)

# 左移与右移
mysql> select 5<<1, 6>>2;
+------+------+
| 5<<1 | 6>>2 |
+------+------+
|   10 |    1 |
+------+------+
1 row in set (0.00 sec)
```

其中对 6 进行按位取反之后的值为 18446744073709551609，非常长，6 的二进制值为 110，按位取反之后为什么会是这种值？这是因为 MySQL 是 64 位的，在计算时就会在 110 的前面补上 61 个 0，凑足 64 位，所以取反后是这种形式的值。

4.2.5 运算符优先级

运算符非常多，在一条 SQL 语句中混合使用多个运算符时就需要明确先后执行的顺序，MySQL 已经定义好了所有运算符的优先级，如表 4-7 所示，优先级由高到低排序。

表 4-7 运算符优先级

优 先 级	运 算 符
1	!
2	-（负号），~（按位取反）
3	^（按位异或）
4	*, /, %
5	-（减号），+
6	<<, >>
7	&
8	|
9	=（比较），<=>, >=, >, <=, <, <>, !=,IS NULL, LIKE, REGEXP, IN
10	BETWEEN, CASE, WHEN, THEN, ELSE
11	NOT
12	&&, AND
13	XOR
14	||, OR
15	=（赋值），:=

运算符非常多，优先级并不容易记忆，所以在实际使用时，应使用括号"()"来设定执行顺序，这样代码在逻辑上更加清晰，不易错误，有利于后期的代码维护。

代码 4-36 使用括号定义顺序示例

```
mysql> select *
    -> from user
    -> where
    -> (name='HuaW' or address='Beijing')
    -> and
    -> age > 10;
+----+------+------+---------+
| id | name | age  | address |
+----+------+------+---------+
|  1 | Dell |  18  | Beijing |
|  3 | HuaW |  20  | Xi'an   |
|  4 | HuaW |  22  | Nanjing |
|  5 | HuaW |  22  | NULL    |
+----+------+------+---------+
4 rows in set (0.01 sec)
```

4.3　排　　序

SELECT 默认查询结果是无序的，如果希望对结果进行排序，需要使用 SELECT 中的 ORDER BY 子句，实现如下功能：

- 根据单个字段或者多个字段进行排序。
- 指定升序或者降序。

ORDER BY 的语法如下：

```
SELECT
    column1, column2, ...
FROM
    table_name
ORDER BY
    column1 [ASC|DESC],
    column2 [ASC|DESC],
    ...;
```

在 ORDER BY 后面指定需要参与排序的字段名，可以指定多个字段，每个字段的后面可以指定排序方式，支持如下两种方式。

- ASC：升序，为默认方式。
- DESC：降序。

【示例】查询 user 表中的所有数据，查询结果根据 age 字段进行升序排序。

代码 4-37　升序排序示例

```
mysql> select *
    -> from user
    -> order by
    ->    age;
+----+------+------+---------+
| id | name | age  | address |
+----+------+------+---------+
|  6 | Zhx  |    2 | NULL    |
|  2 | Acer |    9 | Tianjin |
|  1 | Dell |   18 | Beijing |
|  3 | HuaW |   20 | Xi'an   |
|  4 | HuaW |   22 | Nanjing |
|  5 | HuaW |   22 | NULL    |
|  7 | Zhx  |   23 | NULL    |
+----+------+------+---------+
7 rows in set (0.00 sec)
```

【示例】查询 user 表中的所有数据，查询结果根据 name 字段进行降序排序。

代码 4-38　降序排序示例

```
mysql> select *
    -> from user
    -> order by
    ->   name desc;
+----+------+------+---------+
| id | name | age  | address |
+----+------+------+---------+
|  6 | Zhx  |    2 | NULL    |
|  7 | Zhx  |   23 | NULL    |
|  3 | HuaW |   20 | Xi'an   |
|  4 | HuaW |   22 | Nanjing |
|  5 | HuaW |   22 | NULL    |
|  1 | Dell |   18 | Beijing |
|  2 | Acer |    9 | Tianjin |
+----+------+------+---------+
7 rows in set (0.00 sec)
```

接下来，看一下多字段排序方式，语句如下：

```
ORDER BY
    name ASC,
    age DESC;
```

在 ORDER BY 的后面指定多个字段，并为每个字段指定升序或者降序，因为升序是默认方式，可以不明确指定。

上面语句的执行步骤如下：

（1）根据 name 对结果集合排序，使用升序方式。

（2）在排好序的结果集合中再次根据 age 进行排序，使用降序方式，这次排序并不会破坏上一步对 name 的排序结果，而是对 name 中值相同的记录根据 age 排序。

排序过程如图 4-8 所示。

图 4-8　多字段排序过程

【示例】查询 user 表的全部数据，根据 name 升序排序，再根据 age 降序排序。

代码 4-39　多字段排序示例

```
mysql> select *
    -> from user
    -> order by
    ->   name,
    ->   age desc;
+----+------+------+---------+
| id | name | age  | address |
+----+------+------+---------+
|  2 | Acer |    9 | Tianjin |
|  1 | Dell |   18 | Beijing |
|  4 | HuaW |   22 | Nanjing |
|  5 | HuaW |   22 | NULL    |
|  3 | HuaW |   20 | Xi'an   |
|  7 | Zhx  |   23 | NULL    |
|  6 | Zhx  |    2 | NULL    |
+----+------+------+---------+
7 rows in set (0.00 sec)
```

现在已经学习了 5 个子句：SELECT、FROM、WHERE、LIMIT、ORDER BY，需要明确它们的执行顺序，如图 4-9 所示。

图 4-9　查询语句执行顺序

4.4　统 计 函 数

在数据被查询出来之后，有时需要对结果数据进行一些统计，例如结果数据的总数、用户年龄的平均值、产品销售量的最大值等，这就需要用到 MySQL 的统计函数。

MySQL 的统计函数如下。

- COUNT()：统计记录的数量。
- AVG()：统计字段值的平均值。
- SUM()：统计字段值的总和。
- MAX()：取得字段值的最大值。
- MIN()：取得字段值的最小值。

4.4.1　COUNT()函数

COUNT()函数用于统计记录的数量，有如下两种形式。

（1）COUNT(*)：统计数据表中的记录总数量，无论值是否包含 NULL。

（2）COUNT(column1)：统计数据表中某个字段的记录数量，会忽略 NULL。

下面通过示例说明 COUNT()函数的用法。

【示例】统计 user 表中的记录总数。

代码 4-40　COUNT(*)示例

```
mysql> select count(*)
    -> from user;
+----------+
| count(*) |
+----------+
|        7 |
+----------+
1 row in set (0.00 sec)
```

可以查询出 user 表的所有记录进行验证。

```
mysql> select *
    -> from user;
+----+------+------+---------+
| id | name | age  | address |
+----+------+------+---------+
|  1 | Dell |   18 | Beijing |
|  2 | Acer |    9 | Tianjin |
|  3 | HuaW |   20 | Xi'an   |
|  4 | HuaW |   22 | Nanjing |
|  5 | HuaW |   22 | NULL    |
|  6 | Zhx  |    2 | NULL    |
|  7 | Zhx  |   23 | NULL    |
+----+------+------+---------+
7 rows in set (0.01 sec)
```

通过对比可以发现，COUNT(*)的统计结果是正确的，下面体验 COUNT(column1)的用法。

【示例】统计 user 表中 address 字段的记录总数。

代码 4-41　COUNT(column1)示例

```
mysql> select count(address)
    -> from user;
+----------------+
| count(address) |
+----------------+
|              4 |
+----------------+
1 row in set (0.00 sec)
```

通过对比上面查询出来的表中所有数据，可以发现，COUNT()函数应用于某个字段时，不对空值计数。

使用函数之后，查询结果中列名就显示为函数的方式了，如上面的"count(*)""count(address)"，对于 MySQL Client 程序来讲，这种形式比较麻烦，所以在使用函数时最好添加别名。

【示例】统计 user 表中 address 字段记录总数，并设置别名。

代码 4-42　函数别名示例

```
mysql> select count(address) as total_addr
    -> from user;
+------------+
| total_addr |
+------------+
|          4 |
+------------+
1 row in set (0.00 sec)
```

4.4.2　AVG()函数

扫一扫，看视频

AVG()函数用于统计某个字段的平均值，因为它是作用于某个字段，所以只有一种使用方式：AVG(column1)。AVG()函数适用于数字类型的字段，也是不计算 NULL 值。

【示例】统计 user 表中 age 字段的平均值。

代码 4-43　AVG()示例（一）

```
mysql> select avg(age)
    -> from user;
+----------+
| avg(age) |
+----------+
|  16.5714 |
+----------+
1 row in set (0.00 sec)
```

【示例】统计 user 表中 address 不为 NULL 的记录的 age 平均值。

代码 4-44　AVG()示例（二）

```
mysql> select avg(age)
    -> from user
    -> where address is not null;
+----------+
| avg(age) |
+----------+
|  17.2500 |
+----------+
1 row in set (0.01 sec)
```

AVG()函数中也可以进行运算，对运算后的结果再计算平均值。

【示例】对 user 表中的 age 字段加 1，然后计算平均值。

代码 4–45　AVG()示例（三）

```
mysql> select avg(age+1)
    -> from user;
+------------+
| avg(age+1) |
+------------+
|    17.5714 |
+------------+
1 row in set (0.00 sec)
```

4.4.3　SUM()函数

扫一扫，看视频

SUM()函数用于统计某个字段值的总和，因为它是作用于某个字段，所以只有一种使用方式，即 SUM(column1)。SUM()函数同样也适用于数字类型的字段，而且不计算 NULL 值。

【示例】统计 user 表中 age 字段值的总和。

代码 4–46　SUM()示例

```
mysql> select sum(age)
    -> from user;
+----------+
| sum(age) |
+----------+
|      116 |
+----------+
1 row in set (0.01 sec)
```

同 AVG()函数一样，SUM()函数内也可以支持运算，用法相同，这里不再演示。

4.4.4　MAX()函数与 MIN()函数

扫一扫，看视频

MAX()函数与 MIN()函数分别用于获取某个字段的最大值和最小值，因为是作用于字段的，所以使用方法也只有一种：MAX(column1)、MIN(column1)。这两个函数同样忽略 NULL 值。

【示例】取得 user 表中 age 字段的最大值和最小值。

代码 4–47　MAX()、MIN()示例（一）

```
mysql> select
    ->    max(age),
    ->    min(age)
    -> from user;
+----------+----------+
| max(age) | min(age) |
```

```
+----------+----------+
|       23 |        2 |
+----------+----------+
1 row in set (0.00 sec)
```

MAX()函数与 MIN()函数不仅适用于数字类型的字段，还适用于字符类型的字段，会按照字母排序来计算最大值和最小值，也支持日期类型的字段，按照日期排序来计算最大值和最小值。

【示例】取得 user 表中 address 字段的最大值和最小值。

代码 4-48　MAX()、MIN()示例（二）

```
mysql> select
    ->   max(address),
    ->   min(address)
    -> from user;
+--------------+--------------+
| max(address) | min(address) |
+--------------+--------------+
| Xi'an        | Beijing      |
+--------------+--------------+
1 row in set (0.00 sec)
```

4.5　分　　组

分组是我们日常生活中经常会用到的概念，如一个班级的同学，把男生分一组、女生分一组，或者把相同月份出生的同学分在一组等，所以分组就是把具有某种相同特性的元素放在一起。

在数据集合中也同样需要用到分组，如用户表中会有重名的用户，那么可以根据用户名进行分组，如图 4-10 所示。

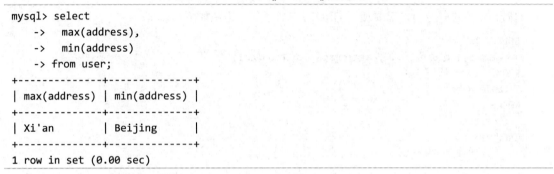
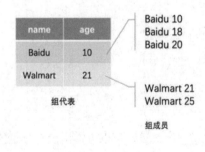

图 4-10　数据表分组

在数据分组之后，数据集就会变小，因为在数据集中每一组只会显示一条数据，作为本组的代表。指定分组的时候，可以根据一个字段进行分组，也可以指定多个字段，还可以设置分组的条件，之前学习的统计函数也可以用于对分组数据的统计。

查询数据分组的主要内容如下：

● 分组的基本用法。

● 分组统计。

● 多字段分组。

● 条件分组。

4.5.1　分组的基本用法

扫一扫，看视频

对查询结果进行分组，需要使用 GROUP BY 子句，语法如下：

```
SELECT
  column1, column2, ..., aggregate_function(col)
FROM
  table_name
WHERE
  conditions
GROUP BY
    column1, column2, ... ;
```

GROUP BY 子句必须放在 FROM 和 WHERE 后面，GROUP BY 的后面指定根据哪些字段进行分组。下面通过一个示例来演示分组的基本用法。

【示例】查询 user 表中的 name 字段，并根据 name 字段值分组。

代码 4-49　GROUP BY 示例

```
mysql> select name
    -> from user
    -> group by name;
+------+
| name |
+------+
| Acer |
| Dell |
| HuaW |
| Zhx  |
+------+
4 rows in set (0.00 sec)
```

为了更清晰地知道分组效果，可以查询出没有分组的 name 数据。

```
mysql> select name
    -> from user;
+------+
| name |
+------+
| Dell |
| Acer |
```

```
| HuaW |
| HuaW |
| HuaW |
| Zhx  |
| Zhx  |
+------+
7 rows in set (0.00 sec)
```

对比后就可以明显地感觉出分组的效果。下面列出分组后的其他字段。

```
mysql> select *
    -> from user
    -> group by name;
ERROR 1055 (42000): Expression #1 of SELECT list is not in GROUP BY clause and contains
nonaggregated column 'shop.user.id' which is not functionally dependent on columns in GROUP
BY clause; this is incompatible with sql_mode=only_full_group_by
```

报错了，这是比较常见的问题，是因为当前 MySQL 的配置中不支持这种 SQL 模式，提示已经说
明了这种用法不符合"sql_mode=only_full_group_by"的 SQL 模式。有以下两种解决方法。

1. 修改 MySQL 配置文件

打开配置文件 my.cnf，在[mysqld]下面添加如下内容：

```
sql_mode=STRICT_TRANS_TABLES,NO_ZERO_IN_DATE,NO_ZERO_DATE,ERROR_FOR_DIVISION_BY_ZERO,NO_A
UTO_CREATE_USER,NO_ENGINE_SUBSTITUTION
```

保存后重新启动 MySQL。

2. 通过命令修改参数

可以全局方式修改，对新创建的数据生效，执行如下命令：

```
mysql> SET @@global.sql_mode ='STRICT_TRANS_TABLES,NO_ZERO_IN_DATE,NO_ZERO_DATE,
ERROR_FOR_DIVISION_BY_ZERO,NO_AUTO_CREATE_USER,NO_ENGINE_SUBSTITUTION';
```

也可以使用本地方式修改，只对当前数据库生效，执行如下命令：

```
mysql>                                                                              set
sql_mode='STRICT_TRANS_TABLES,NO_ZERO_IN_DATE,NO_ZERO_DATE,ERROR_FOR_DIVISION_BY_ZERO,
NO_AUTO_CREATE_USER,NO_ENGINE_SUBSTITUTION';
```

解决之后，重新执行之前的分组查询语句：

```
mysql> select *
    -> from user
    -> group by name;
+----+------+------+---------+
| id | name | age  | address |
+----+------+------+---------+
```

```
| 2 | Acer |    9 | Tianjin |
| 1 | Dell |   18 | Beijing |
| 3 | HuaW |   20 | Xi'an   |
| 6 | Zhx  |    2 | NULL    |
+----+------+------+---------+
4 rows in set (0.00 sec)
```

可以正常执行了，结果集中的每一条记录都是所在分组的代表，这个组代表是如何挑选出来的呢？实际就是分组内的第一条记录。如果希望能够看到组内其他被隐藏的字段，可以使用 group_concat()函数。

代码 4-50   group_concat()示例

```
mysql> select id, name, group_concat(age),address
    -> from user
    -> group by name;
+----+------+-------------------+---------+
| id | name | group_concat(age) | address |
+----+------+-------------------+---------+
| 2 | Acer | 9                 | Tianjin |
| 1 | Dell | 18                | Beijing |
| 3 | HuaW | 20,22,22          | Xi'an   |
| 6 | Zhx  | 2,23              | NULL    |
+----+------+-------------------+---------+
4 rows in set (0.01 sec)
```

4.5.2 分组统计

扫一扫，看视频

统计函数与分组一起使用时，就可以把统计目标变为每个分组。例如，把 COUNT()函数用在 GROUP BY 后的分组集合中，就可以统计出每组的记录数量，其他统计函数也是同样的，下面通过示例来体验分组统计的效果。

【示例】查询 user 表，根据 name 字段进行分组，并统计出每组的记录数量。

代码 4-51   分组 COUNT()示例

```
mysql> select id, name, group_concat(age), count(id) as items
    -> from user
    -> group by name;
+----+------+-------------------+-------+
| id | name | group_concat(age) | items |
+----+------+-------------------+-------+
| 2 | Acer | 9                 |     1 |
| 1 | Dell | 18                |     1 |
| 3 | HuaW | 20,22,22          |     3 |
| 6 | Zhx  | 2,23              |     2 |
+----+------+-------------------+-------+
4 rows in set (0.00 sec)
```

使用 COUNT()函数统计出了每组内的记录数量，使用 group_concat()函数把组内的 age 值连接了起来，这样就可以验证出 COUNT()函数统计的正确性。

【示例】查询 user 表，根据 name 字段进行分组，并统计出每组 age 的平均值。

代码 4-52　分组 AVG()示例

```
mysql> select id, name, group_concat(age), avg(age) as avg_ag
    -> from user
    -> group by name;
+----+------+-------------------+---------+
| id | name | group_concat(age) | avg_ag  |
+----+------+-------------------+---------+
|  2 | Acer | 9                 |  9.0000 |
|  1 | Dell | 18                | 18.0000 |
|  3 | HuaW | 20,22,22          | 21.3333 |
|  6 | Zhx  | 2,23              | 12.5000 |
+----+------+-------------------+---------+
4 rows in set (0.00 sec)
```

【示例】查询 user 表，根据 name 字段进行分组，并统计出每组 age 的最大值与最小值。

代码 4-53　分组 MAX()、MIN()示例

```
mysql> select
    ->   id,
    ->   name,
    ->   group_concat(age),
    ->   max(age) as max_ag,
    ->   min(age) as min_age
    -> from user
    -> group by name;
+----+------+-------------------+--------+---------+
| id | name | group_concat(age) | max_ag | min_age |
+----+------+-------------------+--------+---------+
|  2 | Acer | 9                 |      9 |       9 |
|  1 | Dell | 18                |     18 |      18 |
|  3 | HuaW | 20,22,22          |     22 |      20 |
|  6 | Zhx  | 2,23              |     23 |       2 |
+----+------+-------------------+--------+---------+
4 rows in set (0.00 sec)
```

4.5.3　多字段分组

扫一扫，看视频

在前面 GROUP BY 的语法说明中可以看到，是可以指定多个分组字段的，例如：

```
group by
  name,
  age;
```

在执行分组操作时，会先对 name 字段值分组，然后在每个组内再次对 age 字段进行分组，即组内

再分成小组，最终返回结果为粒度最小一级的分组。

【示例】查询 user 表，根据 name、age 字段进行分组。

代码 4-54 多字段分组示例

```
mysql> select
    -> group_concat(name),
    -> age,
    -> count(name)
    -> from user
    -> group by
    -> name,age;
+--------------------+------+-------------+
| group_concat(name) | age  | count(name) |
+--------------------+------+-------------+
| Acer               |    9 |           1 |
| Dell               |   18 |           1 |
| HuaW               |   20 |           1 |
| HuaW,HuaW          |   22 |           2 |
| Zhx                |    2 |           1 |
| Zhx                |   23 |           1 |
+--------------------+------+-------------+
6 rows in set (0.00 sec)
```

4.5.4 条件分组

扫一扫，看视频

通过 WHERE 关键字可以对表中的记录进行过滤，满足 WHERE 条件的记录才会被放入结果集中。通过 GROUP BY 可以对结果集中的记录进行分组，如果想对分组结果进行过滤，只有满足条件的分组记录才返回给 Client，这应该如何实现呢？

对分组结果进行过滤需要使用 HAVING 子句，语法如下：

```
SELECT
    column1, column2, ...
FROM
    table_name
WHERE
    conditions
GROUP BY
    group_by_expr
HAVING
    group_condition;
```

下面通过一个例子来理解 HAVING 的过滤作用，先看下面的分组查询语句：

```
mysql> select
    -> id,
```

```
    ->    name,
    ->    group_concat(age),
    ->    count(*) as num
    -> from user
    -> group by
    ->    name;
+----+------+-------------------+-----+
| id | name | group_concat(age) | num |
+----+------+-------------------+-----+
|  2 | Acer | 9                 |   1 |
|  1 | Dell | 18                |   1 |
|  3 | HuaW | 20,22,22          |   3 |
|  6 | Zhx  | 2,23              |   2 |
+----+------+-------------------+-----+
4 rows in set (0.00 sec)
```

对 user 表中的数据根据 name 字段进行了分组，一共有 4 组，每组中记录的数量分别是 1、1、3、2，接下来使用 HAVING 对分组进行过滤，过滤条件设置为"组内记录数量大于 1"，查询语句如下：

```
mysql> select
    ->    id,
    ->    name,
    ->    group_concat(age),
    ->    count(*) as num
    -> from user
    -> group by
    ->    name
    -> having
    ->    num>1;
+----+------+-------------------+-----+
| id | name | group_concat(age) | num |
+----+------+-------------------+-----+
|  3 | HuaW | 20,22,22          |   3 |
|  6 | Zhx  | 2,23              |   2 |
+----+------+-------------------+-----+
2 rows in set (0.00 sec)
```

从查询结果中可以看到，之前组内只有一条记录的那两个分组已经被过滤掉了，这就是 HAVING 的作用，用于对分组进行过滤。在此查询的基础上改动一下，将分组过滤的条件改为"name='HuaW'"。

代码 4-55　HAVING 示例

```
mysql> select
    ->    id,
    ->    name,
    ->    group_concat(age),
    ->    count(*) as num
    -> from user
```

```
    -> group by
    ->   name
    -> having
    ->   name='HuaW';
+----+------+-------------------+-----+
| id | name | group_concat(age) | num |
+----+------+-------------------+-----+
|  3 | HuaW | 20,22,22          |   3 |
+----+------+-------------------+-----+
1 row in set (0.00 sec)
```

在使用 HAVING 子句时需要注意，HAVING 子句中只能使用如下 3 种元素：

（1）常数。

（2）聚合函数。

（3）GROUP BY 子句中指定的字段。

除此之外就会报错，如下面的语句：

```
mysql> select
    ->   id,
    ->   name,
    ->   group_concat(age),
    ->   count(*) as num
    -> from user
    -> group by
    ->   name
    -> having
    ->   age>10;
ERROR 1054 (42S22): Unknown column 'age' in 'having clause'
```

错误提示中已经说明 HAVING 子句中使用的 age 字段是未知的，因为 GROUP BY 子句中并没有指定 age 字段。

WHERE 与 HAVING 子句都是用来设置过滤条件的，它们各自的作用如下：

（1）WHERE 用于过滤表中记录。

（2）HAVING 用于过滤分组。

现在已经学习了 7 个子句：SELECT、FROM、WHERE、LIMIT、ORDER BY、GROUP BY、HAVING，需要明确它们的执行顺序，如图 4-11 所示。

图 4-11   查询语句执行顺序

4.6　小　结

　　本章主要介绍了单表中的查询方法，首先是如何查询出想要的数据，包括纵向字段的选择、横向记录的过滤、通过各种运算符来设置复杂的查询条件。然后是对查询结果数据集做各种处理，包括结果数据的去重、为字段设置别名、限定返回结果的数量、对查询结果的排序，以及通过函数对查询结果进行统计，还有对结果分组。

　　通过本章的学习与实践，已经可以熟练掌握对单表的查询操作。在掌握了数据的插入与查询之后，下一章将学习如何对数据表中的数据进行变更。

第 5 章　数据更新与删除

数据库的数据增加、数据删除、数据修改、数据查询四大操作，也就是俗称的 CRUD（增、删、改、查），是使用数据库最基本的操作。前面两章已经学习了数据的增加和查询，本章学习另外两项操作：数据修改和数据删除。对于数据的修改，包括全表更新、条件更新、字符串替换、使用 SELECT 查询配合更新、多表更新；对于数据的删除，包括全表删除、条件删除、限定行数删除。

通过本章的学习，可以掌握以下主要内容：

● 数据更新。
● 数据删除。
● 数据替换。

5.1　数　据　更　新

数据的更新是把数据中目标记录的值改为新值，需要使用 UPDATE 语句实现，通过执行 UPDATE 语句，可以对一行或多行记录中的一个或多个字段的值进行修改。

UPDATE 操作主要包括以下内容：

● 全表更新。
● 条件更新。
● 字符串替换。
● 使用 SELECT 查询配合更新。
● 多表更新。

5.1.1　全表更新

扫一扫，看视频

UPDATE 语句的语法如下：

```
UPDATE
    table_name
SET
    column1 = expr1,
    column2 = expr2,
    ...
[WHERE
    conditions];
```

首先，在 UPDATE 后面指定了一个表名，就是想要更新的目标表。然后，通过 SET 关键字指定要更新的字段，并指定新值，可以同时更新多个字段，用逗号分隔即可。最后，通过 WHERE 子句指定想要更新哪些记录，WHERE 是可选的，如果不指定，就会更新表中的所有记录。

所以，只要不指定 WHERE 子句，就可以进行全表更新，下面就实际体验 UPDATE 更新的效果。为了简便，此处继续使用第 4 章中的 user 表，先添加一个 birthday 字段，然后使用全表更新的方式为 birthday 字段统一设置默认值。

为 user 表添加 birthday 字段：

```
mysql> alter table user
    ->    add birthday date;
Query OK, 0 rows affected (0.16 sec)
```

查询出当前 user 表的所有数据：

```
mysql> select * from user;
+----+------+------+---------+----------+
| id | name | age  | address | birthday |
+----+------+------+---------+----------+
|  1 | Dell |   18 | Beijing | NULL     |
|  2 | Acer |    9 | Tianjin | NULL     |
|  3 | HuaW |   20 | Xi'an   | NULL     |
|  4 | HuaW |   22 | Nanjing | NULL     |
|  5 | HuaW |   22 | NULL    | NULL     |
|  6 | Zhx  |    2 | NULL    | NULL     |
|  7 | Zhx  |   23 | NULL    | NULL     |
+----+------+------+---------+----------+
7 rows in set (0.00 sec)
```

当前 birthday 字段的值都为 NULL，下面示例中通过 UPDATE 把 birthday 的值都改为 "1900-1-1"。

代码 5-1　全表更新示例（一）

```
mysql> update user
    ->    set birthday='1900-1-1';
Query OK, 7 rows affected (0.01 sec)
```

再次查看 user 表数据：

```
mysql> select * from user;
+----+------+------+---------+------------+
| id | name | age  | address | birthday   |
+----+------+------+---------+------------+
|  1 | Dell |   18 | Beijing | 1900-01-01 |
|  2 | Acer |    9 | Tianjin | 1900-01-01 |
|  3 | HuaW |   20 | Xi'an   | 1900-01-01 |
|  4 | HuaW |   22 | Nanjing | 1900-01-01 |
|  5 | HuaW |   22 | NULL    | 1900-01-01 |
|  6 | Zhx  |    2 | NULL    | 1900-01-01 |
```

```
| 7 | Zhx   |   23 | NULL    | 1900-01-01 |
+----+------+------+---------+------------+
7 rows in set (0.00 sec)
```

可以看到 birthday 字段的值都已经改变了。上面是为字段设置的常量值，有时是需要表达式计算的，比如根据字段当前值进行计算，把字段更改为计算后的值。例如，user 表中的 age 字段，假设现在的年龄值是根据出生日期计算的，现在想把胎儿时期的那一年也计算进去，就需要在现有的年龄上加 1，下面的示例演示其更改方法。

代码 5-2　全表更新示例（二）

```
mysql> update user
    ->    set age=age+1;
Query OK, 7 rows affected (0.00 sec)
Rows matched: 7 Changed: 7 Warnings: 0
```

查询 user 表现在的数据：

```
mysql> select * from user;
+----+------+------+---------+------------+
| id | name | age  | address | birthday   |
+----+------+------+---------+------------+
|  1 | Dell |   19 | Beijing | 1900-01-01 |
|  2 | Acer |   10 | Tianjin | 1900-01-01 |
|  3 | HuaW |   21 | Xi'an   | 1900-01-01 |
|  4 | HuaW |   23 | Nanjing | 1900-01-01 |
|  5 | HuaW |   23 | NULL    | 1900-01-01 |
|  6 | Zhx  |    3 | NULL    | 1900-01-01 |
|  7 | Zhx  |   24 | NULL    | 1900-01-01 |
+----+------+------+---------+------------+
7 rows in set (0.00 sec)
```

与上一次查询结果对比，可以发现 age 字段值都已经是加 1 后的结果。

5.1.2 条件更新

扫一扫，看视频

相较于全表更新，更新某一部分满足条件的数据是更为常见的需求。在 UPDATE 语句中使用 WHERE 子句来设置查询条件，其用法与 SELECT 中 WHERE 的用法是一致的。

【示例】修改某几个用户的 birthday 字段，把 id 为 1 的用户设置为"2002-02-01"，id 为 2 的用户设置为"2011-06-10"，id 为 4 的用户设置为"1998-03-10"。

代码 5-3　条件更新示例（一）

```
mysql> update user
    ->    set birthday='2002-02-01'
    -> where
    ->    id=1;
```

```
Query OK, 1 row affected (0.01 sec)
Rows matched: 1  Changed: 1  Warnings: 0

mysql> update user
    ->    set birthday='2011-06-10'
    -> where
    ->    id=2;
Query OK, 1 row affected (0.00 sec)
Rows matched: 1  Changed: 1  Warnings: 0

mysql> update user
    ->    set birthday='1998-03-10'
    -> where
    ->    id=4;
Query OK, 1 row affected (0.01 sec)
Rows matched: 1  Changed: 1  Warnings: 0
```

查询 user 表的最新数据：

```
mysql> select * from user;
+----+-------+------+----------+------------+
| id | name  | age  | address  | birthday   |
+----+-------+------+----------+------------+
|  1 | Dell  |   19 | Beijing  | 2002-02-01 |
|  2 | Acer  |   10 | Tianjin  | 2011-06-10 |
|  3 | HuaW  |   21 | Xi'an    | 1900-01-01 |
|  4 | HuaW  |   23 | Nanjing  | 1998-03-10 |
|  5 | HuaW  |   23 | NULL     | 1900-01-01 |
|  6 | Zhx   |    3 | NULL     | 1900-01-01 |
|  7 | Zhx   |   24 | NULL     | 1900-01-01 |
+----+-------+------+----------+------------+
7 rows in set (0.00 sec)
```

可以看到 id 为 1、2、4 的 3 条记录的 birthday 字段值已经改变。

【示例】修改 user 表，要修改的目标是 address 字段值为 NULL 的所有记录，将其 address 值改为 China，并将 age 值减一。

代码 5-4　条件更新示例（二）

```
mysql> update
    ->    user
    -> set
    ->    address='China',
    ->    age=age-1
    -> where
    ->    address is null;
Query OK, 3 rows affected (0.01 sec)
Rows matched: 3  Changed: 3  Warnings: 0
```

查询 user 表的最新数据：

```
mysql> select * from user;
+----+------+------+---------+------------+
| id | name | age  | address | birthday   |
+----+------+------+---------+------------+
|  1 | Dell |  19  | Beijing | 2002-02-01 |
|  2 | Acer |  10  | Tianjin | 2011-06-10 |
|  3 | HuaW |  21  | Xi'an   | 1900-01-01 |
|  4 | HuaW |  23  | Nanjing | 1998-03-10 |
|  5 | HuaW |  22  | China   | 1900-01-01 |
|  6 | Zhx  |   2  | China   | 1900-01-01 |
|  7 | Zhx  |  23  | China   | 1900-01-01 |
+----+------+------+---------+------------+
7 rows in set (0.00 sec)
```

5.1.3　字符串替换

扫一扫，看视频

UPDATE 关键字的 SET 中可以使用函数，replace() 就是一个常用的函数，用于替换字符串，使用方法如下：

```
replace(string, str_search, str_replace)
```

参数说明如下。

- string：目标字符串。
- str_search：需要被替换的那部分字符串。
- str_replace：用来替换的新字符串。

string 中所有的 str_search 都会被替换为 str_replace。

【示例】修改 user 表，修改目标为 name 字段值为 HuaW 的所有记录，将 HuaW 中的 W 替换为 Vei。

代码 5-5　字符串替换示例

```
mysql> update
    ->    user
    -> set
    ->    name = replace(name, 'W', 'Vei')
    -> where
    ->    name = 'HuaW';
Query OK, 3 rows affected (0.00 sec)
Rows matched: 3  Changed: 3  Warnings: 0
```

查询 user 表的最新数据来验证修改效果。

```
mysql> select * from user;
+----+---------+------+---------+------------+
| id | name    | age  | address | birthday   |
```

```
+----+--------+------+---------+------------+
| 1  | Dell   |  19  | Beijing | 2002-02-01 |
| 2  | Acer   |  10  | Tianjin | 2011-06-10 |
| 3  | HuaVei |  21  | Xi'an   | 1900-01-01 |
| 4  | HuaVei |  23  | Nanjing | 1998-03-10 |
| 5  | HuaVei |  22  | China   | 1900-01-01 |
| 6  | Zhx    |   2  | China   | 1900-01-01 |
| 7  | Zhx    |  23  | China   | 1900-01-01 |
+----+--------+------+---------+------------+
7 rows in set (0.00 sec)
```

可以看到修改成功了，下面用同样的方法把数据恢复回去。

```
mysql> update
    ->   user
    -> set
    ->   name = replace(name, 'Vei', 'W')
    -> where
    ->   name = 'HuaVei';
Query OK, 3 rows affected (0.00 sec)
Rows matched: 3  Changed: 3  Warnings: 0
```

扫一扫，看视频

5.1.4 使用 SELECT 查询配合更新

UPDATE 的 SET 中已经使用过如下 3 种形式：

（1）常量固定值。

（2）运算表达式。

（3）函数。

SET 还可以使用 SELECT 查询语句的结果作为新值，形式如图 5-1 所示。

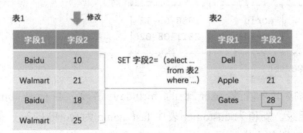

图 5-1 使用 SELECT 作为更新值

使用方法如下：

```
update
  table_1
set
  column1 = (select
```

```
        column
    from
        table_2
    where
        conditions
    )
where
    conditions;
```

此处需要注意的是，SELECT 查询的表不能是 UPDATE 要更新的表，否则就会报错。

下面通过示例来体验这种更新方式，因为现在只有 user 这一张表，所以需要另外新建一张表，建表与插入数据的语句如下：

```
CREATE TABLE 'customer'(
    'id' int,
    'first_name' VARCHAR(10),
    'last_name' VARCHAR(10),
    'birthday' DATE
);

insert into customer
    values(1, 'hello', 'world', '1988-09-12');

insert into customer
    values(2, 'hi', 'world', '2011-08-02');
```

新表 customer 中数据情况如下：

```
mysql> select * from customer;
+------+------------+-----------+------------+
| id   | first_name | last_name | birthday   |
+------+------------+-----------+------------+
|    1 | hello      | world     | 1988-09-12 |
|    2 | hi         | world     | 2011-08-02 |
+------+------------+-----------+------------+
2 rows in set (0.00 sec)
```

新表已经准备好，接下来修改 user 表的 birthday 字段，目标是 birthday 字段中默认值为"1900-01-01"的那些记录，新值为 customer 表中 last_name 为 world 的第一条记录中 birthday 的值。

因为需要在 UPDATE 语句中嵌入另一个 SELECT 语句，为了减少错误，可以分两步完成。

1. SELECT 查询语句

先写好 SELECT 语句，正确无误地查询出目标数据，语句如下：

```
mysql> select
    ->    birthday
    -> from
```

```
    ->   customer
    -> where
    ->   last_name = 'world'
    -> limit 1;
+------------+
| birthday   |
+------------+
| 1988-09-12 |
+------------+
1 row in set (0.00 sec)
```

2. 整合 UPDATE 与 SELECT 语句

SELECT 语句没有问题之后，嵌入 UPDATE 语句中，形成最终的语句。

```
mysql> update
    ->   user
    -> set
    ->   birthday = (
    ->     select
    ->       birthday
    ->     from
    ->       customer
    ->     where
    ->       last_name = 'world'
    ->     limit 1
    ->   )
    -> where
    ->   birthday = '1900-01-01';
Query OK, 4 rows affected (0.00 sec)
Rows matched: 4  Changed: 4  Warnings: 0
```

更新成功，查询 user 表最新的数据来验证更新效果。

```
mysql> select * from user;
+----+------+------+---------+------------+
| id | name | age  | address | birthday   |
+----+------+------+---------+------------+
|  1 | Dell |   19 | Beijing | 2002-02-01 |
|  2 | Acer |   10 | Tianjin | 2011-06-10 |
|  3 | HuaW |   21 | Xi'an   | 1988-09-12 |
|  4 | HuaW |   23 | Nanjing | 1998-03-10 |
|  5 | HuaW |   22 | China   | 1988-09-12 |
|  6 | Zhx  |    2 | China   | 1988-09-12 |
|  7 | Zhx  |   23 | China   | 1988-09-12 |
+----+------+------+---------+------------+
7 rows in set (0.00 sec)
```

可以看到之前 birthday 为"1900-01-01"的记录都已经修改成功了。

5.1.5 多表更新

扫一扫，看视频

UPDATE 不仅可以对一张表进行更新，还可以一次对多张表进行更新。现在有 user、customer 两张表，可以使用 UPDATE 对其一起修改，体验多表更新的效果。

【示例】修改 user、customer 表，目标是两张表中 id 字段值相同的那些记录，把 user 表中的 birthday 的值改为 customer 表中 birthday 的值，并且把 customer 表中 last_name 值改为 china。

要修改的是两张表中 id 相同的记录，可以把这些目标记录修改前的数据查询出来。

```
mysql> select
    ->    u.id as "u.id",
    ->    u.birthday as "u.birthday",
    ->    c.id as "c.id",
    ->    c.last_name as "c.last_name",
    ->    c.birthday as "c.birthday"
    -> from
    ->    user u, customer c
    -> where
    ->    u.id=c.id;
+------+------------+------+-------------+------------+
| u.id | u.birthday | c.id | c.last_name | c.birthday |
+------+------------+------+-------------+------------+
|    1 | 2002-02-01 |    1 | world       | 1988-09-12 |
|    2 | 2011-06-10 |    2 | world       | 2011-08-02 |
+------+------------+------+-------------+------------+
2 rows in set (0.00 sec)
```

然后执行 UPDATE 语句。

代码 5-6 多表更新示例

```
mysql> update
    ->    user u, customer c
    -> set
    ->    u.birthday = c.birthday,
    ->    c.last_name = 'china'
    -> where
    ->    u.id = c.id;
Query OK, 4 rows affected (0.00 sec)
Rows matched: 4  Changed: 4  Warnings: 0
```

再次执行上面的查询语句，查看更新效果。

```
mysql> select
    ->    u.id as "u.id",
```

```
->    u.birthday as "u.birthday",
->    c.id as "c.id",
->    c.last_name as "c.last_name",
->    c.birthday as "c.birthday"
-> from
->    user u, customer c
-> where
->    u.id=c.id;
+------+------------+------+-------------+------------+
| u.id | u.birthday | c.id | c.last_name | c.birthday |
+------+------------+------+-------------+------------+
|    1 | 1988-09-12 |    1 | china       | 1988-09-12 |
|    2 | 2011-08-02 |    2 | china       | 2011-08-02 |
+------+------------+------+-------------+------------+
2 rows in set (0.00 sec)
```

可以看到，user 表中这两条记录的 birthday 字段值已经改为 customer 表中这两条记录的 birthday 的值了，而且 customer 表这两条记录的 last_name 字段值也改为了 china，完成了多表更新。

5.2　数据删除

数据删除需要使用 DELETE 语句，通过执行 DELETE 语句，可以对表中的一行或者多行甚至全部数据进行删除。

DELETE 操作主要包括以下内容：

● 全表删除。
● 条件删除。
● 限制行数删除。

5.2.1　全表删除

扫一扫，看视频

DELETE 语法如下：

```
DELETE FROM
  table_name
WHERE
  condition;
```

首先，在 DELETE FROM 子句后面指定删除数据所在的表名，然后，使用 WHERE 子句指定要删除数据的条件，表中符合条件的记录就会被删除。WHERE 子句是可选的，如果没有指定，就会删除表中的所有数据。

所以，只要不指定 WHERE 子句，就可以删除全表数据，下面就通过示例来体验全表删除的效果。在上一小节中创建了一张 customer 表，下面就以此表实践删除效果。

代码 5-7　全表删除示例

```
mysql> delete from customer;
Query OK, 2 rows affected (0.01 sec)
```

查询出 customer 表中所有数据，验证删除效果：

```
mysql> select * from customer;
Empty set (0.00 sec)
```

显示此表为空，删除成功。除 DELETE 之外，还可以使用 TRUNCATE 关键字来清空表数据，语法如下：

```
TRUNCATE table_name;
```

代码 5-8　TRUNCATE 示例

```
# 向 consumer 表插入测试数据
insert into customer
  values(1, 'hello', 'world', '1988-09-12');
insert into customer
  values(2, 'hi', 'world', '2011-08-02');

# 查询 consumer 表数据
mysql> select * from customer;
+------+------------+-----------+------------+
| id   | first_name | last_name | birthday   |
+------+------------+-----------+------------+
|    1 | hello      | world     | 1988-09-12 |
|    2 | hi         | world     | 2011-08-02 |
+------+------------+-----------+------------+
2 rows in set (0.00 sec)

# 使用 TRUNCATE 清空 consumer 表
mysql> truncate customer;
Query OK, 0 rows affected (0.03 sec)
```

查询 customer 表数据，验证清空效果：

```
mysql> select * from customer;
Empty set (0.00 sec)
```

显示没有数据，清空成功。

　　DELETE 在不指定 WHERE 的情况下，与 TRUNCATE 的作用是一样的，但不推荐使用 DELETE 删除所有数据，DELETE 应与 WHERE 配合使用，只做给定条件下的删除，这样可以有效避免误删除表中所有数据。而且 TRUNCATE 的功能单一明确，只负责清空，不能指定 WHERE 条件，性能比 DELETE 好，所以，在明确需要删除所有数据时，应使用 TRUNCATE 来实现。

5.2.2　条件删除

在 DELETE 语句中使用 WHERE 子句来设置查询条件，只有满足 WHERE 条件的记录才被删除，其用法与在 SELECT 语句中 WHERE 子句的用法是一致的。

【示例】删除 user 表中 age 字段值小于 10 的记录。

查询 user 表中现在的数据情况：

```
mysql> select * from user;
+----+------+------+---------+------------+
| id | name | age  | address | birthday   |
+----+------+------+---------+------------+
|  1 | Dell |   19 | Beijing | 1988-09-12 |
|  2 | Acer |   10 | Tianjin | 2011-08-02 |
|  3 | HuaW |   21 | Xi'an   | 1988-09-12 |
|  4 | HuaW |   23 | Nanjing | 1998-03-10 |
|  5 | HuaW |   22 | China   | 1988-09-12 |
|  6 | Zhx  |    2 | China   | 1988-09-12 |
|  7 | Zhx  |   23 | China   | 1988-09-12 |
+----+------+------+---------+------------+
7 rows in set (0.00 sec)
```

目前 age 小于 10 的记录只有 id 为 6 的这一条数据，下面执行删除语句。

代码 5-9　条件删除示例

```
mysql> delete from
    ->   user
    -> where
    ->   age < 10;
Query OK, 1 row affected (0.00 sec)
```

再次查询 user 表数据，验证删除效果：

```
mysql> select * from user;
+----+------+------+---------+------------+
| id | name | age  | address | birthday   |
+----+------+------+---------+------------+
|  1 | Dell |   19 | Beijing | 1988-09-12 |
|  2 | Acer |   10 | Tianjin | 2011-08-02 |
|  3 | HuaW |   21 | Xi'an   | 1988-09-12 |
|  4 | HuaW |   23 | Nanjing | 1998-03-10 |
|  5 | HuaW |   22 | China   | 1988-09-12 |
|  7 | Zhx  |   23 | China   | 1988-09-12 |
+----+------+------+---------+------------+
6 rows in set (0.01 sec)
```

可以看到，id 为 6 的记录已经被删除。

扫一扫，看视频

5.2.3　限制行数删除

如果希望在删除时可以限制行数，可以使用 LIMIT 子句，并且可以使用 ORDER BY 关键字指定排序，语法如下：

```
DELETE FROM
  table_name
WHERE
  condition
ORDER BY
  column1
LIMIT row_count;
```

【示例】删除 user 表中 name 字段值为 HuaW 的记录中 age 最大的那一条记录。

查询 user 表中目前的数据情况。

```
mysql> select * from user;
+----+------+------+---------+------------+
| id | name | age  | address | birthday   |
+----+------+------+---------+------------+
|  1 | Dell |   19 | Beijing | 1988-09-12 |
|  2 | Acer |   10 | Tianjin | 2011-08-02 |
|  3 | HuaW |   21 | Xi'an   | 1988-09-12 |
|  4 | HuaW |   23 | Nanjing | 1998-03-10 |
|  5 | HuaW |   22 | China   | 1988-09-12 |
|  7 | Zhx  |   23 | China   | 1988-09-12 |
+----+------+------+---------+------------+
6 rows in set (0.01 sec)
```

name 字段值为 HuaW 的有 3 条记录，id 为 3、4、5，其中 age 值最大的是 id 为 4 的记录，其 age 值为 23，所以 id 为 4 的这一条记录就是删除目标。要找到这一条数据，需要先设置 WHERE 查询条件，找到 name 为 HuaW 的 3 条记录，然后根据 age 倒序排序，排在第一位的就是 age 值最大的，因为是删除一条，所以 LIMIT 指定为 1。

代码 5-10　限制行数删除示例

```
mysql> delete from
    ->   user
    -> where
    ->   name = 'HuaW'
    -> order by
    ->   age desc
    -> limit 1;
Query OK, 1 row affected (0.01 sec)
```

查询 user 表中最新数据：

```
mysql> select * from user;
+----+------+------+---------+------------+
| id | name | age  | address | birthday   |
+----+------+------+---------+------------+
|  1 | Dell |   19 | Beijing | 1988-09-12 |
|  2 | Acer |   10 | Tianjin | 2011-08-02 |
|  3 | HuaW |   21 | Xi'an   | 1988-09-12 |
|  5 | HuaW |   22 | China   | 1988-09-12 |
|  7 | Zhx  |   23 | China   | 1988-09-12 |
+----+------+------+---------+------------+
5 rows in set (0.00 sec)
```

可以看到，id 为 4 的记录已经被删除。

5.3　数 据 替 换

扫一扫，看视频

如果向表中插入的数据是主键重复的，数据库就会报错。例如，user 表中现有数据情况如下：

```
mysql> select * from user;
+----+------+------+---------+------------+
| id | name | age  | address | birthday   |
+----+------+------+---------+------------+
|  1 | Dell |   19 | Beijing | 1988-09-12 |
|  2 | Acer |   10 | Tianjin | 2011-08-02 |
|  3 | HuaW |   21 | Xi'an   | 1988-09-12 |
|  5 | HuaW |   22 | China   | 1988-09-12 |
|  7 | Zhx  |   23 | China   | 1988-09-12 |
+----+------+------+---------+------------+
5 rows in set (0.00 sec)
```

现在执行一条插入数据的语句：

```
mysql> insert into user values(7, 'test',2,'BJ','1900-01-01');
ERROR 1062 (23000): Duplicate entry '7' for key 'PRIMARY'
```

报错了，提示主键重复。如果希望插入成功，可以先把当前 id 为 7 的记录删除掉，然后再执行插入操作。

MySQL 的 REPLACE 语句是标准 SQL 的一个扩展，它可以解决上面所示的冲突问题，REPLACE 执行步骤如下：

（1）执行 INSERT 插入动作。

（2）如果发生了主键冲突问题，会先删除表中引起冲突的数据，然后重新执行 INSERT 插入动作。

要想能够使用 REPLACE，需要同时具有 INSERT 和 DELETE 的权限。

REPLACE 语法如下：

```
REPLACE [INTO] table_name(column_list)
```

```
VALUES(value_list);
```

可以看到，REPLACE 的语法与 INSERT 非常相似，下面使用 REPLACE 来代替 INSERT 操作。

代码 5–11　REPLACE 示例

```
mysql> replace into user values(7, 'test',2,'BJ','1900-01-01');
Query OK, 2 rows affected (0.01 sec)
```

执行成功，查询 user 表数据验证效果：

```
mysql> select * from user;
+----+------+------+---------+------------+
| id | name | age  | address | birthday   |
+----+------+------+---------+------------+
|  1 | Dell |  19  | Beijing | 1988-09-12 |
|  2 | Acer |  10  | Tianjin | 2011-08-02 |
|  3 | HuaW |  21  | Xi'an   | 1988-09-12 |
|  5 | HuaW |  22  | China   | 1988-09-12 |
|  7 | test |   2  | BJ      | 1900-01-01 |
+----+------+------+---------+------------+
5 rows in set (0.00 sec)
```

可以看到，id 为 7 的记录已经被成功替换了。

扫一扫，看视频

5.4　小　　结

本章介绍了 MySQL 中数据的更新和删除方法，UPDATE 包括全表更新与条件更新，UPDATE 可以配合 replace()函数实现对字段值的字符串替换，还可以通过 SELECT 查询其他表中的值来更新当前表中的数据。DELETE 包括全表删除和条件删除，在删除数据时还可以限定删除的数据行数。

学习完本章即可掌握常用的数据更新与删除操作，下一章将学习更为复杂的数据查询，对多张数据表进行联合查询。

第6章 复杂查询

前文已经学习过单表的各种查询方式，本章将学习更为复杂的查询方法，之所以说是复杂的查询，主要在于查询目标和查询条件较之前的单表查询更为复杂。

例如，对多张表的联合结果进行查询、查询之中嵌套其他查询的子查询，而多表联合的方式又有多种，如内连接、左/右连接、自连接。子查询又可以应用于 FROM 或者 WHERE 子句之中，查询的目标除了单表或多表之外，还有一种虚拟表，称为视图。这一章的目标就是讲解这些概念与用法，掌握更为复杂的查询用法。

通过本章的学习，可以掌握以下主要内容：

● 多表关联查询。

● 子查询。

● 视图。

6.1 测试数据库准备

扫一扫，看视频

本章涉及较多的多表查询操作，所以需要多张有关联关系的数据表，每张表中需要较多有关联的数据记录，复杂程度远高于第 4 章单表查询所需要的数据环境，如果从头手动创建多张表，并添加数据，工作量会很大。

MySQL 官方提供了一个专门用于测试的数据库，名为 sakila，里面有多张表及丰富的数据，现在需要把 sakila 数据库下载下来，放入本地数据库，以便后面的查询操作使用。

sakila 数据库下载地址如下：

```
https://dev.mysql.com/doc/index-other.html
```

在页面中找到 Example Databases 列表，选择 sakila database，单击后面的 zip 链接即可下载。下载后解压，里面会有三个文件：sakila-schema.sql（建表 SQL）、sakila-data.sql（插入数据 SQL）、sakila.mwb，只需要使用前两个文件，把它们导入数据库，可以使用如下命令：

```
mysql> SOURCE C:/xxx/sakila-db/sakila-schema.sql;
mysql> SOURCE C:/xxx/sakila-db/sakila-data.sql;
```

导入完成后即可使用 sakila 数据了，这个数据库的业务背景是一个影片租赁系统，主要涉及三部分内容。

1. 影片
film（影片信息）、category（分类）、film_category（影片与分类对应关系）、actor（演员信息）、

film_actor（影片与演员对应关系）、inventory（影片库存）。

2. 客户

customer（客户信息）、address（地址信息）、country（国家）、city（城市）。

3. 业务

store（分店）、staff（员工）、rental（影片出租记录）、payment（支付信息）。

核心是 rental 表，每次出租影片都会产生出租数据，记录了客户 ID、影片库存、店员 ID 等信息，与相应表产生关联。payment 表记录了每条出租记录所对应的支付信息。inventory 表关联 film 表、store 表，描述每个分店有哪些影片。staff 表会关联 store 表，描述员工所在的分店。

6.2 多表关联查询

如果一次查询涉及了多张表的内容，那么就需要先把多张相关表关联起来，MySQL 会把关联的结果视作一张表，然后再对其进行查询。多表关联需要指定要关联哪些表，以及关联的条件是什么。现有员工表（employee）和部门表（department），如图 6-1 所示。希望查询出所有员工的信息，其中就包括所在部门的名称。员工表中只有所在部门的 ID，并没有部门名称，还需要到部门表中获取，所以这就需要用到两张表的关联查询。需要关联的表为员工表与部门表，关联的条件是“employee. dep_id = department.id”，关联情况如图 6-2 所示。

员工表 employee

id	name	dep_id
1	a	1
2	b	2
3	c	1
4	d	3

部门表 department

id	name
1	IT
2	HR
3	DEV

图 6-1　示例表

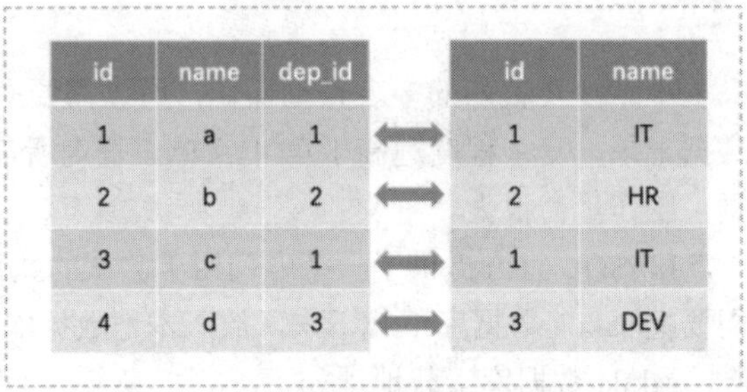

图 6-2　关联结果

两张表关联好之后，就形成了一个临时的中间表，从中就可以取到想要的数据了。MySQL 中多表关联涉及的主要内容包括：

- 笛卡儿积。
- 内连接。
- 左外连接。
- 右外连接。
- 交叉连接。
- 自连接。

6.2.1　笛卡儿积

笛卡儿积是多表关联操作的基础，各种连接方式都是基于笛卡儿积去做的。还是以员工表和部门表为例（如图 6-1 所示），了解笛卡儿积的计算方式。图 6-3 是两张表的笛卡儿积操作结果。

可以发现规律，笛卡儿积的结果中，列是两张表中列的总和，行是第 1 张表中的每条记录都与第 2 张表中的每条记录关联一次而来的。笛卡儿积计算步骤如下：

（1）取出第 1 张表中第 1 条记录。

（2）与第 2 张表中的第 1 条记录关联，形成一条新的记录，放入结果集中。

（3）与第 2 张表中的第 2 条记录关联，形成一条新的记录，放入结果集中。

（4）与第 2 张表中的第 3 条记录关联，形成一条新的记录，放入结果集中。

这样第 1 张表中的第 1 条记录就计算完成了，如图 6-4 所示。

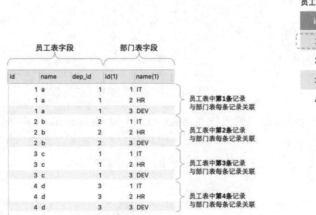

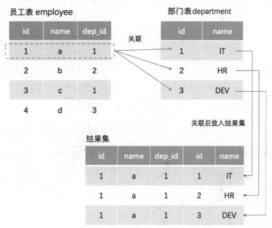

图 6-3　笛卡儿积结果　　　　　　　　图 6-4　笛卡儿积计算过程示例

处理完第 1 张表的第 1 条数据之后，用同样的方法处理第 2 条记录，以此类推，直到处理完第 1 张表中的所有记录。

6.2.2　内连接

内连接（INNER JOIN）是在笛卡儿积的基础上添加了一个关联条件，不是每一条关联记录都放入结果集中，而是只有满足条件的才放入。还是以员工表、部门表为例，两张表以内连接的方式关联，关联条件为"employee.department_id = department.id"，内连接的操作步骤如下：

（1）从 employee 表中取出第 1 条记录"id=1,name=a,dep_id=1"。

（2）从 department 表中取出第 1 条记录"id=1,name=IT"，验证关联条件，employee.dep_id 与 department.id 都为 1，满足关联条件，组合成为一条新的记录，放入结果集。

（3）从 department 表中取出第 2 条记录"id=2,name=HR"，employee.dep_id 与 department.id 不相等，不满足关联条件，放弃此条记录。

（4）从 department 表中取出第 3 条记录"id=3,name=DEV"，employee.dep_id 与 department.id 不相等，不满足关联条件，放弃此条记录。

employee 中第 1 条记录处理完成，得到一条满足关联条件的记录，过程如图 6-5 所示。

内连接相当于在笛卡儿积的结果中挑选出符合关联条件的记录。结果如图 6-6 所示。

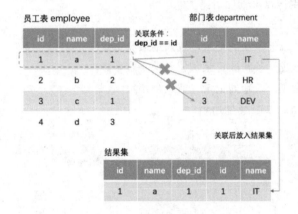

图 6-5　内连接过程　　　　　　　　　　　图 6-6　内连接与笛卡儿积的关系

这两张表的笛卡儿积的结果中，有 4 条记录是满足关联条件（employee.dep_id==department.id）的，所以最终内连接的结果如图 6-7 所示。

因为内连接只选择两张表中都存在的记录，所以可以理解为表记录的交集，如图 6-8 所示。

id	name	dep_id	id(1)	name(1)
1	a	1	1	IT
2	b	2	2	HR
3	c	1	1	IT
4	d	3	3	DEV

图 6-7　内连接结果

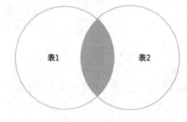

图 6-8　交集

内连接语法如下：

```
SELECT
    ...
FROM
    table1
INNER JOIN table2 ON
    join_condition1
INNER JOIN table3 ON
    join_condition2
...;
```

首先，在 FROM 关键字后面指定主表（table1），然后在 INNER JOIN 关键字后面指定要关联的表（table2、table3 等），最后在 ON 关键字后面指定关联条件，指定主表与关联表的匹配规则。下面通过示例来体验内连接的查询方式。

【示例】如图 6-9 中有两张表，customer 表中的 address_id 字段引用的是地址表 address 中的 address_id 字段，现在需要查询出 customer 表中的 customer_id、first_name、last_name，以及其具体地址信息（address 表中的 address 字段），要求 customer 表中必须有 address_id 值，按 customer_id 升序排序，返回前 10 条记录。

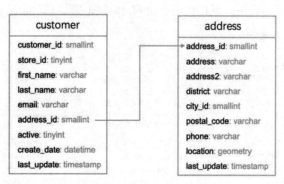

图 6-9　数据表结构关系

为实现此需求，需要使用内连接的方式关联这两张表，关联条件为 "customer.address_id = address.address_id"。

代码 6-1　内连接示例（一）

```
# 查询语句
select
  cus.customer_id,
  cus.first_name,
  cus.last_name,
  addr.address
from customer as cus
inner join address as addr
  on cus.address_id=addr.address_id
order by cus.customer_id
limit 10;

# 返回结果
+-------------+------------+-----------+---------------------------------+
| customer_id | first_name | last_name | address                         |
+-------------+------------+-----------+---------------------------------+
|           1 | MARY       | SMITH     | 1913 Hanoi Way                  |
|           2 | PATRICIA   | JOHNSON   | 1121 Loja Avenue                |
|           3 | LINDA      | WILLIAMS  | 692 Joliet Street               |
|           4 | BARBARA    | JONES     | 1566 Inegl Manor                |
```

```
|            5 | ELIZABETH  | BROWN      | 53 Idfu Parkway                      |
|            6 | JENNIFER   | DAVIS      | 1795 Santiago de Compostela Way      |
|            7 | MARIA      | MILLER     | 900 Santiago de Compostela Parkway   |
|            8 | SUSAN      | WILSON     | 478 Joliet Way                       |
|            9 | MARGARET   | MOORE      | 613 Korolev Drive                    |
|           10 | DOROTHY    | TAYLOR     | 1531 Sal Drive                       |
+--------------+------------+------------+--------------------------------------+
```

【示例】如图 6-10 中有 3 张表，film 是电影信息表，actor 是演员表，film_actor 是电影与演员的关联表，一部电影会关联多名演员。现在需要查出前 10 条电影信息，包括电影 ID、名称（title）、演员列表（actor 表中的 first_name）。

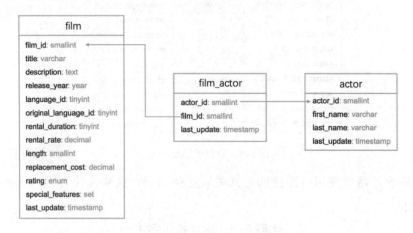

图 6-10　数据表结构关系

为实现此需求，需要对这 3 张表进行内连接，film 与 film_actor 使用 film_id 关联，film_actor 与 actor 使用 actor_id 关联。还需要对结果以 film_id 字段分组，这样才能实现每一行是一部电影的信息记录，如果不分组，每行就是一位演员的信息了。

代码 6-2　内连接示例（二）

```
# 查询语句
select
  film.film_id,
  film.title,
  group_concat(actor.first_name)
from film
  inner join film_actor as fa
    on film.film_id=fa.film_id
  inner join actor
    on fa.actor_id=actor.actor_id
group by film.film_id
having count(actor.first_name)<8
limit 10;
```

```
# 查询结果
+---------+-----------------+------------------------------------------------+
| film_id | title           | group_concat(actor.first_name)                 |
+---------+-----------------+------------------------------------------------+
|       2 | ACE GOLDFINGER  | BOB,MINNIE,SEAN,CHRIS                           |
|       3 | ADAPTATION HOLES| NICK,BOB,CAMERON,RAY,JULIANNE                   |
|       4 | AFFAIR PREJUDICE| JODIE,SCARLETT,KENNETH,FAY,OPRAH                |
|       5 | AFRICAN EGG     | GARY,DUSTIN,MATTHEW,MATTHEW,THORA               |
|       6 | AGENT TRUMAN    | KIRSTEN,SANDRA,JAYNE,WARREN,MORGAN,KENNETH,REESE|
|       7 | AIRPLANE SIERRA | JIM,RICHARD,OPRAH,MENA,MICHAEL                  |
|       8 | AIRPORT POLLOCK | FAY,GENE,SUSAN,LUCILLE                          |
|      11 | ALAMO VIDEOTAPE | JOHNNY,SCARLETT,SEAN,MICHAEL                    |
|      12 | ALASKA PHANTOM  | VAL,BURT,SIDNEY,SYLVESTER,ALBERT,GENE,JEFF      |
|      13 | ALI FOREVER     | CARY,CHRISTOPHER,KENNETH,MORGAN,JON             |
+---------+-----------------+------------------------------------------------+
```

查询语句中使用了 HAVING 子句，设置了过滤分组的条件为每组演员数量要小于 8，这是为了输出结果的可读性，因为查询结果中对演员名称做了连接，如果太长，就会产生折行，看起来会很费劲，而且也可以复习一下 HAVING 的用法。

6.2.3 左外连接

内连接是把两张表中满足条件的记录组合为一条新记录放入结果集，而左外连接（LEFT JOIN）是以左表为主，如果右表中有满足条件的记录，就和右表记录组合，放入结果集；否则，左表记录会和 NULL 组合，放入结果集。

还以员工表（employee）、部门表（department）为例，employee 左外连接 department，管理条件是"employee.dep_id == department.id"，下面是连接的过程。

首先，从 employee 表中取出第一条记录，与 department 中的每一条记录匹配，department 中的第一条记录符合连接条件，这两条记录组合为一条记录，放入结果集，如图 6-11 所示。

然后，从 employee 表中取出第二条记录，与 department 表中的每一条记录匹配，其中没有符合连接条件的，那么 employee 表中的第二条记录就与 NULL 组合为一条记录，放入结果集中，如图 6-12 所示。

接下来就以同样的方式处理 employee 表中剩余的记录，最终的连接结果如图 6-13 所示。

因为在左外连接中左表的记录都会放入结果集，右表中只有满足连接条件的才会被放入，所以左外连接可以理解为如图 6-14 所示的形式。

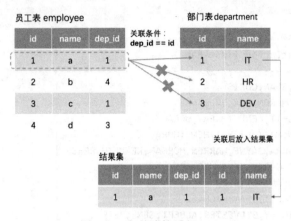

图 6-11　左外连接过程

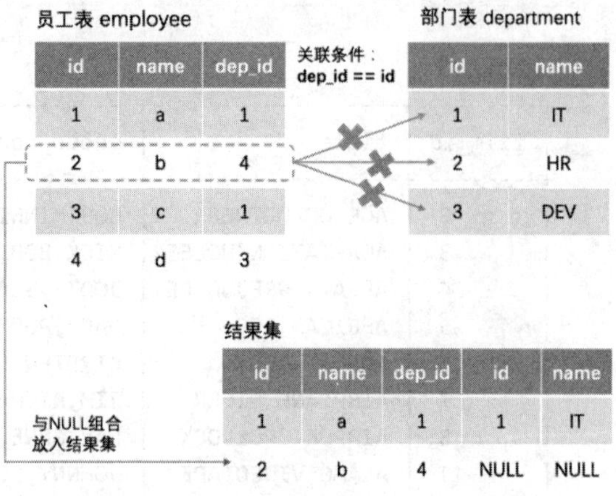

图 6-12　左外连接过程

id	name	dep_id	id(1)	name(1)
1	a	1	1	IT
2	b	4	(NULL)	(NULL)
3	c	1	1	IT
4	d	3	3	DEV

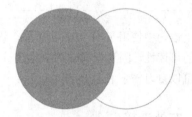

图 6-13　左外连接结果

图 6-14　左外连接关系

左外连接的语法如下：

```
SELECT
    ...
FROM
    table1
LEFT JOIN table2 ON
    join_condition1
LEFT JOIN table3 ON
    join_condition2
...;
```

上面语法中，table1 是左表，table1 与 table2 连接的结果还会作为左表，继续与 table3 做左外连接操作。下面通过示例来体会左外连接的用法。

【示例】图 6-15 中有两张表，rental 是出租订单表，每笔出租影片的业务都会添加一条出租记录；payment 是支付信息表，每笔订单都需要支付，payment 中的 rental_id 字段对应的是 rental 表中的 rental_id 字段。现在需要查询出租订单信息：订单 ID（rental_id）、出租时间（rental_date）、归还时间（return_date），以及支付的金额（payment.amount）。

实现此需求可以使用左外连接的方式，关联条件为“rental.rental_id = payment.rental_id”。示例代码如下。

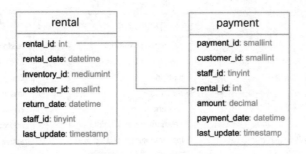

图 6-15　左外连接示例表

代码 6-3　左外连接两表示例

```
# 查询语句
select
  rental.rental_id,
  rental.rental_date,
  rental.return_date,
  payment.amount
from
  rental
left join payment
  on rental.rental_id=payment.rental_id
limit 10;

# 查询结果
+-----------+---------------------+---------------------+--------+
| rental_id | rental_date         | return_date         | amount |
+-----------+---------------------+---------------------+--------+
|         1 | 2005-05-24 22:53:30 | 2005-05-26 22:04:30 |   2.99 |
|         2 | 2005-05-24 22:54:33 | 2005-05-28 19:40:33 |   2.99 |
|         3 | 2005-05-24 23:03:39 | 2005-06-01 22:12:39 |   3.99 |
|         4 | 2005-05-24 23:04:41 | 2005-06-03 01:43:41 |   4.99 |
|         5 | 2005-05-24 23:05:21 | 2005-06-02 04:33:21 |   6.99 |
|         6 | 2005-05-24 23:08:07 | 2005-05-27 01:32:07 |   0.99 |
|         7 | 2005-05-24 23:11:53 | 2005-05-29 20:34:53 |   1.99 |
|         8 | 2005-05-24 23:31:46 | 2005-05-27 23:33:46 |   4.99 |
|         9 | 2005-05-25 00:00:40 | 2005-05-28 00:22:40 |   4.99 |
|        10 | 2005-05-25 00:02:21 | 2005-05-31 22:44:21 |   5.99 |
+-----------+---------------------+---------------------+--------+
```

【示例】图 6-16 中多了一个客户表（customer），在出租订单表中记录了客户编号 customer_id，现在需要在查询订单信息的时候也显示出客户的名字（customer.firstname）。

为实现此需求，需要在上一个示例的基础上增加对 customer 表的连接，关联条件为"rental.customer_id = customer.customer_id"，示例代码如下。

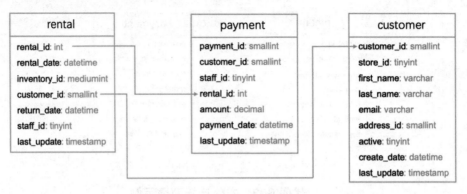

图 6-16　左外连接示例表

代码 6-4　左外连接三表示例

```
# 查询语句
select
  rental.rental_id,
  rental.rental_date,
  payment.amount,
  customer.first_name as customer
from
  rental
left join payment
  on rental.rental_id=payment.rental_id
left join customer
  on rental.customer_id=customer.customer_id
limit 10;

# 查询结果
+-----------+---------------------+--------+-----------+
| rental_id | rental_date         | amount | customer  |
+-----------+---------------------+--------+-----------+
|         1 | 2005-05-24 22:53:30 |   2.99 | CHARLOTTE |
|         2 | 2005-05-24 22:54:33 |   2.99 | TOMMY     |
|         3 | 2005-05-24 23:03:39 |   3.99 | MANUEL    |
|         4 | 2005-05-24 23:04:41 |   4.99 | ANDREW    |
|         5 | 2005-05-24 23:05:21 |   6.99 | DELORES   |
|         6 | 2005-05-24 23:08:07 |   0.99 | NELSON    |
|         7 | 2005-05-24 23:11:53 |   1.99 | CASSANDRA |
|         8 | 2005-05-24 23:31:46 |   4.99 | MINNIE    |
|         9 | 2005-05-25 00:00:40 |   4.99 | ELLEN     |
|        10 | 2005-05-25 00:02:21 |   5.99 | DANNY     |
+-----------+---------------------+--------+-----------+
```

扫一扫，看视频

6.2.4　右外连接

右外连接（RIGHT JOIN）与左外连接几乎是一样的，只是把关联方向调换了，右外连接是以右表作为主表，去关联左表，方向正好与左外连接相反，关联过程与左外连接的思路是一致的，所以具体过程不重复描述。因为右外连接中右表的记录都在结果集合中，左表是只有符合连接条件的记录才放入结果集合，所以其形式如图 6-17 所示。

右外连接语法如下：

```
SELECT
    ...
FROM
    table1
RIGHT JOIN table2 ON
    join_condition1
RIGHT JOIN table3 ON
    join_condition2
...;
```

上面语法中，table1 是左表，table2 是右表。下面通过示例来体会右外连接的用法。

【示例】如图 6-18 中有两张表，rental 表中的 staff_id 字段是指负责此条订单的员工 ID，对应 staff 员工表的 staff_id。订单一定会由某个员工负责，但不一定每个员工都有要负责的订单。

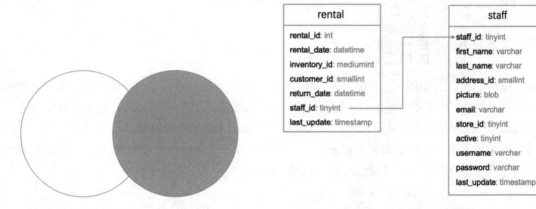

图 6-17　右外连接关系　　　　　　　　图 6-18　右外连接示例表

现在要求使用右连接的方式关联 rental、staff，查询出订单 ID（rental_id）、员工 ID（staff_id）。示例代码如下。

代码 6–5　右外连接示例

```
# 查询语句
select
  rental.rental_id,
```

```
  staff.staff_id
from
  rental
right join staff
  on rental.staff_id=staff.staff_id
limit 10;
```

```
# 查询结果
+-----------+----------+
| rental_id | staff_id |
+-----------+----------+
|         1 |        1 |
|         2 |        1 |
|         3 |        1 |
|         5 |        1 |
|         6 |        1 |
|         9 |        1 |
|        13 |        1 |
|        14 |        1 |
|        15 |        1 |
|        17 |        1 |
+-----------+----------+
```

从查询结果中可以看出是以右表（staff）为主表进行查询的，因为 staff_id 都为 1，说明是使用 staff_id 为 1 的记录去逐条匹配 rental 表。

6.2.5　交叉连接

扫一扫，看视频

交叉连接（CROSS JOIN）是不需要关联条件的，实际上就是笛卡儿积的操作结果。第一张表中的每条记录都会和第二张表中的每条记录组合成新记录。假设表 1 中有 N 条记录，表 2 中有 M 条记录，那么交叉连接的结果就是 N×M 条记录。下面使用一个示例来验证操作结果。

【示例】因为交叉连接不需要关联条件，所以可以自由选择两张表进行操作，这里选择 city、country 这两张表作为进行交叉连接的对象，如图 6-19 所示。

图 6-19　交叉连接示例表

下面使用交叉连接方式查询城市名称（city.city）、国家名称（country.country）。

代码 6-6　交叉连接示例

```
# 查询语句
select
  city.city,
  country.country
from city
cross join country
limit 10;

# 查询结果
+--------------------+----------------+
| city               | country        |
+--------------------+----------------+
| A Corua (La Corua) | Afghanistan    |
| A Corua (La Corua) | Algeria        |
| A Corua (La Corua) | American Samoa |
| A Corua (La Corua) | Angola         |
| A Corua (La Corua) | Anguilla       |
| A Corua (La Corua) | Argentina      |
| A Corua (La Corua) | Armenia        |
| A Corua (La Corua) | Australia      |
| A Corua (La Corua) | Austria        |
| A Corua (La Corua) | Azerbaijan     |
+--------------------+----------------+
```

6.2.6　自连接

扫一扫，看视频

　　自连接并不是一种新连接方式，而是指一张表可以扮演多种角色，自己与自己进行连接操作。假设有一个员工表（employee），表结构如图 6-20 所示，id 字段表示员工的 ID， manager_id 字段表示此员工上级经理的员工 ID。

　　这样在一张表中就形成了具有层级的数据关系，也就是说 employee 具有两种角色，可以表示普通员工，也可以表示经理。如果需要查询每个员工的基本信息及其经理的名字，通过 employee 表的自连接查询即可实现，示例代码如下。

图 6-20　自连接示例表结构

代码 6-7　自连接示例

```
select
    e.name AS 'employee',
    m.name AS 'my_manager'
from
    employee e
inner join employee m ON
```

```
    m.id = e.manager_id;
```

由于员工表 employee 不是真实存在的，以上 SELECT 语句用于演示自连接的用法，所以没有输出结果。

6.3　子　查　询

子查询是指一个查询语句嵌套在其他语句中，如 SELECT、INSERT、UPDATE、DELETE 等。同样地，一个子查询还可以嵌套在其他子查询中。子查询可以应用在 WHERE 子句中，也可以应用在 FROM 子句中。

有的子查询是独立的，与外层无关，但有的子查询是与外层语句中的信息相关联的。EXISTS 运算符配合子查询，用于判断子查询能否返回数据。

子查询的主要内容包括：

● WHERE 中应用子查询。
● FROM 中应用子查询。
● 相关子查询。
● EXISTS 运算符。

6.3.1　在 WHERE 中应用子查询

扫一扫，看视频

在 SELECT 的 WHERE 子句中设置查询条件时，不仅可以使用固定的条件值，还可以用子查询的方式来动态获取查询条件。先看下面的查询语句：

```
SELECT
    id, name
FROM
    employee
WHERE office_num IN (
    SELECT
        office_num
    FROM
        offices
    WHERE
        city = 'BEIJING'
);
```

这个语句中的 WHERE 子句中使用了一个子查询，语句的整体结构如图 6-21 所示。

在这个例子中，子查询会返回所有城市为 BEIJING 的办公室编号，外层查询会查询员工表（employee），只要员工所在的办公室编号是在子查询的返回结果中，就返回其信息。在查询执行时，子查询会先被执行，返回一个结果集，输入给外层查询使用。

【示例】如图 6-22 所示,支付表(payment)中有 customer_id 字段,表明此条支付记录所属的客户,此字段与 customer 表中的 customer_id 字段关联。现在需要查询出消费最高的金额和客户名称。

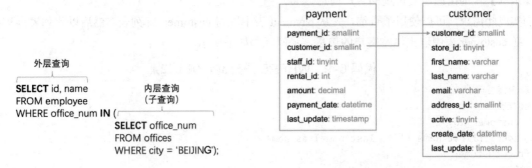

图 6-21 子查询结构   图 6-22 子查询示例表

为实现此需求,需要找出 payment 表中 amount 字段的最大值,然后就可以得到支付金额等于最大值的那些支付记录,关联 customer 表即可获取到客户的名称,示例代码如下所示。

代码 6-8 WHERE 子查询示例(一)

```
# 查询语句
select
  c.customer_id,
  concat(c.first_name, ' ', c.last_name) as name,
  p.amount
from customer c
  left join payment p
    on c.customer_id=p.customer_id
where
  p.amount = (
    select max(amount) from payment
  );

# 返回结果
+-------------+--------------------+--------+
| customer_id | name               | amount |
+-------------+--------------------+--------+
|          13 | KAREN JACKSON      |  11.99 |
|         116 | VICTORIA GIBSON    |  11.99 |
|         195 | VANESSA SIMS       |  11.99 |
|         196 | ALMA AUSTIN        |  11.99 |
|         204 | ROSEMARY SCHMIDT   |  11.99 |
|         237 | TANYA GILBERT      |  11.99 |
|         305 | RICHARD MCCRARY    |  11.99 |
|         362 | NICHOLAS BARFIELD  |  11.99 |
|         591 | KENT ARSENAULT     |  11.99 |
|         592 | TERRANCE ROUSH     |  11.99 |
+-------------+--------------------+--------+
```

首先，通过子查询获取了支付金额的最高值，然后以此金额为查询条件，从 payment 表中找出支付记录，payment 与 customer 连接后，就可以得到用户信息了。

【示例】查询出已经支付过的客户信息。

为实现此需求，可以使用子查询，先从 payment 表中取得 customer_id 列表，然后以此列表为查找范围，在 customer 表中取出这些客户的信息，示例代码如下所示。

代码 6-9　WHERE 子查询示例（二）

```
# 查询语句
select
  customer_id,
  concat(first_name, ' ', last_name) as name
from customer
where
  customer_id in (
    select distinct customer_id
    from payment
)
limit 10;

# 查询结果
+-------------+------------------+
| customer_id | name             |
+-------------+------------------+
|           1 | MARY SMITH       |
|           2 | PATRICIA JOHNSON |
|           3 | LINDA WILLIAMS   |
|           4 | BARBARA JONES    |
|           5 | ELIZABETH BROWN  |
|           6 | JENNIFER DAVIS   |
|           7 | MARIA MILLER     |
|           8 | SUSAN WILSON     |
|           9 | MARGARET MOORE   |
|          10 | DOROTHY TAYLOR   |
+-------------+------------------+
```

6.3.2　在 FROM 中应用子查询

扫一扫，看视频

子查询在 FROM 子句中使用时就相当于是一张表，子查询的查询结果会被看作是一张平常的表，以供查询，也就是说在子查询的查询结果之上进行查询。子查询的查询结果是一个虚拟表，被称作"派生表"。派生表有一个强制要求是必须使用别名。派生表的结构如图 6-23 所示。

【示例】payment 表中的 staff_id 字段记录的是负责此

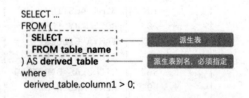

图 6-23　派生表结构

条支付记录的员工 ID，amount 字段记录了支付的金额，一个员工会负责多条支付记录。现在需要对每位员工所负责支付金额的总额做出统计，计算出最大总额、最小总额、总额的平均值。

　　为实现此需求，需要先对 payment 表以 staff_id 字段进行分组，计算出每组的 amount 总和，然后以此作为派生表，在其中计算统计结果。下面是派生表的查询语句。

```
select
  staff_id,
  sum(amount) as total
from payment
group by
  staff_id;
```

查询结果如下：

```
+----------+----------+
| staff_id | total    |
+----------+----------+
|        1 | 33489.47 |
|        2 | 33927.04 |
+----------+----------+
```

然后以此作为查询目标，统计最大值、最小值、平均值，整体的示例代码如下所示。

代码 6-10　派生表示例

```
# 查询语句
select
  max(total),
  min(total),
  avg(total)
from (
  select
    staff_id,
    sum(amount) as total
  from payment
  group by
    staff_id
) as sales;

# 查询结果
+------------+------------+--------------+
| max(total) | min(total) | avg(total)   |
+------------+------------+--------------+
|   33927.04 |   33489.47 | 33708.255000 |
+------------+------------+--------------+
```

　　需要注意，必须为派生表指定别名，此示例中指定了别名 sales，虽然查询过程中并没有用到这个别名，但也必须指定，否则会报错，可以把上面查询语句中的别名去掉。

```
select
  max(total),
  min(total),
  avg(total)
from (
  select
    staff_id,
    sum(amount) as total
  from payment
  group by
    staff_id
);
```

语句的最后已经去掉了别名 sales，然后执行语句，得到如下返回结果：

```
ERROR 1248 (42000): Every derived table must have its own alias
```

给出了错误提示：每个派生表都必须指定别名。

6.3.3　相关子查询

扫一扫，看视频

　　在之前的例子中，子查询都是独立的，可以直接运行，而一个相关子查询会用到外层查询中的数据，是依赖于外层查询的，不能独立执行。相关子查询会为外层查询中的每条记录都执行一次。下面通过示例来说明相关子查询的用法。

　　【示例】图 6-24 中有两张表，film 是电影表，film_category 是电影分类表，其中记录了每部电影所属的分类，film.rental_rate 字段表示此部电影的出租率，现在需要查询出高于分类平均出租率的影片信息，如影片 A 属于分类 1，其出租率为 3.2，分类 1 中影片的平均出租率为 3，那么影片 A 就应出现在查询结果中。

　　为实现此需求，需要关联 film 与 film_category 表，这样才能得到影片所属的分类 ID，还需要计算出影片所属分类的平均出租率。如分类 1，其平均出租率的查询方法如下：

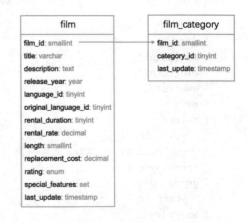

图 6-24　相关子查询示例表

```
select
  avg(rental_rate)
from
  film f
left join film_category c
  on f.film_id=c.film_id
where category_id=1;
```

查询大于所属分类平均出租率的影片，语句如下：

```
select
  film.film_id,
  film.rental_rate,
  cate.category_id
from
  film
left join film_category cate
  on film.film_id=cate.film_id
where
  rental_rate > 本分类平均出租率;
```

其中，"本分类平均出租率"需要使用上条查询语句来取得，将其作为子查询替换过来，但需要把分类 ID 传递进入，最终完成的查询语句如下所示。

代码 6-11　相关子查询示例

```
# 查询语句
select
  film.film_id,
  film.rental_rate,
  cate.category_id
from
  film
left join film_category cate
  on film.film_id=cate.film_id
where rental_rate > (
    select
      avg(rental_rate)
    from
      film f
    left join film_category c
      on f.film_id=c.film_id
    where
      cate.category_id=c.category_id
)
limit 10;

# 查询结果
+---------+-------------+-------------+
| film_id | rental_rate | category_id |
+---------+-------------+-------------+
|       2 |        4.99 |          11 |
|       3 |        2.99 |           6 |
|       5 |        2.99 |           8 |
|       7 |        4.99 |           5 |
|       8 |        4.99 |          11 |
```

```
|    10    |    4.99    |    15    |
|    13    |    4.99    |    11    |
|    20    |    4.99    |    12    |
|    21    |    4.99    |     1    |
|    28    |    4.99    |     5    |
+----------+------------+----------+
```

子查询 WHERE 语句中引用了外层查询记录的分类 ID，这样就形成了相关子查询。外层查询结果中的每条记录都会把自己的分类 ID 传给子查询，获取自己所在分类的平均出租率，然后和自己的出租率比较，若高于平均出租率，就将该条记录放入结果集。

6.3.4   EXISTS 运算符

扫一扫，看视频

EXISTS 是一个布尔型的运算符，返回 true 或者 false，EXISTS 运算符通常用于判断子查询是否返回了记录。EXISTS 基本语法如下：

```
SELECT
    ...
FROM
    table_name
WHERE
    [NOT] EXISTS(子查询);
```

如果子查询至少返回了一条记录，EXISTS 就返回 true；否则返回 false。只要子查询中发现了符合条件的记录，EXISTS 就会立即终止，因为已经可以得到结果 true 了，所以在只需要判断是否有返回记录的场景下使用 EXISTS 运算符性能是很好的。

在子查询的 SELECT 关键字后面指定的返回内容都是被忽略的，如使用 "SELECT *" "SELECT column1, column2, ..." "SELECT 一个常量"，或者其他形式，对于 EXISTS 来讲都是一样的，因为 EXISTS 只关心是否有返回值，所以无论 SELECT 指定什么都会被忽略。下面通过示例来理解 EXISTS 的用法。

【示例】如图 6-25 所示，支付表（payment）中的 customer_id 字段记录了支付的客户 ID，现在需要查询出产生过支付记录的客户信息。

为了实现此需求，可以使用相关子查询和 EXISTS 运算符，外层直接从 customer 表中查询，然后把 customer_id 传递给子查询，子查询从 payment 表中查询是否有此 customer_id 的记录，这种 "是否有记录" 的需求正适合使用 EXISTS。完整的查询代码如下所示。

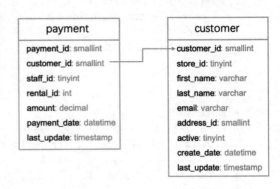

图 6-25   EXISTS 示例表

代码 6-12　EXISTS 示例

```
# 查询语句
select
  customer_id,
  concat(first_name, ' ', last_name) as name
from
  customer
where
  exists(
    select 1
    from payment
    where
      payment.customer_id=customer.customer_id
)
limit 10;

# 查询结果
+-------------+------------------+
| customer_id | name             |
+-------------+------------------+
|           1 | MARY SMITH       |
|           2 | PATRICIA JOHNSON |
|           3 | LINDA WILLIAMS   |
|           4 | BARBARA JONES    |
|           5 | ELIZABETH BROWN  |
|           6 | JENNIFER DAVIS   |
|           7 | MARIA MILLER     |
|           8 | SUSAN WILSON     |
|           9 | MARGARET MOORE   |
|          10 | DOROTHY TAYLOR   |
+-------------+------------------+
```

6.4　视　　图

　　视图可以理解为一个虚拟表，可以像正常数据表一样对其进行操作，但视图并不存储数据，是从其他表中抽象出来的，所以是虚拟表。

　　"抽象"实际就是执行 SELECT 语句的结果，例如一个最简单的情况，对一张表执行"SELECT * …"，其结果就可以作为一个视图。也可以从一张表中选出某几列、某几行作为一个视图，还可以从多张表中各自提取某些列与行组成一个视图。视图的结构如图 6-26 所示。

　　视图实际保存的是 SELECT 语句，使用视图时会执行 SELECT 语句形成临时表，而不会存储实际的数据，在表中数据变更之后，视图中的数据自然也会跟着变化。视图是一张或多张表的数据抽象，这个特性适用于很多场景，例如：

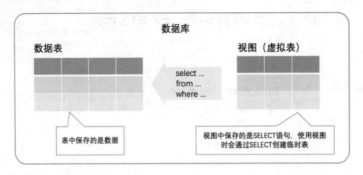

图 6-26　视图

（1）对于数据的统计分析，通常是从多张表中查询数据进行汇总，所以其 SELECT 语句会非常复杂，而且使用频率也很高，这种情况就可以使用视图，将 SELECT 语句创建为视图，以后直接调用视图就可以得到统计结果了。

（2）表中可能会有敏感的字段，如员工工资，那么就可以为非敏感字段创建一个视图，平时的常规操作只操作视图就可以了，让普通用户只能看到视图中定义的字段，提高了数据的安全性。

视图的相关操作主要包括：

- 创建视图。
- 查看视图。
- 修改视图。
- 删除视图。
- 视图数据操作。

6.4.1　创建视图

扫一扫，看视频

视图是虚拟表，不是物理上真实存在的表，其数据是来自其他表，所以创建视图是基于查询语句的，语法如下：

```
CREATE VIEW view_name AS
  SELECT column1, column2, ...
  FROM table_name
  WHERE condition;
```

视图名不能与已经存在的表名、视图名重复。创建好视图之后，不用担心数据只是当下的，视图总是会使用最新的数据，用户每次查询视图时，MySQL 都会执行查询语句获取最新数据。

【示例】图 6-27 是客户表（customer），其中的 store_id 字段表示这个客户所属的店的 ID。

现在需要创建一个视图，视图中包括的是 store_id 为 1 的客户列表，示例代码如下：

customer
customer_id: smallint
store_id: tinyint
first_name: varchar
last_name: varchar
email: varchar
address_id: smallint
active: tinyint
create_date: datetime
last_update: timestamp

图 6-27　创建视图示例表

代码 6-13　创建视图示例

```
create view view_customers_store1 as
  select *
  from customer
  where store_id = 1;
```

视图执行完成之后，就可以像使用普通数据表一样，查询视图中的数据。

```
# 查询语句
select
  customer_id,
  first_name,
  last_name,
  store_id
from
  view_customers_store1
limit 10;

# 查询结果
+-------------+------------+-----------+----------+
| customer_id | first_name | last_name | store_id |
+-------------+------------+-----------+----------+
|           1 | MARY       | SMITH     |        1 |
|           2 | PATRICIA   | JOHNSON   |        1 |
|           3 | LINDA      | WILLIAMS  |        1 |
|           5 | ELIZABETH  | BROWN     |        1 |
|           7 | MARIA      | MILLER    |        1 |
|          10 | DOROTHY    | TAYLOR    |        1 |
|          12 | NANCY      | THOMAS    |        1 |
|          15 | HELEN      | HARRIS    |        1 |
|          17 | DONNA      | THOMPSON  |        1 |
|          19 | RUTH       | MARTINEZ  |        1 |
+-------------+------------+-----------+----------+
```

从查询结果中可以看出，客户记录的 store_id 都是 1，符合预期。这个示例中的查询语句比较简单，实际上复杂查询也是没问题的，如联合查询、子查询。

6.4.2　查看视图

数据表创建好之后，可以使用 show tables 语句查看数据表列表，其中就包括视图。例如：

```
mysql> show tables;
+----------------------------+
| Tables_in_sakila           |
+----------------------------+
| actor                      |
```

```
| actor_info                   |
| address                      |
| category                     |
| city                         |
| country                      |
| customer                     |
| customer_list                |
| film                         |
| film_actor                   |
| film_category                |
| film_list                    |
| film_text                    |
| inventory                    |
| language                     |
| nicer_but_slower_film_list   |
| payment                      |
| rental                       |
| sales_by_film_category       |
| sales_by_store               |
| staff                        |
| staff_list                   |
| store                        |
| view_customers_store1        |
+------------------------------+
24 rows in set (0.03 sec)
```

列表中的最后一条 view_customers_store1 就是之前创建的视图。这种方法可以列出视图，但和普通的数据表混合在一起不好区分，如果数据表非常多，就比较麻烦了。使用 SHOW FULL TABLES 语句可以更精准地查看视图，语法如下：

```
show full tables
  where table_type = 'view';
```

执行后的查询结果如下：

```
+----------------------------+------------+
| Tables_in_sakila           | Table_type |
+----------------------------+------------+
| actor_info                 | VIEW       |
| customer_list              | VIEW       |
| film_list                  | VIEW       |
| nicer_but_slower_film_list | VIEW       |
| sales_by_film_category     | VIEW       |
| sales_by_store             | VIEW       |
| staff_list                 | VIEW       |
| view_customers_store1      | VIEW       |
+----------------------------+------------+
```

其中列出的都是数据库中的视图，最后一条是之前创建的，其他的都是 sakila 数据本身就创建好的视图。上面的语句是通过指定 table_type 来查找的，还可以通过指定过滤模式来查找，例如：

```
show full tables
  like 'view%';
```

执行后的查询结果如下：

```
+---------------------------+------------+
| Tables_in_sakila (view%)  | Table_type |
+---------------------------+------------+
| view_customers_store1     | VIEW       |
+---------------------------+------------+
```

使用 DESCRIBE | DESC view_name 可以像查看表结构一样查看视图的结构。例如，查看视图 view_customers_store1 的结构：

```
mysql> desc view_customers_store1;
+-------------+---------------------+------+-----+---------------------+-------+
| Field       | Type                | Null | Key | Default             | Extra |
+-------------+---------------------+------+-----+---------------------+-------+
| customer_id | smallint(5) unsigned | NO  |     | 0                   |       |
| store_id    | tinyint(3) unsigned  | NO  |     | NULL                |       |
| first_name  | varchar(45)          | NO  |     | NULL                |       |
| last_name   | varchar(45)          | NO  |     | NULL                |       |
| email       | varchar(50)          | YES |     | NULL                |       |
| address_id  | smallint(5) unsigned | NO  |     | NULL                |       |
| active      | tinyint(1)           | NO  |     | 1                   |       |
| create_date | datetime             | NO  |     | NULL                |       |
| last_update | timestamp            | NO  |     | 0000-00-00 00:00:00 |       |
+-------------+---------------------+------+-----+---------------------+-------+
9 rows in set (0.00 sec)
```

6.4.3 修改视图

数据表有修改的需求，如添加、删除字段，视图同样也有修改的需求。例如，当前视图包含了表中所有的字段，想要删除无用字段，就需要对视图执行修改操作。

可以使用 ALTER 关键字，语法如下：

```
ALTER VIEW view_name AS
  查询语句
```

修改之前创建的视图 view_customers_store1，代码如下：

```
alter view view_customers_store1 as
  select
    customer_id,
    first_name,
```

```
    last_name,
    address_id
  from
    customer
  where
    store_id=1;
```

修改完成之后查询视图的结构：

```
mysql> desc view_customers_store1;
+-------------+-----------------------+------+-----+---------+-------+
| Field       | Type                  | Null | Key | Default | Extra |
+-------------+-----------------------+------+-----+---------+-------+
| customer_id | smallint(5) unsigned  | NO   |     | 0       |       |
| first_name  | varchar(45)           | NO   |     | NULL    |       |
| last_name   | varchar(45)           | NO   |     | NULL    |       |
| address_id  | smallint(5) unsigned  | NO   |     | NULL    |       |
+-------------+-----------------------+------+-----+---------+-------+
4 rows in set (0.01 sec)
```

可以看到视图修改成功了。修改视图还可以使用 CREATE OR REPLACE VIEW 语句，与创建视图的用法一样，只是增加了关键字 OR REPLACE，其同时具有创建和更新的功能，如果视图名称不存在，就创建；否则，执行更新操作，语法如下：

```
create or replace view view_customers_store2 as
  select *
  from customer
  where store_id = 2;
```

例如，视图名 view_customers_store2 目前是不存在的，现在使用 CREATE OR REPLACE VIEW 来定义这个视图，语法如下：

```
create or replace view view_customers_store2 as
  SELECT *
  FROM customer
  WHERE store_id = 2;
```

查看数据表列表：

```
mysql> show tables;
+---------------------------+
| Tables_in_sakila          |
+---------------------------+
| actor                     |
...
| store                     |
| view_customers_store1     |
| view_customers_store2     |
+---------------------------+
```

```
25 rows in set (0.01 sec)
```

可以看到视图 view_customers_store2 创建成功了，再次使用 CREATE OR REPLACE VIEW 来定义这个视图，语句如下：

```
create or replace view view_customers_store2 as
  select
    customer_id,
    first_name,
    last_name,
    address_id
  from customer
  where store_id = 2;
```

执行完成后，查看视图 view_customers_store2 的结构：

```
mysql> desc view_customers_store2;
+-------------+----------------------+------+-----+---------+-------+
| Field       | Type                 | Null | Key | Default | Extra |
+-------------+----------------------+------+-----+---------+-------+
| customer_id | smallint(5) unsigned | NO   |     | 0       |       |
| first_name  | varchar(45)          | NO   |     | NULL    |       |
| last_name   | varchar(45)          | NO   |     | NULL    |       |
| address_id  | smallint(5) unsigned | NO   |     | NULL    |       |
+-------------+----------------------+------+-----+---------+-------+
4 rows in set (0.01 sec)
```

可以看到视图结构已经修改了，这样就验证了 CREATE OR REPLACE VIEW 的功能，当指定的视图不存在时，执行创建操作；否则，执行修改操作。

6.4.4　删除视图

使用 DROP VIEW 语句来删除视图，语法如下：

```
DROP VIEW view_name [,view_name];
```

一次可以删除一个或者多个视图，删除多个时，使用逗号分隔视图名称即可。例如，删除之前创建的视图 view_customers_store1 和 view_customers_store2，执行语句：

```
DROP VIEW view_customers_store1, view_customers_store2;
```

执行之后，使用查看视图结构的方式来验证删除是否成功，执行语句：

```
mysql> desc view_customers_store1;
ERROR 1146 (42S02): Table 'sakila.view_customers_store1' doesn't exist

mysql> desc view_customers_store2;
ERROR 1146 (42S02): Table 'sakila.view_customers_store2' doesn't exist
```

扫一扫，看视频

返回了错误信息，提示此表不存在，说明已经删除成功了。

6.4.5　视图数据操作

扫一扫，看视频

除了可以对视图查询之外，还可以进行插入、修改、删除操作，这意味着可以对视图执行 INSERT、UPDATE、DELETE 操作，实际变更的是底层的数据表。想要对视图进行数据变更操作，在创建视图时，SELECT 语句不能包含如下元素：

- 聚合函数，如 MIN、MAX、SUM、AVG、COUNT。
- DISTINCT。
- GROUP BY 子句。
- HAVING 子句。
- UNION 子句。
- 外连接方式。
- 涉及 FROM 中的表的子查询。
- FROM 中引用不可更新的视图。
- 对底层数据表中字段的多次引用。

下面创建一个可更新的视图，体验视图的更新效果。因为更新操作会影响到原表内容，为了不影响测试数据库 sakila 中的表数据，先新创建一个简单的测试表，以此来测试视图的更新操作。测试表相关语句如下：

```
# 建表
create table demo_product (
    id int auto_increment primary key,
    name varchar(10) not null,
    price int not null
);

# 插入数据
insert into demo_product(name,price) values
  ('pc',7000),
  ('phone',699),
  ('ps4',500);

# 查看表中数据
select * from demo_product;

+----+-------+-------+
| id | name  | price |
+----+-------+-------+
|  1 | PC    |  7000 |
|  2 | Phone |   699 |
|  3 | PS4   |   500 |
+----+-------+-------+
```

创建一个视图，语句如下：

```
create view view_demo_products as
    select
        *
    from
        demo_product
    where
        price > 500;
```

查询视图中的数据：

```
# 查询语句
select * from view_demo_products;

# 查询结果
+----+-------+-------+
| id | name  | price |
+----+-------+-------+
| 1  | PC    | 7000  |
| 2  | Phone | 699   |
+----+-------+-------+
```

使用 DELETE 语句删除视图中 ID 为 2 的记录，执行如下语句：

```
delete from view_demo_products
  where
    id = 2;
```

再次查看视图数据：

```
# 查询语句
select * from view_demo_products;

# 查询结果
+----+------+-------+
| id | name | price |
+----+------+-------+
| 1  | PC   | 7000  |
+----+------+-------+
```

视图中已经没有 ID 为 2 的那条数据了，然后查询原表中的数据：

```
# 查询语句
select * from demo_product;

# 查询结果
+----+------+-------+
| id | name | price |
+----+------+-------+
```

```
| 1 | PC  | 7000 |
| 3 | PS4 |  500 |
+----+------+-------+
```

可以看到，原表中也没有 ID 为 2 的数据了，说明视图中的数据更新就是对底层数据表的操作。

有时希望创建一个可更新的视图，但创建视图之后，不确定这个视图是否可更新，那么可以到系统表中验证一下。例如，列出数据库 sakila 中以 view 开头的表名的可更新情况，执行查询语句：

```
# 查询语句
select
    table_name,
    is_updatable
from
    information_schema.views
where
    table_schema = 'sakila'
    and
    table_name like 'view%';

# 查询结果
+------------------------+--------------+
| table_name             | is_updatable |
+------------------------+--------------+
| view_customers_store1  | YES          |
| view_demo_products     | YES          |
+------------------------+--------------+
```

is_updatable 字段为 YES 说明该视图是可以更新的。

扫一扫，看视频

6.5　小　　结

本章介绍了多表联合查询的各种方式，笛卡儿积是基础，在此之上形成多种连接方法，包括内连接，相当于两表的交集；左外连接，相当于在交集的基础上添加了左表中的内容；右外连接，相当于在交集的基础上添加了右表中的内容；交叉连接，实际上就是笛卡儿积操作。

还有嵌套与查询之内的查询，称为子查询，可以应用在 WHERE 和 FROM 子句中，EXISTS 关键字通常与子查询配合使用，用于判断子查询是否返回内容。视图是在查询之上建立的虚拟表，与普通表的根本区别就是不存储数据。下一章将学习 MySQL 中重要函数的应用。

第 7 章　常 用 函 数

前面学习过程中已经接触过函数了，如 COUNT()、SUM()、AVG()、MAX()、MIN()这些统计函数，还有 CONCAT()字符串连接函数，可以发现函数在查询过程中是很重要的，能够带来非常大的便利。MySQL 提供了非常丰富的函数，如计算类的函数、字符串操作的函数、日期操作的函数、流程控制类的函数，本章的目标就是掌握这些类型函数中的常用操作。

通过本章的学习，可以掌握以下主要内容：

- 数学计算函数。
- 字符串函数。
- 日期函数。
- 流程控制函数。

7.1　数学计算函数

MySQL 数据库中可以存储数字类型的数据，那么在查询数据时自然会有数学计算的需求，如取数据的绝对值、根据四舍五入取值、取相除之后的余数等。MySQL 支持的数学计算函数如表 7-1 所示。

表 7-1　数学计算函数

函 数 名 称	功 能 描 述
ABS()	返回绝对值
CEIL()	返回大于或等于参数的最小整数
FLOOR()	返回不大于参数的最大整数
MOD()	返回相除之后的余数
ROUND()	返回四舍五入结果值
TRUNCATE()	返回按照保留位数的截取结果
ACOS(n)	返回反余弦值
ASIN(n)	返回反正弦值
ATAN()	返回反正切值
ATAN2(n,m), ATAN(m,n)	返回 n 和 m 的反正切值
CONV(n,from_base,to_base)	返回不同进制转换结果
COS(n)	返回余弦值

续表

函 数 名 称	功 能 描 述
COT(n)	返回余切值
CRC32()	返回循环冗余校验值
DEGREES(n)	返回弧度值转为角度值
EXP(n)	返回 e 的 n 次幂
LN(n)	返回 n 的自然对数值
LOG(n,m)	返回以 n 为底 m 的对数
LOG10(),LOG2()	返回以 2、10 为底的对数
PI()	返回圆周率值
POW(),POWER()	返回幂值
RADIANS()	返回角度转为弧度的值
RAND()	返回随机数
SIGN(n)	返回参数的符号，−1、0、1
SIN(n)	返回正弦值
SQRT(n)	返回 n 的平方根
TAN(n)	返回 n 的正切值

其中 ABS()、CEIL()、FLOOR()、MOD()、ROUND()、TRUNCATE()是最为常用的，需要重点学习其用法。

7.1.1 获取绝对值

扫一扫，看视频

ABS()函数用于返回一个数字的绝对值，语法如下：

ABS(n)

参数 n 的类型如下：

- 数字。
- 数字型字符串，如"11"。
- 返回结果为数字的表达式。

代码 7-1 ABS()示例

```
# 查询语句
select
  abs(0),
  abs(-11),
  abs('-123'),
  abs(-1 + 5),
  abs('abc');
```

```
# 查询结果
+--------+---------+-----------+-----------+-----------+
| abs(0) | abs(-11) | abs('-123') | abs(-1 + 5) | abs('abc') |
+--------+---------+-----------+-----------+-----------+
|      0 |      11 |       123 |         4 |         0 |
+--------+---------+-----------+-----------+-----------+
```

7.1.2　数值截取

扫一扫，看视频

TRUNCATE()函数用于截取数值。将一个位数很多的小数保留两位小数，就可以使用 TRUNCATE() 函数，语法如下：

```
TRUNCATE(X,D)
```

参数说明如下。

● X：要被截取的数字。

● D：要截取的位数。如果为 0，就去掉小数部分；如果为负数，就截取小数点前面的部分，被截掉的位填 0，小数部分直接去掉；如果为正数，就截取小数点后面的部分。

代码 7-2　TRUNCATE()示例

```
# 查询语句
select
  truncate(1.234, 1),
  truncate(123.4, -1),
  truncate(12.34, 0);

# 查询结果
+------------------+--------------------+-------------------+
| truncate(1.234, 1) | truncate(123.4, -1) | truncate(12.34, 0) |
+------------------+--------------------+-------------------+
|              1.2 |                120 |                12 |
+------------------+--------------------+-------------------+
```

参数 X 同样支持三种类型：数字、数字型字符串、返回数字的表达式（后面介绍的其他数学函数也是一样的，不再继续强调）。例如：

```
select
  truncate(1.234, 1),
  truncate('123', -1),
  truncate(10/3, 2);
```

返回结果：

```
+------------------+--------------------+-------------------+
| truncate(1.234, 1) | truncate('123', -1) | truncate(10/3, 2) |
```

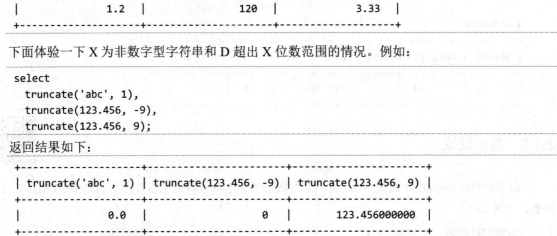

```
|                   1.2 |                 120 |                3.33 |
+----------------------+--------------------+---------------------+
```

下面体验一下 X 为非数字型字符串和 D 超出 X 位数范围的情况。例如：

```
select
  truncate('abc', 1),
  truncate(123.456, -9),
  truncate(123.456, 9);
```

返回结果如下：

```
+-------------------+-----------------------+----------------------+
| truncate('abc', 1) | truncate(123.456, -9) | truncate(123.456, 9) |
+-------------------+-----------------------+----------------------+
|               0.0 |                     0 |          123.456000000 |
+-------------------+-----------------------+----------------------+
```

7.1.3   四舍五入

扫一扫，看视频

ROUND()函数用于计算四舍五入后的数值，语法如下：

```
ROUND(n,[d])
```

参数说明如下。

● n：要进行四舍五入计算的原始数字。

● d：指定保留到哪一位，对后一位进行四舍五入操作。d 为选填，默认值为 0，意思就是保留小数点后的 0 位数字，也就是不要小数部分了，那么就是对小数点后的第一位数字进行四舍五入计算。d 可以为负数，表示从小数点向整数部分找。

代码 7-3   ROUND()示例

```
# 查询语句
select
  round(123.456, 0),
  round(123.456, 1),
  round(123.456, -1),
  round(-123.456, -1);

# 查询结果
+------------------+------------------+-------------------+--------------------+
| round(123.456, 0) | round(123.456, 1) | round(123.456, -1) | round(-123.456, -1) |
+------------------+------------------+-------------------+--------------------+
|              123 |            123.5 |               120 |               -120 |
+------------------+------------------+-------------------+--------------------+
```

下面体验几个特殊情况，例如：

```
# 查询语句
```

```
select
  round(123.456, 5),
  round(123.456, -5),
  round('abc', 5);
```

查询结果

```
+-------------------+--------------------+------------------+
| round(123.456, 5) | round(123.456, -5) | round('abc', 5)  |
+-------------------+--------------------+------------------+
|         123.45600 |                  0 |          0.00000 |
+-------------------+--------------------+------------------+
```

7.1.4　获取余数

扫一扫，看视频

MOD()函数用于获取两个数相除之后的余数，语法如下：

```
MOD(m,n)
```

参数说明如下。

● m：被除数。

● n：除数，如果为 0，则返回 NULL。

代码 7-4　MOD()示例

查询语句

```
select mod(10,3);
```

查询结果

```
+-----------+
| mod(10,3) |
+-----------+
|         1 |
+-----------+
```

MOD()函数有一个同义的符号用法，就是使用"%"，示例代码如下：

查询语句

```
select 10 % 3;
```

查询结果

```
+-----------+
| mod(10,3) |
+-----------+
|         1 |
+-----------+
```

7.1.5　获取整数

扫一扫，看视频

FLOOR()函数与 CEIL()函数都是用来对数字进行取整的，只是它们取整计算的方向不同，区别如下。

（1）FLOOR()：向下取整，获取小于或等于参数的最大整数。

（2）CEIL()：向上取整，获取大于或等于参数的最小整数。

FLOOR()函数语法如下：

```
FLOOR(n)
```

代码 7-5　FLOOR()示例

```
# 查询语句
select
  floor(12.3),
  floor(3),
  floor(-8.5),
  floor('9.99');

# 查询结果
+-------------+----------+-------------+---------------+
| floor(12.3) | floor(3) | floor(-8.5) | floor('9.99') |
+-------------+----------+-------------+---------------+
|          12 |        3 |          -9 |             9 |
+-------------+----------+-------------+---------------+
```

CEIL()函数语法如下：

```
CEIL(n)
```

代码 7-6　CEIL()示例

```
# 查询语句
select
  ceil(12.3),
  ceil(3),
  ceil(-8.5),
  ceil('9.99');

# 查询结果
+------------+---------+------------+--------------+
| ceil(12.3) | ceil(3) | ceil(-8.5) | ceil('9.99') |
+------------+---------+------------+--------------+
|         13 |       3 |         -8 |           10 |
+------------+---------+------------+--------------+
```

7.1.6　获取随机数

扫一扫，看视频

RAND()函数可以返回一个随机数，语法如下：

```
RAND()
```

或者

```
RAND(n)
```

参数说明如下。

● 无参数：返回 0~1 之间的一个随机数，每次返回值都不同。

● 有参数：返回 0~1 之间的一个随机数，相同参数 n 返回值相同。

代码 7-7 RAND()示例

```
# 查询语句
select
  rand(),
  rand(8);

# 查询结果
+--------------------+--------------------+
| rand()             | rand(8)            |
+--------------------+--------------------+
| 0.40932085123378119| 0.15668530311126755|
+--------------------+--------------------+
```

再次执行同样的查询语句。

```
select
  rand(),
  rand(8);
```

返回结果如下：

```
+--------------------+--------------------+
| rand()             | rand(8)            |
+--------------------+--------------------+
| 0.6770222761454268 | 0.15668530311126755|
+--------------------+--------------------+
```

通过对比可以发现，两次执行结果中，rand()函数的返回值不同，而 rand(8)的返回结果是完全一样的。

7.2 字符串函数

字符串处理是 MySQL 中非常重要的操作，用来对数据库中的字符串进行处理，如对多个字符串进行合并，获取字符串的长度，字符串的替换等。MySQL 中通常使用的字符串函数如表 7-2 所示。

表 7-2　字符串函数表

函 数 名 称	功 能 描 述
CONCAT	把多个字符串连接为一个字符串
INSTR	查询子字符串所在索引位置
LENGTH	取得字符串的长度
LEFT	从字符串中获取指定数量的最左边字符
LOWER	转为小写形式
LTRIM	去掉字符串首部空格
REPLACE	替换字符串中的字符串
RIGHT	从字符串中获取指定数量的最右边字符
RTRIM	去掉字符串尾部空格
SUBSTRING	从字符串中的指定位置获取指定长度的子字符串
SUBSTRING_INDEX	指定分隔符，然后指定截取第几个分隔符前面的字符串
TRIM	去掉首尾不想要的字符
FIND_IN_SET	获取指定字符串在一个字符串列表中的位置
FORMAT	数字格式化
UPPER	转为大写形式

对于字符串的操作，可以归为以下几类。

- 字符串拼接：CONCAT()。
- 字符串查找：INSTR()、FIND_IN_SET()。
- 字符串长度：LENGTH()。
- 大小写转换：LOWER()、UPPER()。
- 字符串替换：REPLACE()。
- 去除空格：TRIM()、LTRIM()、RTRIM()。
- 字符串截取：SUBSTRING()、SUBSTRING_INDEX()、LEFT()、RIGHT()。

7.2.1　字符串拼接

扫一扫，看视频

CONCAT()函数可以接收多个字符串参数，把它们拼接成一个字符串，至少需要传入一个参数，否则会报错。语法如下：

```
CONCAT(str1,str2, ... );
```

代码 7-8　CONCAT()示例

```
# 查询语句
select
    concat('hello', ' ', 'world');
```

```
# 查询结果
+----------------------------------+
| concat('hello', ' ', 'world') |
+----------------------------------+
| hello world                    |
+----------------------------------+
```

如果传入的参数中有 NULL，会返回 NULL，例如：

```
# 查询语句
select
  concat('hi', null);

# 查询结果
+--------------------+
| concat('hi', null) |
+--------------------+
| NULL               |
+--------------------+
```

CONCAT()函数有一种特殊形式，名为 CONCAT_WS()，在拼接字符串时可以指定一个分隔符，语法如下：

```
CONCAT_WS(seperator,str1,str2, ... );
```

代码 7-9　CONCAT_WS()示例

```
# 查询语句
select
  concat_ws(',','hi', 'jobs',null);

# 查询结果
+----------------------------------+
| concat_ws(',','hi', 'jobs',null) |
+----------------------------------+
| hi,jobs                          |
+----------------------------------+
```

CONCAT_WS()函数对 NULL 参数的处理分为如下两种情况。

（1）分隔符为 NULL：返回 NULL。

（2）某字符串为 NULL：忽略 NULL，连接其他字符串。

例如，分隔符传入 NULL：

```
# 查询语句
select
  concat_ws(null, 'hi', 'jobs');

# 查询结果
+-------------------------------+
```

```
| concat_ws(null, 'hi', 'jobs') |
+-------------------------------+
| NULL                          |
+-------------------------------+
```

传入 NULL 作为字符串参数：

```
# 查询语句
select
  concat_ws(' ', 'hello', null, 'world');

# 查询结果
+----------------------------------------+
| concat_ws(' ', 'hello', null, 'world') |
+----------------------------------------+
| hello world                            |
+----------------------------------------+
```

7.2.2　字符串查找

扫一扫，看视频

INSTR()函数和 FIND_IN_SET()函数可以实现字符串查找的功能。

1．子字符串定位

有时会需要在一个字符串中定位子字符串的位置，或者判断子字符串是否在字符串当中，就可以使用 INSTR()函数。如果找到子字符串，返回在字符串中的起始位置；否则，返回 0。语法如下：

```
INSTR(str,substr);
```

参数说明如下。

● str：母字符串。
● substr：子字符串。

代码 7-10　INSTR()示例

```
# 查询语句
select
  instr('hello world', 'wor');

# 返回结果
+----------------------------+
| instr('hello world', 'wor') |
+----------------------------+
|                          7 |
+----------------------------+

# 查询语句
```

```
select
  instr('hello world', 'abc');

# 返回结果
+----------------------------+
| instr('hello world', 'abc') |
+----------------------------+
|                          0 |
+----------------------------+
```

INSTR()函数是不区分大小写的，如果需要区分，可以通过添加 BINARY 关键字强制要求，例如：

```
select
  instr('MySQL GOOD', BINARY 'mysql');
```

返回结果如下：

```
+-----------------------------------+
| instr('MySQL GOOD', BINARY 'mysql') |
+-----------------------------------+
|                                 0 |
+-----------------------------------+
```

2. 字符串在字符串列表中的位置

例如，字符串"a,b,c"，其中字符是使用逗号分隔的，这类字符串可以称为是一个字符串列表，如果想定位"b"在这个字符串列表中的位置，可以使用 FIND_IN_SET()函数。语法如下：

```
FIND_IN_SET(str,strlist);
```

参数说明如下。

- str：要查找的字符串。
- strlist：被查找的字符串。

返回值说明如下。

- NULL：参数中有 NULL。
- 0：strlist 中没有找到 str。
- 正数：str 在 strlist 中的位置。

代码 7-11　FIND_IN_SET()示例

```
# 查询语句
select
  find_in_set('b','a,b,c');

# 查询结果
+-------------------------+
| find_in_set('b','a,b,c') |
+-------------------------+
```

```
|                        2  |
+--------------------------+
```

```
# 查询语句
select
  find_in_set('x','a,b,c');
```

```
# 查询结果
+--------------------------+
| find_in_set('x','a,b,c') |
+--------------------------+
|                        0 |
+--------------------------+
```

```
# 查询语句
select
  find_in_set(null,'a,b,c');
```

```
# 查询结果
+---------------------------+
| find_in_set(null,'a,b,c') |
+---------------------------+
|                      NULL |
+---------------------------+
```

7.2.3　获取字符串长度

扫一扫，看视频

LENGTH ()函数可以获取字符串的长度，语法如下：

```
LENGTH(str);
```

代码 7-12　LENGTH()示例

```
# 查询语句
select length('mysql');
```

```
# 查询结果
+-----------------+
| length('mysql') |
+-----------------+
|               5 |
+-----------------+
```

测试中文字符串：

```
# 查询语句
select length('哈喽');
```

```
# 查询结果
+-------------------+
| length('哈喽')    |
+-------------------+
|                 6 |
+-------------------+
```

　　显示的是 6，而不是期望的 2，因为在 UTF8 编码中，每个字符会占用 3 个字节，而 LENGTH()函数返回的就是字节长度，所以返回 6。此种情况更适合使用 CHAR_LENGTH()函数，可以计算字符串中字符长度，语法如下：

```
CHAR_LENGTH(str);
```

代码 7-13　CHAR_LENGTH()示例

```
# 查询语句
select char_length('哈喽');

# 查询结果
+----------------------+
| char_length('哈喽')   |
+----------------------+
|                    2 |
+----------------------+
```

7.2.4　字符串大小写转换

扫一扫，看视频

　　LOWER()函数接收一个字符串参数，返回其小写形式。语法如下：

```
LOWER(str);
```

代码 7-14　LOWER()示例

```
# 查询语句
select
    lower('MySQL');

# 查询结果
+----------------+
| lower('MySQL') |
+----------------+
| mysql          |
+----------------+
```

　　UPPER()函数与 LOWER()函数作用相反，返回传入参数字符串的大写形式。语法如下：

```
UPPER(str);
```

代码 7-15 UPPER()示例

```
# 查询语句
select
    upper('hello world');

# 查询结果
+---------------------+
| upper('hello world') |
+---------------------+
| HELLO WORLD         |
+---------------------+
```

LOWER()函数有一个同功能函数，名为 LCASE()，同样地，UPPER()函数也有一个，名为 UCASE()。

7.2.5 字符串替换

扫一扫，看视频

REPLACE()函数用于字符串替换，语法如下：

```
REPLACE(str,old_str,new_str);
```

参数说明如下。

● str：原始字符串。

● old_str：要被替换的子字符串。·

● new_str：用于替换的新字符串。

这 3 个参数整体的含义就是，使用 new_str 替换 str 中的 old_str。

代码 7-16 REPLACE()示例

```
# 查询语句
select
  replace('hello world', 'hello', 'hi');

# 查询结果
+-----------------------------------+
| replace('hello world', 'hello', 'hi') |
+-----------------------------------+
| hi world                          |
+-----------------------------------+
```

REPLACE()函数常用于对表中数据进行查找替换。例如，URL 使用了绝对地址形式，地址变更后需要对表中数据更新，或者某些字符串的拼写错误了，都可以使用 REPLACE()函数进行更新。用法如下：

```
UPDATE
    table_name
SET
```

```
        column1 = REPLACE(column1,
            string_find,
            string_replace)
WHERE
    conditions;
```

REPLACE()函数对大小写是敏感的，对于要查找的字符串一定要确保大小写正确，例如下面的替换是失败的：

```
select
  replace('hello world', 'Hello', 'Hi');
```

返回结果如下：

```
+---------------------------------------+
| replace('hello world', 'Hello', 'Hi') |
+---------------------------------------+
| hello world                           |
+---------------------------------------+
```

从结果中可以看到，原字符串中的内容并没有被替换，因为大小写不同。

7.2.6　去除首尾空格

扫一扫，看视频

客户端输入的字符串有时不是规范的，其中常见的问题就是字符串的首尾带有空格，所以需要将其去掉。TRIM()、LTRIM()、RTRIM()这 3 个函数可以去除字符串的首尾空格，TRIM()可以同时去掉两边的空格，LTRIM()可以去掉头部空格，RTRIM()可以去掉尾部空格。

1. 同时去掉首尾空格

TRIM()函数可以将字符串首尾不想要的字符去掉，最常见的操作就是去掉首尾空格。语法如下：

```
TRIM([{BOTH|LEADING|TRAILING} [removed_str] FROM] str);
```

参数说明如下。

- BOTH|LEADING|TRAILING：可选，指定删除的方式，BOTH 表示删除首尾，LEADING 表示只删除头部，TRAILING 表示只删除尾部，如不指定，默认为 BOTH。
- removed_str：可选，指定想要删除的字符串，如不指定，默认为删除空格。
- str：原字符串。

其中，FROM 在指定了可选部分后需要使用。

代码 7-17　TRIM()示例

```
# 查询语句——去除首尾空格
select concat(
  '"',
  trim('  hello world  '),
```

```
  '"'
) as '"  hello world  "';

# 查询结果
+-------------------+
| "  hello world  " |
+-------------------+
| "hello world"     |
+-------------------+

# 查询语句——去除头部空格
select concat(
  '"',
  trim(leading from '  hello world  '),
  '"'
) as '"  hello world  "';

# 查询结果
+-------------------+
| "  hello world  " |
+-------------------+
| "hello world  "   |
+-------------------+

# 查询语句——去除尾部空格
select concat(
  '"',
  trim(trailing from '  hello world  '),
  '"'
) as '"  hello world  "';

# 查询结果
+-------------------+
| "  hello world  " |
+-------------------+
| "  hello world"   |
+-------------------+
```

示例中使用 CONCAT()函数在 TRIM()函数的前后添加了引号，用于在查询结果时可以更清晰地看出空格效果。

TRIM()函数除了可以去除空格外，还可以指定想要去除的字符串，例如：

```
# 查询语句
select
  trim('xxx' from 'xxxhi worldxxx');

# 查询结果
```

```
+--------------------------------+
| trim('xxx' from 'xxxhi worldxxx') |
+--------------------------------+
| hi world                       |
+--------------------------------+
```

```
# 查询语句
select
  trim(',' from 'hi world,');
```

```
# 查询结果
+--------------------------+
| trim(',' from 'hi world,') |
+--------------------------+
| hi world                 |
+--------------------------+
```

2. 去除字符串头部空格

如果想去掉字符串头部的空格，使用 TRIM()的方法如下：

```
trim(leading from ' xxx ')
```

为了使用更加方便，MySQL 提供了一个简化函数 LTRIM()，专门用于去除字符串头部空格，用法上简便了很多。语法如下：

```
LTRIM(str);
```

代码 7-18 LTRIM()示例

```
# 查询语句
select
   ltrim('  Hello World.');
```

```
# 查询结果
+------------------------+
| ltrim('  Hello World.') |
+------------------------+
| Hello World.           |
+------------------------+
```

3. 去掉字符串尾部空格

RTRIM()函数的功能与 LTRIM()一样，只是方向相反，用于去除字符串尾部的空格，语法如下：

```
RTRIM(str);
```

代码 7-19 RTRIM()示例

```
# 查询语句
select concat(
```

```
'"',
rtrim('  hello world  '),
'"'
) as '"  hello world  "';

# 查询结果
+--------------------+
| "  hello world  "  |
+--------------------+
| "  hello world"    |
+--------------------+
```

7.2.7　字符串截取

扫一扫，看视频

字符串的截取也是比较常用的功能，SUBSTRING()、SUBSTRING_INDEX()、LEFT()、RIGHT() 这 4 个函数就是用于截取字符串的。

1．指定位置长度截取

SUBSTRING()函数可以根据指定的位置和长度截取字符串，具体有如下两种用法：
（1）只指定位置，不指定长度。
（2）同时指定位置和长度。
只指定位置不指定长度的语法如下：

```
SUBSTRING(str,position);
```

参数说明如下。
● str：被截取的字符串。
● position：整数，指定子字符串在 str 中的开始位置。

position 从 1 开始，str 中的第一个字符的 position 就是 1。例如，str 为 hello world，想要截取子字符串 world，h 的 position 为 1，w 的 position 为 7，就是从 7 开始截取到末尾。

代码 7-20　SUBSTRING()示例（一）

```
# 查询语句
select
  substring('hello world', 7);

# 查询结果
+-----------------------------+
| substring('hello world', 7) |
+-----------------------------+
| world                       |
+-----------------------------+
```

position 也可以为负数，那么 str 的最后一个字符的 position 为-1，倒数第二个字符的 position 为-2，以此类推。例如，字符串 "hello"，各个字符的位置为：

（1）"h" 的 position 为-5。

（2）"e" 的 position 为-4。

（3）"l" 的 position 为-3。

（4）"l" 的 position 为-2。

（5）"o" 的 position 为-1。

如果从-2 开始截取，那么从-2 到末尾的字符串就是 "lo"。

代码 7-21　SUBSTRING()示例（二）

```
# 查询语句
select
  substring('hello world', -3);

# 查询结果
+------------------------------+
| substring('hello world', -3) |
+------------------------------+
| rld                          |
+------------------------------+
```

📢 **注意**

如果 position 指定为 0，那么返回结果就是空字符串。例如：

```
# 查询语句
select
  substring('hello world', 0);

# 查询结果
+-----------------------------+
| substring('hello world', 0) |
+-----------------------------+
|                             |
+-----------------------------+
```

同时指定位置和长度的语法如下：

```
SUBSTRING(str,position,length);
```

参数说明如下。

● str：被截取的字符串。

● position：指定子字符串在 str 中的开始位置。

● length：指定子字符串的长度。

其中，str 与 position 与上一种用法中的含义是一样的，这里增加了 length 参数，上一种用法中没有此参数，截取的方式是从 position 开始一直到字符串的末尾，使用 length 参数之后就可以自定义截取的结束位置。

代码 7–22　SUBSTRING()示例（三）

```
# 查询语句
select
  substring('hello world', 7, 3);

# 查询结果
+-------------------------------+
| substring('hello world', 7, 3) |
+-------------------------------+
| wor                           |
+-------------------------------+

# 查询语句
select
  substring('hello world', -4, 3);

# 查询结果
+--------------------------------+
| substring('hello world', -4, 3) |
+--------------------------------+
| orl                            |
+--------------------------------+
```

2. 根据分隔符截取

SUBSTRING_INDEX()函数允许指定字符串中的某个字符为分隔符，然后根据某个分隔符的位置进行截取，语法如下：

```
SUBSTRING_INDEX(str,delimiter,n)
```

参数说明如下。

● str：被截取的原字符串。
● delimiter：作为分隔符的字符串，对大小写敏感。
● n：指定第几个分隔符，如果为正数，分隔符为从左向右数的第 n 个，截取这个分隔符左边的字符串；如果为负数，分隔符为从右向左数的第 n 个，截取这个分隔符右边的字符串。

假设调用形式如下：

```
substring_index('hello world', 'o', 1)
```

用字母 o 作为分隔符，字符串 hello world 会被分成 3 部分。

● hell。
● w。

- rld。

n 为 1，是正数，从左向右找到第 1 个分隔符，然后截取此分隔符左边的字符串，结果就应该为第一部分 hell。

代码 7-23　SUBSTRING_INDEX()示例（一）

```
# 查询语句
select
    substring_index('hello world', 'o', 1);

# 查询结果
+----------------------------------------+
| substring_index('hello world', 'o', 1) |
+----------------------------------------+
| hell                                   |
+----------------------------------------+
```

n 如果为-1，就要从右向左找到第一个分隔符，然后截取此分隔符右边的字符串，结果应该为第三部分 rld。

代码 7-24　SUBSTRING_INDEX()示例（二）

```
# 查询语句
select
    substring_index('hello world', 'o', -1);

# 查询结果
+-----------------------------------------+
| substring_index('hello world', 'o', -1) |
+-----------------------------------------+
| rld                                     |
+-----------------------------------------+
```

IP 地址是一种典型的自带分隔符的字符串，以此作为截取对象，例如：

```
select
    substring_index('192.168.0.11', '.', 3);
```

查询结果如下：

```
+----------------------------------------+
| substring_index('192.168.0.11', '.', 3) |
+----------------------------------------+
| 192.168.0                              |
+----------------------------------------+
```

3. 从左边截取指定长度字符串

LEFT()函数用于在字符串左边截取指定长度的子字符串，语法如下：

```
LEFT(str,length);
```

参数说明如下。

- str：被截取的原字符串。
- length：截取的长度。

返回值说明如下。

- NULL：如果任何一个参数为 NULL，都会返回 NULL。
- 空字符串：如果 length 为 0 或者负数，返回空字符串。
- str：如果 length 大于 str 长度，返回原字符串 str。

代码 7-25　LEFT()示例

```
# 查询语句
select
  left('hello', 3),
  left('hello', 0),
  left('hello', -1),
  left('hello', 20);

# 查询结果
+-----------------+-----------------+------------------+------------------+
| left('hello', 3) | left('hello', 0) | left('hello', -1) | left('hello', 20) |
+-----------------+-----------------+------------------+------------------+
| hel             |                 |                  | hello            |
+-----------------+-----------------+------------------+------------------+
```

4．从右边截取指定长度字符串

RIGHT()函数与 LEFT()函数功能相同，只是截取方向与其相反，是截取右边。语法如下：

```
RIGHT(str,length);
```

代码 7-26　RIGHT()示例

```
# 查询语句
select
  right('hello', 3),
  right('hello', 0),
  right('hello', -1),
  right('hello', 10);

# 查询结果
+------------------+------------------+-------------------+-------------------+
| right('hello', 3) | right('hello', 0) | right('hello', -1) | right('hello', 10) |
+------------------+------------------+-------------------+-------------------+
| llo              |                  |                   | hello             |
+------------------+------------------+-------------------+-------------------+
```

7.3　日　期　函　数

日期与时间可以用时间戳的形式表示，如 20200809070745，也可以使用我们熟悉的字符串形式，如"2020-08-09 07:04:37"。在使用数据库的过程中经常需要对日期与时间进行格式的转换，或者从中提取关键的信息，如星期几；或者对时间进行计算，如 3 天后的日期是什么。

MySQL 提供了非常丰富的日期操作功能，通常使用的日期函数如表 7-3 所示。

表 7-3　日期函数表

函 数 名 称	功 能 描 述
CURDATE	返回当前时间
DATEDIFF	计算两个日期之间相差的天数
DAY	返回指定日期在当月的天数
DATE_ADD	为日期增加时间，返回计算结果
DATE_SUB	为日期减少时间，返回计算结果
DATE_FORMAT	为日期设置显示格式
DAYNAME	返回指定日期为星期几的名称
DAYOFWEEK	返回指定日期为星期几的索引，从星期日（1）开始
EXTRACT	提取日期的某个部分，例如月
LAST_DAY	返回指定日期所在月的最后一天
NOW	返回当前日期与时间
MONTH	返回指定日期的月份
STR_TO_DATE	基于指定格式把字符串转为日期
SYSDATE	返回当前日期
TIMEDIFF、TIMESTAMPDIFF	计算两个日期之间的时间差
WEEK	返回指定日期为当年的第几周
WEEKDAY	返回指定日期在其周内的天号，从星期一（0）开始
YEAR	返回指定日期的年份

对于日期时间的操作，可以分为以下几类。

- 获取当前日期与时间：NOW()、SYSDATE()、CURDATE()。
- 提取日期与时间：EXTRACT()。
- 日期计算：DATEDIFF()、DATE_ADD()、DATE_SUB()、TIMEDIFF()、TIMESTAMPDIFF()。

7.3.1　获取当前日期与时间

扫一扫，看视频

通常使用 NOW()、SYSDATE()、CURDATE()这 3 个函数来获取当前的日期与时间。

1. NOW()

NOW()函数用于返回当前日期与时间。

代码 7–27　NOW()示例

```
# 查询语句
select now();

# 查询结果
+---------------------+
| now()               |
+---------------------+
| 2020-08-09 07:04:37 |
+---------------------+
```

如果是在数字上下文中，NOW()会返回数字形式，例如：

```
# 查询语句
select now()+1;

# 查询结果
+----------------+
| now() + 1      |
+----------------+
| 20200809070745 |
+----------------+
```

需要注意的是，NOW()返回的是语句执行的时间，例如：

```
# 查询语句
select now(), sleep(5), now();

# 查询结果
+---------------------+----------+---------------------+
| now()               | sleep(5) | now()               |
+---------------------+----------+---------------------+
| 2020-08-09 08:17:04 |        0 | 2020-08-09 08:17:04 |
+---------------------+----------+---------------------+
```

执行时会明显感觉到过了几秒才输出结果，这是因为执行了 sleep()睡眠函数，此语句执行过程如下：

（1）执行第一个 NOW()。

（2）执行 sleep(5)，暂停 5 秒钟。

（3）执行第二个 NOW()。

但是从查询结果中可以看到，两次 NOW()返回的时间是一样的，并没有相差 5 秒，这是因为 NOW()返回的是语句开始被执行的时间。

NOW()在数字上下文中就会使用数字形式,所以可以使用 NOW()对时间进行计算,如计算当前时间前两个小时、后两个小时的日期时间,用法如下:

```
# 查询语句
select
  (now() - interval 2 HOUR) 'before 2 hour',
  now(),
  (now() + interval 2 HOUR) 'after 2 hour';

# 查询结果
+---------------------+---------------------+---------------------+
| before 2 hour       | now()               | after 2 hour        |
+---------------------+---------------------+---------------------+
| 2020-08-09 06:28:48 | 2020-08-09 08:28:48 | 2020-08-09 10:28:48 |
+---------------------+---------------------+---------------------+
```

2. SYSDATE()

SYSDATE()函数的语法如下:

```
SYSDATE(fsp);
```

参数说明如下。

fsp:可选,指定是否使用小数秒精度,可选值为0~6。

代码 7-28 SYSDATE()示例

```
# 查询语句
select sysdate();

# 查询结果
+---------------------+
| sysdate()           |
+---------------------+
| 2020-09-09 08:37:36 |
+---------------------+

# 查询语句
select
  sysdate(0),
  sysdate(3),
  sysdate(6);

# 查询结果
+---------------------+-------------------------+----------------------------+
| sysdate(0)          | sysdate(3)              | sysdate(6)                 |
+---------------------+-------------------------+----------------------------+
| 2020-08-09 08:38:43 | 2020-08-09 08:38:43.552 | 2020-08-09 08:38:43.552509 |
+---------------------+-------------------------+----------------------------+
```

SYSDATE()函数与 DATE()函数正常情况下返回的结果相同，例如：

```
# 查询语句
select
  now(),
  sysdate();

# 查询结果
+---------------------+---------------------+
| now()               | sysdate()           |
+---------------------+---------------------+
| 2020-08-09 08:41:33 | 2020-08-09 08:41:33 |
+---------------------+---------------------+
```

但是它们是有区别的，NOW()函数返回的是语句开始执行的时间，SYSDATE()函数返回的是此函数开始执行的时间，例如：

```
# 查询语句
select
  now(),
  sleep(3),
  sysdate();

# 查询结果
+---------------------+----------+---------------------+
| now()               | sleep(3) | sysdate()           |
+---------------------+----------+---------------------+
| 2020-08-09 08:43:20 |        0 | 2020-08-09 08:43:23 |
+---------------------+----------+---------------------+
```

从查询结果中可以看到二者返回时间的差异，这就是因为执行时间点的不同。

3. CURDATE()

CURDATE()函数用于返回当前日期，不包含时间。

代码 7-29　CURDATE()示例

```
# 查询语句
select curdate();

# 查询结果
+------------+
| curdate()  |
+------------+
| 2020-08-09 |
+------------+
```

CURRENT_DATE 和 CURRENT_DATE()函数与 CURDAET()函数作用相同，例如：

```
# 查询语句
select
  curdate(),
  current_date,
  current_date();

# 查询结果
+------------+--------------+----------------+
| curdate()  | current_date | current_date() |
+------------+--------------+----------------+
| 2020-08-09 | 2020-08-09   | 2020-08-09     |
+------------+--------------+----------------+
```

7.3.2 提取日期与时间

扫一扫，看视频

EXTRACT()函数可以根据指定的时间单位从指定日期中提取各个部分，如提取年、月、日、时、分、秒。语法如下：

```
EXTRACT(date_unit FROM date);
```

参数说明如下。

● date_unit：时间单位。

● date：指定的时间。

其中，FROM 是关键字，不是参数。

代码 7-30 EXTRACT()示例

```
# 查询语句
select extract(day from '2020-07-18 08:14:23');

# 查询结果
+------------------------------------------+
| extract(day from '2020-07-18 08:14:23')  |
+------------------------------------------+
|                                       18 |
+------------------------------------------+
```

此示例中指定的时间单位为"day（天）"，实际上时间单位是非常丰富的，如表 7-4 所示。

表 7-4 时间单位表

单　位	说　明
DAY	日
DAY_HOUR	日 小时
DAY_MICROSECOND	日 毫秒

续表

单 位	说 明
DAY_MINUTE	日 分钟
DAY_SECOND	日 秒
HOUR	小时
HOUR_MICROSECOND	小时 毫秒
HOUR_MINUTE	小时 分钟
HOUR_SECOND	小时 秒
MICROSECOND	毫秒
MINUTE	分钟
MINUTE_MICROSECOND	分钟 毫秒
MINUTE_SECOND	分钟 秒
MONTH	月
QUARTER	季度
SECOND	秒
SECOND_MICROSECOND	秒 毫秒
WEEK	周
YEAR	年
YEAR_MONTH	年 月

例如，提取 day_hour，语句如下：

```
# 查询语句
select extract(day_hour from '2020-07-18 08:14:23');

# 查询结果
+---------------------------------------------+
| extract(day_hour from '2020-07-18 08:14:23') |
+---------------------------------------------+
|                                        1808 |
+---------------------------------------------+
```

结果为 1808，18 是提取出的日期，08 是提取的小时。

例如，提取 day_microsecond，语句如下：

```
# 查询语句
select extract(day_microsecond from '2020-07-18 08:14:23');

# 查询结果
+----------------------------------------------------+
| extract(day_microsecond from '2020-07-18 08:14:23') |
```

```
+---------------------------------------------------+
|                                    18081423000000 |
+---------------------------------------------------+
```

例如，提取 day_minute，语句如下：

```
# 查询语句
select extract(day_minute from '2020-07-18 08:14:23');
```

```
# 查询结果
+-------------------------------------------------+
| extract(day_minute from '2020-07-18 08:14:23') |
+-------------------------------------------------+
|                                          180814 |
+-------------------------------------------------+
```

例如，提取 day_second，语句如下：

```
# 查询语句
select extract(day_second from '2020-07-18 08:14:23');
```

```
# 查询结果
+-------------------------------------------------+
| extract(day_second from '2020-07-18 08:14:23') |
+-------------------------------------------------+
|                                        18081423 |
+-------------------------------------------------+
```

例如，提取 hour，语句如下：

```
# 查询语句
select extract(hour from '2020-07-18 08:14:23');
```

```
# 查询结果
+-------------------------------------------+
| extract(hour from '2020-07-18 08:14:23') |
+-------------------------------------------+
|                                         8 |
+-------------------------------------------+
```

例如，提取季度 quarter，语句如下：

```
# 查询语句
select extract(quarter from '2020-07-18 08:14:23');
```

```
# 查询结果
+----------------------------------------------+
| extract(quarter from '2020-07-18 08:14:23') |
+----------------------------------------------+
```

```
|                                          3          |
+----------------------------------------------------+
```

7.3.3 日期计算

扫一扫，看视频

通过 DATEDIFF()、DATE_ADD()、DATE_SUB()、TIMEDIFF()、TIMESTAMPDIFF()这 5 个函数，可以对日期与时间进行计算。

1. DATEDIFF()

DATEDIFF()函数用于计算两个日期之间相差几天，语法如下：

```
DATEDIFF(date_1,date_2);
```

代码 7–31 DATEDIFF()示例

```
# 查询语句
select datediff('2020-08-27','2020-08-27');

# 查询结果
+--------------------------------------+
| datediff('2020-08-27','2020-08-27') |
+--------------------------------------+
|                                   0  |
+--------------------------------------+


# 查询语句
select datediff('2020-08-17','2020-08-07');

# 查询结果
+--------------------------------------+
| datediff('2020-08-17','2020-08-07') |
+--------------------------------------+
|                                  10  |
+--------------------------------------+
```

如果第一个日期小于第二个日期，会返回负数，例如：

```
# 查询语句
select datediff('2020-08-17','2020-08-27');

# 查询结果
+--------------------------------------+
| datediff('2020-08-17','2020-08-27') |
+--------------------------------------+
|                                 -10  |
+--------------------------------------+
```

实际上正负都没有太大关系，通常关心的是间隔了几天，可以配合绝对值函数 ABS()一起使用，例如：

```
# 查询语句
select abs(
  datediff('2020-08-17','2020-08-27')
) as diff;

# 查询结果
+------+
| diff |
+------+
|   10 |
+------+
```

2. DATE_ADD()

DATE_ADD()函数用于在指定日期上添加指定单位的时间。语法如下：

```
DATE_ADD(start_date, INTERVAL expr unit);
```

参数说明如下。

- start_date：基础日期时间。
- INTERVAL expr unit：要添加的时间值，以及时间单位，此处的时间单位如表 7-4 所示。

代码 7-32　DATE_ADD()示例

```
# 查询语句
select
    date_add('2020-08-01 23:59:58',
        interval 2 second) as 'after 2 second';

# 查询结果
+---------------------+
| after 2 second      |
+---------------------+
| 2020-08-02 00:00:00 |
+---------------------+
```

要添加的时间也可以是负数，相当于计算之前的时间，例如计算 1 天 8 小时之前的日期时间，语句如下：

```
# 查询语句
select date_add('2020-01-01 10:00:00',
    interval '-1 8' day_hour) result;

# 查询结果
+---------------------+
| result              |
```

```
+---------------------+
| 2019-12-31 02:00:00 |
+---------------------+
```

3. DATE_SUB()

DATE_SUB()与 DATE_ADD()函数的用法相同，只是作用相反，DATE_SUB()函数用于在指定日期上减去指定单位的时间值。语法如下：

```
DATE_SUB(start_date,INTERVAL expr unit);
```

参数的含义与 DATE_ADD()函数相同。

代码 7-33　DATE_SUB()示例

```
# 查询语句
select
    date_sub('2020-08-01 00:00:01',
        interval 2 second) as 'before 2 second';

# 查询结果
+---------------------+
| before 2 second     |
+---------------------+
| 2020-07-31 23:59:59 |
+---------------------+

# 查询语句
select
    date_sub('2020-08-01 00:00:01',
        interval 1 day) as 'before 1 day';

# 查询结果
+---------------------+
| before 1 day        |
+---------------------+
| 2020-07-31 00:00:01 |
+---------------------+
```

4. TIMEDIFF()

TIMEDIFF()函数用于计算两个日期时间参数的时间差。语法如下：

```
TIMEDIFF(date1, date2);
```

需要传入两个日期时间参数，数据类型必须一致，TIME 或者 DATETIME 类型，示例代码如下。

代码 7-34　TIMEDIFF()示例

```
# 查询语句
select timediff('13:00:00','09:00:00');
```

```
# 查询结果
+--------------------------------+
| timediff('13:00:00','09:00:00') |
+--------------------------------+
| 04:00:00                       |
+--------------------------------+
```

```
# 查询语句
select
  timediff(
    '2020-08-01 08:00:00',
    '2020-08-02 07:00:00') as diff;
```

```
# 查询结果
+-----------+
| diff      |
+-----------+
| -23:00:00 |
+-----------+
```

5. TIMESTAMPDIFF()

TIMESTAMPDIFF()函数用于计算两个日期的时间差，可以指定时间单位，语法如下：

```
TIMESTAMPDIFF(unit,start,end);
```

TIMESTAMPDIFF()函数会使用 start 减去 end，时间类型需使用 DATE 或者 DATETIME。unit 可以使用如下时间单位：

- MICROSECOND。
- SECOND。
- MINUTE。
- HOUR。
- DAY。
- WEEK。
- MONTH。
- QUARTER。
- YEAR。

代码 7–35　TIMESTAMPDIFF()示例

```
# 查询语句
select
    timestampdiff(month, '2020-03-01', '2020-06-02');
```

```
# 查询结果
```

```
+------------------------------------------------+
| timestampdiff(month, '2020-03-01', '2020-06-02') |
+------------------------------------------------+
|                                              3 |
+------------------------------------------------+
```

```
# 查询语句
select
    timestampdiff(day, '2020-03-01', '2020-06-02');
```

```
# 查询结果
+----------------------------------------------+
| timestampdiff(day, '2020-03-01', '2020-06-02') |
+----------------------------------------------+
|                                           93 |
+----------------------------------------------+
```

```
# 查询语句
select
    timestampdiff(minute, '2020-03-01 12:00:00', '2020-03-01 13:45:00');
```

```
# 查询结果
+--------------------------------------------------------------------+
| timestampdiff(minute, '2020-03-01 12:00:00', '2020-03-01 13:45:00') |
+--------------------------------------------------------------------+
|                                                                105 |
+--------------------------------------------------------------------+
```

7.4 流程控制函数

使用流程控制函数可以在 SQL 语句中添加 if-else-then 逻辑，下面 4 种是最常用的流程控制函数。

（1）CASE：包括 3 个分支子句，如果某个 WHEN 的条件满足了，就返回其对应的 THEN 分支，如果所有的 WHEN 条件都不满足，就返回 ELSE 分支的结果。

（2）IF：根据条件返回一个值。

（3）IFNULL：如果不为空，返回第 1 个参数；否则返回第 2 个参数。

（4）NULLIF：如果两个参数相等，返回 NULL；否则返回第 1 个参数。

7.4.1 CASE 表达式

扫一扫，看视频

CASE 表达式是一个流程控制的结构，允许在语句中添加 if-else 逻辑，支持使用表达式的地方都可以使用 CASE，如 SELECT、WHERE、ORDER BY 关键字。语法如下：

```
CASE
   WHEN expr1 THEN result1
   WHEN expr2 THEN result2
   …
   [ELSE result_else]
END
```

如果 expr1 成立，就返回 result1；否则继续向下判断 expr2 是否成立，如果所有的 WHEN 语句都不满足，就返回 ELSE 分支中的 result_else。

【示例】还是以 sakila 数据库为例，如图 7-1 所示，customer 表中 first_name、last_name 字段定义了客户名称，store_id 定义了此客户所属的分店。现在需要列出客户名称，排序的字段需要根据 store_id 值来指定，如果 store_id 为 1，就使用 first_name；否则就使用 last_name。

为实现此需求，需要在 ORDER BY 中使用 CASE 进行流程控制，控制语句如下：

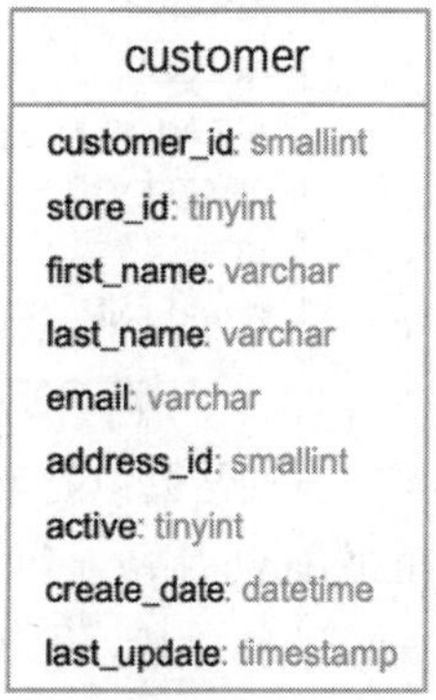

customer
customer_id: smallint
store_id: tinyint
first_name: varchar
last_name: varchar
email: varchar
address_id: smallint
active: tinyint
create_date: datetime
last_update: timestamp

图 7-1　customer 表结构

```
case
    when store_id = 1
        then first_name
    else last_name
end
```

上面的语句中定义了一个 WHEN 分支，指定的条件为 "store_id=1"，如果条件满足，就返回其 THEN 分支中的 first_name；否则，返回 ELSE 分支中的 last_name。这样就满足了排序时的逻辑需求，示例代码如下。

代码 7-36　CASE() 示例

```
# 查询语句
select
  first_name,
  last_name,
  store_id
from
  customer
order by(
  case
    when store_id = 1
      then first_name
    else last_name
  end
)
limit 10;

# 查询结果
+-------------+-----------+----------+
```

```
| first_name  | last_name  | store_id |
+-------------+------------+----------+
| ADAM        | GOOCH      |        1 |
| KATHLEEN    | ADAMS      |        2 |
| ALAN        | KAHN       |        1 |
| ALBERT      | CROUSE     |        1 |
| ALICE       | STEWART    |        1 |
| ALICIA      | MILLS      |        1 |
| ALLAN       | CORNISH    |        1 |
| SHIRLEY     | ALLEN      |        2 |
| ALMA        | AUSTIN     |        1 |
| CHARLENE    | ALVAREZ    |        2 |
+-------------+------------+----------+
```

查询结果中的第 1 条记录 store_id 为 1，所以参与排序的是 first_name 字段，第 2 条记录 store_id 为 2，所以参与排序的是 last_name 字段，第 3 条记录 store_id 为 1，又使用 first_name 排序，所以排序字段是来回交替的，如图 7-2 所示。

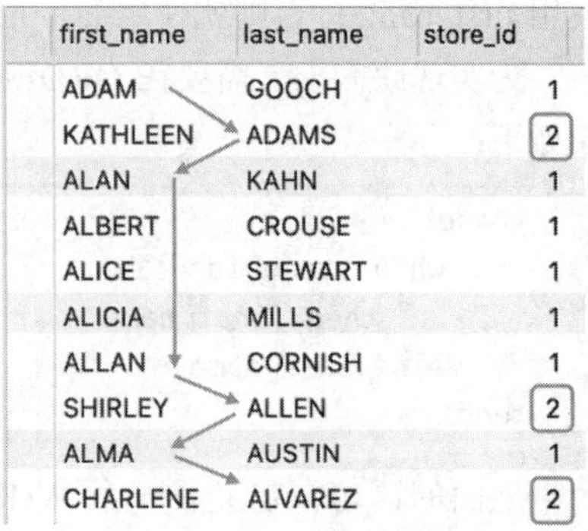

first_name	last_name	store_id
ADAM	GOOCH	1
KATHLEEN	ADAMS	2
ALAN	KAHN	1
ALBERT	CROUSE	1
ALICE	STEWART	1
ALICIA	MILLS	1
ALLAN	CORNISH	1
SHIRLEY	ALLEN	2
ALMA	AUSTIN	1
CHARLENE	ALVAREZ	2

图 7-2　排序字段路线图

7.4.2　IF()函数

扫一扫，看视频

IF()函数用于根据判断条件来决定返回的值，语法如下：

```
IF(expr,value_true,value_false);
```

参数说明如下。

● expr：根据此值为 true 或 false 来决定返回第 2 个参数还是第 3 个参数。
● value_true：expr 返回值如果为 true，返回此参数。
● value_false：expr 返回值如果为 false，返回此参数。

代码 7-37　IF()示例（一）

```
# 查询语句
select if(4 = 8,1,0);

# 查询结果
+---------------+
| if(4 = 8,1,0) |
+---------------+
|             0 |
+---------------+

# 查询语句
select if(4 = 4,1,0);

# 查询结果
```

```
+---------------+
| if(4 = 4,1,0) |
+---------------+
|             1 |
+---------------+
```

第 1 个语句中 "4=8" 返回值为 false，所以 IF 函数返回第 2 个参数 "0"。而在第 2 个语句中，"4=4" 返回值为 true，所以 IF 函数返回第 1 个参数 "1"。

【示例】还以 sakila 数据库中的 customer 表为例，列出客户的名称和激活状态，active 字段为激活状态，其值为 1（激活）或 0（未激活），希望在查询结果中不以 0 或 1 的形式显示，如果为 1 就显示 "已激活"，否则显示 "未激活"。

为实现此需求，可以使用 IF() 函数对 active 字段进行判断，返回相应信息。

代码 7-38　IF() 示例（二）

```
# 查询语句
select
  first_name,
  last_name,
  if(active=1, '已激活', '未激活') active
from
  customer
limit 10;

# 查询结果
+------------+------------+-----------+
| first_name | last_name  | active    |
+------------+------------+-----------+
| MARY       | SMITH      | 已激活     |
| PATRICIA   | JOHNSON    | 已激活     |
| LINDA      | WILLIAMS   | 已激活     |
| BARBARA    | JONES      | 已激活     |
| ELIZABETH  | BROWN      | 已激活     |
| JENNIFER   | DAVIS      | 已激活     |
| MARIA      | MILLER     | 已激活     |
| SUSAN      | WILSON     | 已激活     |
| MARGARET   | MOORE      | 已激活     |
| DOROTHY    | TAYLOR     | 已激活     |
+------------+------------+-----------+
```

7.4.3　IFNULL() 函数

扫一扫，看视频

IFNULL() 函数语法如下：

```
IFNULL(expr1,expr2);
```

如果 expr1 不为 NULL，则返回 expr1；否则返回 expr2。

代码 7-39　IFNULL()示例

```
# 查询语句
select ifnull(3,9);

# 查询结果
+-------------+
| ifnull(3,9) |
+-------------+
|           3 |
+-------------+

# 查询语句
select ifnull('a',8);

# 查询结果
+---------------+
| ifnull('a',8) |
+---------------+
| a             |
+---------------+

# 查询语句
select ifnull(null,'hello');

# 查询结果
+----------------------+
| ifnull(null,'hello') |
+----------------------+
| hello                |
+----------------------+
```

7.4.4　NULLIF()函数

扫一扫，看视频

通过 NULLIF()函数可以比较两个表达式，如果相同，则返回 NULL；否则返回第一个表达式。NULLIF()函数的语法如下：

```
NULLIF(expr1,expr2);
```

如果 expr1 和 expr2 相等，NULLIF 就会返回 NULL；否则返回 expr1。NULLIF()函数的作用与下面的 CASE 语句的用法是一致的。

```
CASE
  WHEN expr1 = expr2
    THEN NULL
```

```
    ELSE
      expr1
END
```

代码 7-40　NULLIF()示例

```
# 查询语句
select nullif(1,1);

# 查询结果
+-------------+
| NULLIF(1,1) |
+-------------+
|        NULL |
+-------------+

# 查询语句
select nullif('hello','hello');

# 查询结果
+------------------------+
| NULLIF('hello','hello') |
+------------------------+
| NULL                   |
+------------------------+

# 查询语句
select nullif('hello world','Hello World');

# 查询结果
+------------------------------------+
| NULLIF('hello world','Hello World') |
+------------------------------------+
| NULL                               |
+------------------------------------+
```

7.5　小　　结

扫一扫，看视频

　　本章介绍了 MySQL 中常用的 4 种类型函数，包括数学计算函数、字符串函数、日期函数、流程控制函数，并重点介绍了各类中使用频繁的函数的具体用法，如字符串的拼接、查找、替换、截取、去除首尾字符的字符串处理函数；获取当前日期、提取日期与时间、日期计算的日期与时间处理函数；获取数字的绝对值、取余、取整、四舍五入、获取随机数的数值计算函数和 IF-ELSE 的流程控制函数。

CHAPTER 3

第 3 篇

MySQL 进阶

第8章 触 发 器

MySQL 中数据插入、更新、删除动作都属于一个事件，有时会希望在此类事件发生之后能够自动执行一段自定义的处理逻辑，这种需求就可以通过使用触发器来实现。触发器的操作主要包括触发器的创建、查看、删除。

通过本章的学习，可以掌握以下主要内容：

- 触发器的概念。
- 创建触发器。
- 查看触发器。
- 删除触发器。

8.1 触发器概述

触发器是一段可以被自动触发运行的程序，触发器需要与某个表、某个事件相关联。事件包括数据插入、更新、删除，当目标表中产生了目标事件时，触发器就会被激活调用。例如，可以定义一个触发器，每次在 A 表中插入新数据之前触发。触发器形式如图 8-1 所示。

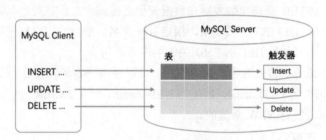

图 8-1　触发器

在 SQL 标准中，触发器可以有以下两种类型。

1. 数据行级别触发器

插入、更新、删除的每一行数据都会激活触发器。例如，一个表中一次有 100 行数据被插入、更新或者删除，那么触发器就会被激活 100 次。

2. 语句级别触发器

每个事务激活一次触发器，无论这一次操作当中涉及多少行数据。MySQL 支持的是行级触发器，不支持语句级别触发器。

触发器的优点如下：

（1）对于检查数据完整性，触发器提供了一种新的方式。

（2）通过触发器，可以在数据库层面来处理错误。

（3）有时需要定时检查目标事件是否发生，如果发生就执行相应的处理逻辑，使用触发器后，就无须使用定时任务来定期检查，可以在目标事件产生时自动处罚执行。

（4）在数据的审核方面，触发器用处极大。

触发器的缺点如下：

（1）触发器只能提供扩展验证。

（2）触发器是自动运行的，客户端不可见，导致触发器的排错是很困难的。

（3）触发器会增加数据的负担，影响性能。

8.2　创建触发器

使用语句 CREATE TRIGGER 创建触发器，下面为基础语法。

```
CREATE TRIGGER <触发器名称>
{BEFORE | AFTER} {INSERT | UPDATE| DELETE }
ON <表名> FOR EACH ROW
<触发器执行内容>;
```

语法解析：首先，指定触发器的名称，必须保证在数据库内是唯一的。然后，指定触发器激活的时机，BEFORE 或者 AFTER 是指定触发器在数据变更之前或者之后执行。其次，指定目标事件，可以是 INSERT、UPDATE、DELETE。接下来，指定目标表名。最后，定义触发器被触发时所执行的语句，如果有多条语句，需要使用 BEGIN END 关键字声明语句块。

在触发器中是可以访问到被修改字段新旧值的，可以使用 NEW、OLD 修饰符来区分。例如，字段 name，修改之前的旧值为 OLD.name，新值为 NEW.name。但是 INSERT 插入操作是没有 OLD 旧值的，DELETE 删除操作是没有 NEW 新值的。

创建触发器可以分为如下 3 类：

● 创建 INSERT 触发器。

● 创建 UPDATE 触发器。

● 创建 DELETE 触发器。

8.2.1　创建 INSERT 触发器

扫一扫，看视频

创建 INSERT 触发器，可以分为 BEFORE、AFTER 两种类型，指定是在插入数据之前触发还是在插入数据之后触发。

1. 创建 BEFORE INSERT 触发器

BEFORE INSERT 触发器会在目标数据表中产生 INSERT 事件之前自动触发。语法如下：

```
CREATE TRIGGER <触发器名称>
    BEFORE INSERT
    ON <表名> FOR EACH ROW
<触发器执行内容>;
```

此处语法与本节开头所述语法一致，只是明确了触发时机为 BEFORE，以及触发事件为 INSERT。

如果触发器需要执行多条语句，那么需要使用 BEGIN END 关键字声明语句块，并且需要修改默认的结尾分隔符，整体用法如下：

```
DELIMITER $$

CREATE TRIGGER <触发器名称>
    BEFORE INSERT
    ON <表名> FOR EACH ROW
BEGIN
    语句
END$$

DELIMITER;
```

其中的第 1 行语句"DELIMITER $$"表示：从现在开始把结尾分隔符改为"$$"，只有以"$$"结尾的语句才算作结束，不再使用默认的分号";"作为结尾分隔符。

之所以要修改结尾分隔符，是因为在触发器所要执行的内容中，每条语句都会使用默认的分号";"结尾，但是实际的结尾是在 END 关键词，所以其内部的";"就不能有结束的作用，便修改了结尾分隔符。

此处使用了"$$"作为新的结尾分隔符，结尾分隔符可以随意定义，使用其他字符也可以，如"||"，只是普遍都会选择使用"$$"。

最后一行语句"DELIMITER ;"的作用是把结尾分隔符再改回默认的分号";"，因为触发器已经定义完成了。下面通过示例来体会 BEFORE INSERT 触发器的用法。

【示例】如图 8-2 所示，product 表记录商品信息，包括商品的 ID、名称、数量，product_stats 表记录了所有商品的总数。现在需要在向 product 表插入数据时增加 product_stats 表中 total_num 的值。如果 total_num 字段还没有记录，就插入记录。

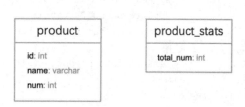

图 8-2　BEFORE INSERT 触发器示例表

为实现此需求，需要使用 BEFORE INSERT 触发器，在插入 product 记录之前，取得 product_stats 表中记录的数量，如果数量小于 1，插入一条记录，total_num 的值为向 product 表插入数据中 num 的值。否则，更新 total_num，增加新的 num 值。

下面为建表语句。

```
# 创建数据库
create database trigger_demo
  default character set utf8mb4
  default collate utf8mb4_general_ci;

# 创建表
create table product (
    id int auto_increment primary key,
    name varchar(100) not null,
    num int not null
);

# 创建表
create table product_stats(
    total_num int not null
);
```

代码 8-1　创建 BEFORE INSERT 触发器示例

```
# 修改结尾分隔符为 "$$"
delimiter $$

# 执行语句——创建触发器
create trigger before_product_insert
before insert
on product for each row
begin
    declare product_stats_count int;

    select count(*)
    into product_stats_count
    from product_stats;

    if product_stats_count > 0 then
        update product_stats
        set total_num = total_num + new.num;
    else
        insert into product_stats values(new.num);
    end if;
end $$

# 修改结尾分隔符为 ";"
delimiter;
```

触发器执行代码体分析：首先，定义了一个变量 product_stats_count，用于存放 product_stats 表中记录的行数。

　　然后，在 SELECT 语句中查询出了 product_stats 表总行数，并把查询结果赋值给了变量 product_stats_count。

　　接下来，在 IF 代码块中判断 product_stats_count 是否大于 0，如果返回值为 true，说明已经有记录了，那么就可以直接修改，在现有 total_num 基础上增加新的 num 值。

　　最后，在 ELSE 代码块中执行了 INSERT 操作，因为 product_stats 表中没有记录，需要插入，此时 total_num 的值为新的 num 值。

　　对触发器进行测试，向 product 表中插入一条数据：

```
insert into product(name, num)
  values('pc',80);
```

此时触发器 before_product_insert 应被自动执行，向 product_stats 表中插入记录，执行查询验证：

```
# 查询语句
select * from product_stats;

# 查询结果
+-----------+
| total_num |
+-----------+
|        80 |
+-----------+
```

　　可以看到已经插入一条记录，total_num 的值为上面 INSERT 语句中 num 字段的值，说明触发器在 product_stats 表中为空时执行正确。下面继续向 product 表插入数据，验证 total_num 更新情况：

```
insert into product(name, num)
  values('phone',20);
```

　　插入了一条新记录，num 字段值为 20，如果触发器 before_product_insert 执行正确，total_num 的值应为 80+20=100，查询验证：

```
# 查询语句
select * from product_stats;

# 查询结果
+-----------+
| total_num |
+-----------+
|       100 |
+-----------+
```

　　查询结果符合预期，触发器执行成功。

2. 创建 AFTER INSERT 触发器

AFTER INSERT 触发器与 BEFORE INSERT 的唯一区别就是执行的时机不同，AFTER INSERT 触

发器是在插入数据之后执行。语法如下：

```
CREATE TRIGGER <触发器名称>
    AFTER INSERT
    ON <表名> FOR EACH ROW
<触发器执行内容>;
```

用法与 BEFORE INSERT 触发器完全一致，下面通过示例来体验其用法。

【示例】如图 8-3 所示，users 表中记录了用户基本信息，其中 email 字段不是必填项，但如果插入数据时没有指定 email 的值，则需要做一个记录，向 logs 表中插入一条数据，标明具体哪个用户 ID 没有设置 email。

为实现此需求，需要使用 AFTER INSERT 触发器，因为需要获取插入后的用户 ID。建表语句如下：

图 8-3　AFTER INSERT 触发器示例表

```
create table users (
    id int auto_increment,
    name varchar(100) not null,
    email varchar(255),
    primary key (id)
);

create table logs (
    id int auto_increment,
    message varchar(255) not null,
    primary key (id)
);
```

代码 8-2　创建 AFTER INSERT 触发器示例

```
# 修改结尾分隔符为 "$$"
delimiter $$

# 执行语句——创建触发器
create trigger after_users_insert
after insert
on users for each row
begin
    if new.email is null then
        insert into logs(message)
        values(concat('id:', new.id, ', name:', new.name, ', email is null'));
    end if;
end $$

# 修改结尾分隔符为 ";"

delimiter;
```

触发器执行体代码分析如下：

IF 代码块中判断插入数据中 email 字段值是否为 NULL，如果返回值为 true，则向 logs 表中插入一条记录，指明某用户的 email 为 NULL。

对触发器 after_users_insert 进行测试，向 users 表中插入一条数据：

```
insert into users(name,email)
  values('dell', null);
```

email 字段为 NULL，触发器应向 logs 表中插入一条记录，查询验证：

```
# 查询语句
select * from logs;

# 查询结果
+----+--------------------------------+
| id | message                        |
+----+--------------------------------+
|  1 | id:1, name:dell, email is null |
+----+--------------------------------+
```

logs 表中已经成功插入了记录，记录中说明 id 为 1 的用户 email 字段为 NULL。下面继续插入一条 users 记录，使 email 不为空，此时触发器 after_users_insert 不应执行，执行插入语句：

```
insert into users(name,email)
  values('jobs', 'abc@a.com');
```

查询 logs 表进行验证：

```
# 查询语句
select * from logs;

# 查询结果
+----+--------------------------------+
| id | message                        |
+----+--------------------------------+
|  1 | id:1, name:dell, email is null |
+----+--------------------------------+
```

logs 表中数据依旧为之前的状态，说明触发器并没有执行，触发器 after_users_insert 执行成功。

8.2.2　创建 UPDATE 触发器

扫一扫，看视频

创建 UPDATE 触发器，可以分为 BEFORE、AFTER 两种类型，指定是在更新数据之前触发还是在更新之后触发。

1. 创建 BEFORE UPDATE 触发器

BEFORE UPDATE 触发器会在目标表中产生数据更新事件之前执行。语法如下：

```
CREATE TRIGGER <触发器名称>
    BEFORE UPDATE
    ON <表名> FOR EACH ROW
<触发器执行内容>;
```

此处语法与本节开头所述语法一致，只是明确了触发时机为 BEFORE，以及触发事件为 UPDATE，用法与创建 INSERT 触发器一致。下面通过示例体会 BEFORE UPDATE 触发器的用法。

【示例】如图 8-2 所示，product 表中记录了商品基本信息，包括商品的数量，现在需要对商品更新的数量添加验证，更新 num 时，值不允许小于 0，如果小于 0，则将更新值改为 0。

为实现此需求，需要使用 BEFORE UPDATE 触发器，因为需要在更新之前对更新值进行验证和修改，在触发器中判断要更新的 num 值，如果小于 0，则将要更新的 num 值改为 0。

代码 8-3　创建 BEFORE UPDATE 触发器示例

```
# 修改结尾分隔符为 "$$"
delimiter $$

# 创建触发器
create trigger before_product_update
before update
on product for each row
begin
    if new.num < 0 then
        set new.num = 0;
    end if;
end $$

# 修改结尾分隔符为 ";"
delimiter;
```

触发器执行体语句分析如下：

在 IF 代码块中对 num 的新值进行判断，如果其值小于 0，则将新值设置为 0，需要使用 set 关键字进行设置，不能直接使用 new.num = 0 的方式。

对触发器 before_product_update 进行测试，更新 product 表中数据，首先查询当前 product 表中数据情况：

```
# 查询语句
select * from product;

# 查询结果
+----+-------+-----+
| id | name  | num |
+----+-------+-----+
|  1 | pc    |  80 |
|  2 | phone |  20 |
+----+-------+-----+
```

以 ID 为 1 的记录为修改目标，将其 num 修改为-1，执行 UPDATE 语句：

```
update product
    set num=-1
where id=1;
```

此时触发器 before_product_update 应被执行，num 的新值小于 0，符合判断条件，会被改为 0，查询 product 表中数据进行验证：

```
# 查询语句
select * from product;

# 查询结果
+----+-------+-----+
| id | name  | num |
+----+-------+-----+
|  1 | pc    |  0  |
|  2 | phone |  20 |
+----+-------+-----+
```

ID 为 1 的记录中，num 字段值为 0，符合预期，说明触发器 before_product_update 执行成功。

2. 创建 AFTER UPDATE 触发器

AFTER UPDATE 触发器与 BEFORE UPDATE 的唯一区别就是执行的时机不同，AFTER UPDATE 触发器是在更新数据之后执行。语法如下：

```
CREATE TRIGGER <触发器名称>
    AFTER UPDATE
    ON <表名> FOR EACH ROW
<触发器执行内容>;
```

用法与 BEFORE UPDATE 触发器完全一致，下面通过示例来体验其用法。

【示例】如图 8-4 所示，使用之前创建的 product 商品表和 logs 日志表，现在要求对 num 更新情况进行监控，如果 num 的新值与旧值相同，则在 logs 中添加一条记录，标明某个商品修改数量没有变化。

为实现此需求，可以使用 AFTER UPDATE 触发器，因为属于事件发生后的记录，在事件发生之前无须做任何处理。

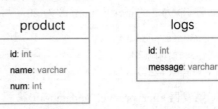

图 8-4　AFTER UPDATE 触发器示例表

代码 8-4　创建 AFTER UPDATE 触发器示例

```
# 修改结尾分隔符为 "$$"
delimiter $$

# 创建触发器
```

```
create trigger after_product_update
after update
on product for each row
begin
    if new.num = old.num then
        insert into logs(message)
          values(concat(old.id, ' no change'));
    end if;
end $$

# 修改结尾分隔符为 ";"

delimiter;
```

触发器执行体代码分析如下：

在 IF 代码块中，对 num 字段的新旧值进行了判断，验证是否相等，如果为 true，则向 logs 表中添加一条记录，说明此次更新并没有产出变动，其中 old.id 为目标记录旧的 ID 值，其新旧值相同。

对触发器 after_product_update 进行测试，更新 product 表中数据，首先查询目前 product 表中数据情况：

```
# 查询语句
select * from product;

# 查询结果
+----+-------+-----+
| id | name  | num |
+----+-------+-----+
|  1 | pc    |   0 |
|  2 | phone |  20 |
+----+-------+-----+
```

将 ID 为 2 的记录中 num 改为 20（与现有值相同），执行 UPDATE 语句：

```
update product
  set num=20
where id=2;
```

触发器 after_product_update 应该被执行，会向 logs 表中添加一条记录，查询 logs 表进行验证：

```
# 查询语句
select * from logs;

# 查询结果
+----+-------------------------------+
| id | message                       |
+----+-------------------------------+
|  1 | id:2, name:dell, email is null |
```

```
| 2 | 2 no change              |
+----+-------------------------+
```

其中 ID 为 1 的记录是之前的示例产生的，ID 为 2 的记录是触发器 after_product_update 插入的，记录了对于 ID 为 2 的这次更新没有变化，说明触发器执行成功。

8.2.3　创建 DELETE 触发器

创建 DELETE 触发器，可以分为 BEFORE、AFTER 两种类型，指定是在删除数据之前触发还是在删除之后触发。

1．创建 BEFORE DELETE 触发器

BEFORE DELETE 触发器会在目标表中产生数据删除事件之前执行。语法如下：

```
CREATE TRIGGER <触发器名称>
    BEFORE DELETE
    ON <表名> FOR EACH ROW
<触发器执行内容>;
```

此处语法与本节开头所述语法一致，只是明确了触发时机为 BEFORE，以及触发事件为 DELETE，用法与创建 INSERT 触发器一致。下面通过示例体会 BEFORE DELETE 触发器的用法。

【示例】如图 8-4 所示，使用之前创建的 product 商品表和 logs 日志表，现在要求在删除 product 表中记录时，向 logs 表中添加一条数据，记录被删除的商品信息。

为实现此需求，可以使用 BEFORE DELETE 触发器在删除之前取得被删除的商品信息，然后插入到 logs 日志表中。

代码 8-5　创建 BEFORE DELETE 触发器示例

```
# 修改结尾分隔符为 "$$"
delimiter $$

# 创建触发器
create trigger before_product_delete
before delete
on product for each row
begin
    insert into logs(message)
        values(concat(old.id, ' ', old.name, ' deleted.'));
end $$

# 修改结尾分隔符为 ";"
delimiter;
```

触发器执行体中只有一条 INSERT 语句，用于把即将被删除的商品信息记录到 logs 日志表中。

对触发器 before_product_delete 进行测试，删除 product 表中数据，首先查询当前 product 表中数据

情况：

```
# 查询语句
select * from product;

# 查询结果
+----+-------+-----+
| id | name  | num |
+----+-------+-----+
|  1 | pc    |   0 |
|  2 | phone |  20 |
+----+-------+-----+
```

下面执行 DELETE 语句，删除掉 product 表中 num 字段值为 0 的记录，执行语句：

```
delete from product
   where num=0;
```

此时触发器 before_product_delete 应被执行，查询 logs 表数据进行验证：

```
# 查询语句
select * from logs;

# 查询结果
+----+--------------------------------+
| id | message                        |
+----+--------------------------------+
|  1 | id:2, name:dell, email is null |
|  2 | 2 no change                    |
|  3 | 1 pc deleted.                  |
+----+--------------------------------+
```

logs 表中 ID 为 3 的记录即为触发器 before_product_delete 添加的，记录了 product 表中 ID 为 1，name 为 "pc" 的记录被删除了，触发器执行成功。

查询当前 product 表中数据的情况：

```
# 查询语句
select * from product;

# 查询结果
+----+-------+-----+
| id | name  | num |
+----+-------+-----+
|  2 | phone |  20 |
+----+-------+-----+
```

可以看到，结果中只有一条记录了，ID 为 1 的记录已经被删除。

2. 创建 AFTER DELETE 触发器

AFTER DELETE 触发器会在目标表中产生数据删除事件之后执行。语法如下：

```
CREATE TRIGGER <触发器名称>
    AFTER DELETE
    ON <表名> FOR EACH ROW
<触发器执行内容>;
```

用法与 BEFORE DELETE 触发器完全一致，下面通过示例来体验其用法。

【示例】如图 8-2 所示，使用之前创建的 product 商品表和 product_stats 商品统计表，product 表中的 num 字段记录着某个商品的数量，product_stats 表中的 total_num 字段记录着所有商品总数。现在要求在删除 product 中的记录时，更新 product_stats 表中商品总数，total_num 字段值减去被删除商品的 num 值。

为实现此需求，可以使用 AFTER DELETE 触发器在商品删除之后更新商品总数，此触发器的执行体内只需要一条 UPDATE 语句。

代码 8-6　创建 AFTER DELETE 触发器示例

```
# 创建触发器
create trigger after_product_delete
after delete
on product for each row
update product_stats
  set total_num=total_num - old.num;
```

触发器 after_product_delete 的执行体内只有一条语句，所以并不需要修改结尾分隔符，UPDATE 语句修改了 product_stats 表中 total_num 字段值，在原值上减去了被删除商品记录的 num 字段值。

对触发器 after_product_delete 进行测试，在执行删除事件之前，先查询一下 product_stats 表中 total_num 字段值，执行查询语句：

```
delete from product
# 查询语句
select * from product_stats;

# 查询结果
+-----------+
| total_num |
+-----------+
|       100 |
+-----------+
```

当前商品总数为 100，下面删除 product 表中仅有的一条数据，执行删除语句：

```
delete from product
  where id=2;
```

此时触发器 after_product_delete 应被执行，为 total_num 减去 20，因为 product 表中 ID 为 2 的记录中 num 字段值为 20，查询 product_stats 表来验证是否修改成功：

```
delete from product
# 查询语句
select * from product_stats;

# 查询结果
+-----------+
| total_num |
+-----------+
|        80 |
+-----------+
```

total_num 的结果与预期相符，说明触发器执行成功。

扫一扫，看视频

8.3　查看触发器

创建触发器之后，有时会需要查看已有触发器的详细信息，使用 SHOW TRIGGERS 语句可以查看所有的触发器，语法如下：

```
SHOW TRIGGERS
[{FROM | IN} database]
[LIKE 'pattern' | WHERE condition];
```

其中，后面两个从句是可选的，下面的用法会列出当前数据库 trigger_demo 中所有的触发器。

```
show triggers \G;

# 返回结果
*************************** 1. row ***************************
          Trigger: before_product_insert
            Event: INSERT
            Table: product
        Statement: begin
    declare product_stats_count int;

    select count(*)
    into product_stats_count
    from product_stats;

    if product_stats_count > 0 then
        update product_stats
        set total_num = total_num + new.num;
    else
        insert into product_stats values(new.num);
```

```
        end if;

   end
                Timing: BEFORE
               Created: 2020-09-12 08:53:59.28
              sql_mode:
ONLY_FULL_GROUP_BY,STRICT_TRANS_TABLES,NO_ZERO_IN_DATE,NO_ZERO_DATE,ERROR_FOR_DIVISION_BY_
ZERO, NO_AUTO_CREATE_USER,NO_ENGINE_SUBSTITUTION
                Definer: root@localhost
  character_set_client: utf8
  collation_connection: utf8_general_ci
    Database Collation: utf8mb4_general_ci
*************************** 2. row ***************************
               Trigger: before_product_update
                 Event: UPDATE
                 Table: product
             Statement: begin
     if new.num < 0 then
        set new.num = 0;
     end if;
   end
                Timing: BEFORE
               Created: 2020-09-12 10:15:12.88
              sql_mode:
ONLY_FULL_GROUP_BY,STRICT_TRANS_TABLES,NO_ZERO_IN_DATE,NO_ZERO_DATE,ERROR_FOR_DIVISION_BY_
ZERO, NO_AUTO_CREATE_USER,NO_ENGINE_SUBSTITUTION
                Definer: root@localhost
  character_set_client: utf8
  collation_connection: utf8_general_ci
    Database Collation: utf8mb4_general_ci
  ...
```

语句 "show triggers \G;" 末尾添加了 "\G"，其作用是按行输出查询结果，如果按列输出会产生折行，非常不容易阅读。上面查询结果只显示了一部分，其余内容省略了，内容结构都是一样的。

从输出结果中可以看到非常详细的触发器信息，包括触发器的名称、目标事件、目标数据表、执行时机、执行语句等，详细说明如下。

- Trigger：触发器名称。
- Event：激活触发器的事件，如 INSERT、UPDATE、DELETE。
- Table：触发器所属的数据表。
- Statement：触发器执行体。
- Timing：触发器激活的时机，BEFORE 或 AFTER。
- Created：触发器创建的时间。
- sql_mode：触发器执行时的 SQL_MODE。
- Definer：创建触发器的用户账号。

- character_set_client：客户端编码。
- collation_connection：校对编码。
- Database Collation：数据库编码。

如果想要列出某个特定数据库中的触发器，需要添加 FROM 或 IN 从句。例如，列出第 6 章导入的 MySQL 示例数据库 sakila 下的所有触发器，语句如下：

```
show triggers
  from sakila\G;

# 返回结果
*************************** 1. row ***************************
           Trigger: customer_create_date
             Event: INSERT
             Table: customer
         Statement: SET NEW.create_date = NOW()
            Timing: BEFORE
           Created: 2020-09-05 06:34:24.50
          sql_mode:
STRICT_TRANS_TABLES,STRICT_ALL_TABLES,NO_ZERO_IN_DATE,NO_ZERO_DATE,ERROR_FOR_DIVISION_BY_Z
ERO,TRADITIONAL,NO_AUTO_CREATE_USER,NO_ENGINE_SUBSTITUTION
           Definer: root@%
character_set_client: utf8mb4
collation_connection: utf8mb4_general_ci
  Database Collation: latin1_swedish_ci
...
```

FROM 与 IN 的作用相同，上面的语句等价于：

```
show triggers
  in sakila\G;
```

扫一扫，看视频

8.4　删除触发器

对于不再需要的触发器，需要删除清理，DROP TRIGGER 语句用于删除触发器，语法如下：

```
DROP TRIGGER [IF EXISTS] [schema_name.]trigger_name;
```

语法分析：首先，在 DROP TRIGGER 关键字后面指定触发器的名称。其次，可以指定触发器所属的表名，可选，如果不指定，则在数据库内根据名称查找触发器删除。最后，使用 IF EXISTS 选项判断目标触发器是否存在，可选，如果不指定，删除不存在的触发器会报错。

在删除数据表时，与此表关联的触发器都会被自动删除。从数据库 trigger_demo 中选择一个触发器进行删除，图 8-5 为当前数据库中的触发器列表。

图 8-5 是使用 MySQL 图形化客户端工具中的查询结果，更便于查看。以方框位置的 before_product_

insert 触发器为删除目标，执行删除语句：

```
drop trigger before_product_insert;
```

执行后再次查询触发器列表，结果如图 8-6 所示。

Trigger	Event	Table	Statement
before_product_insert	INSERT	product	begin
before_product_update	UPDATE	product	begin
after_product_update	UPDATE	product	begin
before_product_delete	DELETE	product	begin
after_product_delete	DELETE	product	update product_stats
after_users_insert	INSERT	users	begin

Trigger	Event	Table	Statement
before_product_update	UPDATE	product	begin
after_product_update	UPDATE	product	begin
before_product_delete	DELETE	product	begin
after_product_delete	DELETE	product	update product_stats
after_users_insert	INSERT	users	begin

图 8-5　触发器列表　　　　　　　　　图 8-6　删除后的触发器列表

可以看到触发器 before_product_insert 已经被删除了。

扫一扫，看视频

8.5　小　　结

　　本章介绍了 MySQL 中触发器的概念，触发器可以与数据表关联，在表中发生目标事件时，如 INSERT、UPDATE、DELETE，可以执行触发器内部定义的 SQL 语句，便于数据变更前后做一些自定义的处理。触发器的操作包括创建触发器、查看触发器、删除触发器，创建触发器可以针对某一事件以及某个时机，使用 BEFORE 或者 AFTER 关键字，非常灵活。使用触发器需要注意其对数据库性能的影响。

　　学习本章之后可以对触发器进行熟练的操作，下一章将学习 MySQL 中的一种编程方式——存储过程。

第 9 章 存 储 过 程

在编程语言中，函数可以封装一段业务逻辑，可以传入参数，可以定义变量，是一种非常有用的处理方式。在 MySQL 中，存储过程可以实现类似的功能。可以将多条 SQL 语句封装在一起，同样可以传入参数，定义变量，实现了 SQL 层面的封装和重用。

存储过程的使用包括创建、查看、删除，以及变量与参数的定义，还有条件判断、循环控制、错误处理、游标、存储函数等。

通过本章的学习，可以掌握以下主要内容：

- 存储过程的概念。
- 创建存储过程。
- 查看存储过程。
- 删除存储过程。
- 变量与参数。
- 条件判断。
- 循环控制。
- 错误处理。
- 游标。
- 存储函数。

扫一扫，看视频

9.1 存储过程概述

简单来说，存储过程就是一套可以重复调用的 SQL 集合。通过下面的例子就可以对存储过程有个清晰的认识。

假设有一个商品表（product），使用如下 SQL 语句进行查询：

```sql
SELECT
    id,
    name,
    category_id,
    num,
    price,
    productDesc
FROM
    product
```

```
ORDER BY
    name;
```

现在想把这个 SQL 语句保存在数据库中，以便以后调用，这时就可以使用存储过程。使用如下代码创建一个存储过程：

```
DELIMITER $$
CREATE PROCEDURE GetProducts()
BEGIN
    SELECT
        id,
        name,
        category_id,
        num,
        price,
        productDesc
    FROM
        product
    ORDER BY
        name;
END $$
DELIMITER;
```

这样就创建好了一个存储过程，名为 GetProducts()，把上面的 SELECT 语句封装了起来，这个存储过程就会保存在 MySQL 中。

以后想执行这个 SELECT 语句，可以直接调用 GetProducts()，调用方法如下：

```
CALL GetProducts();
```

调用之后就会返回与之前 SELECT 语句一样的结果。在第一次调用这个存储过程时，MySQL 会根据其名称在数据库中查找，然后编译存储过程的代码，并缓存在内存中，最后执行这个存储过程。下次调用同一个存储过程时，直接从内存调用执行，不用再次编译。

从这个例子中可以看出，存储过程和函数很像，定义好之后就可以多次重复调用，而且存储过程也可以像函数一样带有参数，内部也可以使用条件判断、循环这种流程控制语句，存储过程内部还可以调用其他的存储过程。

存储过程的优势如下。

1. 减少网络开销

如果不使用存储过程，MySQL 客户端和 MySQL Server 之间需要传输多条 SQL 语句，而使用存储过程之后，只需要传输一个存储过程的名字即可。

2. 业务逻辑集中化

数据库中的存储过程封装好一段业务处理逻辑之后，可以被多个应用调用，使应用之间可以共享。

3. 增强安全性

数据库管理员可以为应用设置合适的权限，使其只能访问指定的存储过程，而不允许访问存储过程中涉及的表，这样就有效地保护了表数据的安全。

存储过程的劣势如下。

1. 资源占用

如果存储过程比较多，那么内存的使用会显著增加。除了内存，存储过程对于 CPU 的占用也是很大的，因为 MySQL 专门用于数据的存储，对于存储过程这种逻辑操作来讲，设计得不是非常好。

2. 问题定位

存储过程的 bug 排查是比较困难的，MySQL 在这方面没有像 Oracle、SQL Server 这种商业数据库做得那么好。

3. 维护

存储过程的开发和维护需要较为特殊的知识技能，不是普通开发人员可以处理的，所以给应用的开发和维护带来了不便。

扫一扫，看视频

9.2　创建存储过程

使用 CREATE PROCEDURE 语句来创建存储过程，语法如下：

```
DELIMITER $$
CREATE PROCEDURE <名称>(<参数列表>)
BEGIN
    <执行语句>;
END $$
DELIMITER;
```

语法分析：首先，指定存储过程的名称，注意保证唯一性。然后，指定参数列表，多个参数之间使用逗号分隔。最后，在 BEGIN-END 代码块之间写入 SQL 语句。

这里也像定义触发器一样使用了 DELIMITER 来修改结尾分隔符（定界符），可以随意使用其他字符，只需要保证 END 后面使用一样的定界符即可。

【示例】还是使用 sakila 数据库，如图 9-1 所示为客户表（customer），现在需要创建一个存储过程，能够查询出 customer 中的 customer_id、first_name、last_name。

为了实现此需求，只需创建一个简单的存储过程，无须传入参数，存储过程中只需要写一条 SELECT 语句。

customer
customer_id: smallint
store_id: tinyint
first_name: varchar
last_name: varchar
email: varchar
address_id: smallint
active: tinyint
create_date: datetime
last_update: timestamp

图 9-1　示例表 customer 结构

代码 9-1　创建存储过程示例

```
# 修改定界符
delimiter $$

# 创建存储过程
create procedure getcustomers()
begin
select
    customer_id,
    first_name,
    last_name
from
    customer
limit 10;
end $$

# 修改定界符
delimiter;
```

创建好之后，调用此存储过程进行测试，使用 CALL 语句进行调用，语句如下：

```
# 调用存储过程
call getcustomers();

# 返回结果
+-------------+------------+-----------+
| customer_id | first_name | last_name |
+-------------+------------+-----------+
|           1 | MARY       | SMITH     |
|           2 | PATRICIA   | JOHNSON   |
|           3 | LINDA      | WILLIAMS  |
|           4 | BARBARA    | JONES     |
|           5 | ELIZABETH  | BROWN     |
|           6 | JENNIFER   | DAVIS     |
|           7 | MARIA      | MILLER    |
|           8 | SUSAN      | WILSON    |
|           9 | MARGARET   | MOORE     |
|          10 | DOROTHY    | TAYLOR    |
+-------------+------------+-----------+
```

可以看到，正常返回了存储过程中 SELECT 语句的查询结果，说明创建存储过程成功。这个示例比较简单，在后面学习了参数、变量、流程控制等知识后，就可以创建出比较复杂的存储过程。

9.3　查看存储过程

扫一扫，看视频

使用 SHOW PROCEDURE STATUS 语句可以列出存储过程，语法如下：

```
SHOW PROCEDURE STATUS
```

```
[LIKE 'pattern' | WHERE search_condition]
```

如果不指定查找条件，只使用 SHOW PROCEDURE STATUS 语句，会返回数据库中所有当前用户权限可以看到的存储过程，返回结果如图 9-2 所示。

Db	Name	Type	Definer	Modified
classicmodels	GetCustomers	PROCEDURE	root@localhost	2020-06-19 11:59:43
sakila	film_in_stock	PROCEDURE	root@%	2020-09-05 06:33:37
sakila	film_not_in_stock	PROCEDURE	root@%	2020-09-05 06:33:37
sakila	getcustomers	PROCEDURE	root@localhost	2020-09-14 03:31:35
sakila	rewards_report	PROCEDURE	root@%	2020-09-05 06:33:37
sys	create_synonym_db	PROCEDURE	mysql.sys@loc	2020-05-15 13:53:34
sys	diagnostics	PROCEDURE	mysql.sys@loc	2020-05-15 13:53:34

图 9-2　存储过程列表

图 9-2 中的内容只是 SHOW PROCEDURE STATUS 语句返回结果的一部分，实际信息中列与行都非常多，不便全部展示。所以，在查看存储过程时，应指定查询条件，例如：

```
# 查询语句
show procedure status
  where db='sakila' \G;

# 返回结果
*************************** 1. row ***************************
                 Db: sakila
               Name: film_in_stock
               Type: PROCEDURE
            Definer: root@%
           Modified: 2020-09-05 06:33:37
            Created: 2020-09-05 06:33:37
      Security_type: DEFINER
            Comment:
character_set_client: utf8mb4
collation_connection: utf8mb4_general_ci
  Database Collation: latin1_swedish_ci
*************************** 2. row ***************************
                 Db: sakila
               Name: film_not_in_stock
               Type: PROCEDURE
            Definer: root@%
           Modified: 2020-09-05 06:33:37
            Created: 2020-09-05 06:33:37
      Security_type: DEFINER
            Comment:
character_set_client: utf8mb4
collation_connection: utf8mb4_general_ci
  Database Collation: latin1_swedish_ci
...
```

还可以使用 LIKE 关键字进行过滤，例如：

```
# 查询语句
show procedure status
  like '%customer%' \G;

# 查询结果
************************** 1. row **************************
                 Db: classicmodels
               Name: GetCustomers
               Type: PROCEDURE
            Definer: root@localhost
           Modified: 2020-06-19 11:59:43
            Created: 2020-06-19 11:59:43
      Security_type: DEFINER
            Comment:
character_set_client: latin1
collation_connection: latin1_swedish_ci
  Database Collation: latin1_swedish_ci
************************** 2. row **************************
                 Db: sakila
               Name: getcustomers
               Type: PROCEDURE
            Definer: root@localhost
           Modified: 2020-09-14 03:31:35
            Created: 2020-09-14 03:31:35
      Security_type: DEFINER
            Comment:
character_set_client: utf8
collation_connection: utf8_general_ci
  Database Collation: latin1_swedish_ci
2 rows in set (0.01 sec)
```

9.4　删除存储过程

扫一扫，看视频

使用 DROP PROCEDURE 语句来删除存储过程，语法如下：

```
DROP PROCEDURE [IF EXISTS] <存储过程名称>;
```

语法分析：首先，指定想要删除的存储过程的名字。在名字前面可以指定数据库名称，如 db1.getproducts，如果不指定数据库名称，则表示在当前数据库中查找此存储过程进行删除。其次，使用 IF EXISTS 选项在删除之前判断目标存储过程是否存在。如果删除一个不存在的存储过程，MySQL 会报错，使用此选项后便可以避免。

例如，删除一个不存在的存储过程，执行删除语句：

```
drop procedure abc;
```

存储过程 abc 是不存在的，所以会报错。

```
ERROR 1305 (42000): PROCEDURE sakila.abc does not exist
```

删除时添加 IF EXISTS 选项，执行删除语句：

```
drop procedure if exists abc;
```

返回信息如下：

```
Query OK, 0 rows affected, 1 warning (0.00 sec)
```

提示执行成功，可以看到添加了 IF EXISTS 选项之后就不会报错。

【示例】删除 9.2 节中创建的存储过程 getcustomers。

为实现此需求，使用 DROP PROCEDURE 语句即可，执行删除语句之前，使用查询存储过程语句列出此存储过程信息，然后执行删除语句，之后再次执行查询存储过程的语句，验证是否成功删除。

代码 9-2　删除存储过程示例

```
# 查询存储过程信息
show procedure status
  where name='getcustomers' \G;

# 查询结果
*************************** 1. row ***************************
                  Db: sakila
                Name: getcustomers
                Type: PROCEDURE
             Definer: root@localhost
            Modified: 2020-09-14 04:11:07
             Created: 2020-09-14 04:11:07
       Security_type: DEFINER
             Comment:
character_set_client: utf8
collation_connection: utf8_general_ci
  Database Collation: latin1_swedish_ci

# 删除存储过程
drop procedure if exists getcustomers;

# 查询存储过程
show procedure status
  where name='getcustomers' \G;

# 查询结果
Empty set (0.01 sec)
```

删除之后的查询结果为空，说明存储过程删除成功。

MySQL 中没有专门的修改存储过程的语句，如果希望修改，需要将现有的存储过程删除后再重新创建。

9.5　变量与参数

在 MySQL 存储过程中一样可以使用变量和参数，变量可以用于存储执行过程中的临时结果数据，参数可以在调用存储过程的时候传入，供存储过程内部使用。

9.5.1　变量

变量是在存储过程执行过程中可以改变值的数据对象，典型的使用场景就是存放 SQL 执行结果，以便后续语句使用。在使用变量之前必须先声明，语法如下：

```
DECLARE var_name data_type(size) [DEFAULT default_value];
```

语法说明：第一，指定变量名。第二，指定数据类型与长度，如同创建数据表时指定字段一样。第三，使用 DEFAULT 关键字为变量设置一个默认值，可选，如果不指定，则变量的值为 NULL。

例如，声明一个变量，名为 amount，数据类型为 DEC(8,3)，指定默认值为 0.0，执行语句：

```
declare amount dec(8,3) default 0.0;
```

在声明变量时，一次可以声明多个变量，它们具有相同的数据类型和默认值。例如，一次声明 3 个变量：a、b、c，数据类型都是 INT，默认值都为 1，执行语句：

```
declare a,b,c int default 1;
```

声明完变量之后，就可以对变量进行读写了。读取变量很简单，只需要引用变量名即可，但为变量赋值的时候不能直接使用 var_name = xxx 这种方式，需要使用 SET 语句，语法如下：

```
SET var_name = value;
```

除了使用 SET 语句，还可以使用 SELECT INTO 语句为变量赋值，例如：

```
# 变量声明
declare total_num int default 0;

# 使用 SELECT INTO 赋值
select count(*)
into total_num
from users;
```

在这个示例中，首先声明了一个变量，命名为 total_num，数据类型为 INT，默认值为 0。然后使用 SELECT INTO 语句为变量 total_num 赋值，从 users 表中读取记录总数，赋值给 total_num。

下面做一个完整的示例，在创建存储过程时使用变量。

代码 9-3　变量示例

```
# 修改定界符
delimiter $$

# 创建存储过程
create procedure getTotalCustomer()
begin
    declare num int default 0;

    select count(*)
    into num
    from customer;

    select num;
end $$

# 修改定界符
delimiter;
```

示例代码说明：首先，声明了一个变量 num，数据类型为 INT，默认值为 0。然后，使用 SELECT INTO 语句把变量 num 的值设置为了 customer 表的总记录数。最后，使用 SELECT 语句查询出变量 num 的值，也就是 customer 表的总记录数。

调用存储过程 getTotalCustomer 验证执行效果，执行调用语句：

```
# 调用语句
call getTotalCustomer();

# 执行结果
+------+
| num  |
+------+
| 599  |
+------+
```

9.5.2　参数

扫一扫，看视频

大多数情况下存储过程都是需要使用参数的，这样才能更加灵活，参数有以下三种模式。

（1）IN：默认模式。如果在存储过程中定义了一个 IN 参数，那么调用时是必须传入的。IN 参数的值是受保护的，即使在执行存储过程中其值被改变了，在存储过程结束时，返回给调用程序的还是原始值。

（2）OUT：值可以被存储过程改变，新值会返回给调用程序，可以作为返回值。

（3）INOUT：IN 与 OUT 模式的混合体，调用程序需要传入此参数，存储过程可以修改其值，返回给调用程序的是其新值。

定义参数的语法如下：

```
[IN|OUT|INOUT] parameter_name datatype[(max_length)]
```

语法说明：第一，指定参数模式：IN、OUT、INOUT 三种模式之一；第二，指定参数名称；第三，指定数据类型和最大长度。

下面通过示例来理解这几种参数模式的用法。

【示例】使用存储过程查询 sakila 数据库中 customer 表中的用户信息（customer_id、first_name、last_name、active），需要使用 IN 模式传入参数 param_active，根据参数值查询用户信息。

代码 9-4　IN 参数示例

```
# 修改定界符
delimiter $$

# 创建存储过程
create procedure getCustomerByActive(
    in param_active int
)
begin

    select
      customer_id,
      first_name,
      last_name,
      active
    from customer
    where active = param_active
    limit 10;

end $$

# 修改定界符
delimiter;
```

在示例代码中，定义了 IN 模式的参数，存储过程中 SELECT 语句使用此参数作为查询条件，返回用户信息列表。

调用存储过程 getCustomerByActive，验证执行效果，调用是传入参数值 1 来查询已经激活的用户信息，执行调用存储过程的语句如下：

```
# 执行语句
call getCustomerByActive(1);

# 执行结果
```

```
+-------------+------------+------------+--------+
| customer_id | first_name | last_name  | active |
+-------------+------------+------------+--------+
|           1 | MARY       | SMITH      |      1 |
|           2 | PATRICIA   | JOHNSON    |      1 |
|           3 | LINDA      | WILLIAMS   |      1 |
|           4 | BARBARA    | JONES      |      1 |
|           5 | ELIZABETH  | BROWN      |      1 |
|           6 | JENNIFER   | DAVIS      |      1 |
|           7 | MARIA      | MILLER     |      1 |
|           8 | SUSAN      | WILSON     |      1 |
|           9 | MARGARET   | MOORE      |      1 |
|          10 | DOROTHY    | TAYLOR     |      1 |
+-------------+------------+------------+--------+
```

在这个存储过程中，参数 param_active 是 IN 模式的，必须传入，否则会报错，可以做一个测试，调用存储过程 getCustomerByActive 的时候不传入参数，查看执行效果：

```
# 执行语句
call getCustomerByActive();
```

```
# 返回结果
ERROR 1318 (42000): Incorrect number of arguments for PROCEDURE sakila.getCustomerByActive;
expected 1, got 0
```

可以看到返回了错误信息，提示参数数量不正确，应该是 1 个参数，实际是 0 个。

OUT 模式的参数可以在存储过程的内部被赋值，然后传出存储过程，可以作为与调用程序的沟通渠道。

【示例】创建存储过程来查询 sakila 数据库中 customer 表中的用户数量，定义一个 IN 模式的参数 param_active，查询 customer 表中 active 字段等于此参数值的数据，另外会定义一个 OUT 模式的参数 param_customer_count，存储过程中查询出用户数量后赋值给此参数。

代码 9-5　OUT 参数示例

```
# 修改定界符
delimiter $$

# 创建存储过程
create procedure getCustomerCountByActive(
    in param_active int,
     out param_customer_count int
)
begin

    select count(*)
    into param_customer_count
    from customer
```

```
    where active = param_active;;

end $$
```

```
# 修改定界符
delimiter;
```

此示例代码中定义了以下两个参数。

- param_active：IN 模式参数，其值会作为查询条件。
- param_customer_count：OUT 模式参数，存储过程中使用 SELECT INTO 语句将查询结果赋值给了此参数。

调用此存储过程时，需要传入两个参数，一个作为目标 active 值，另一个需要传入 session 变量，用于接收存储过程的返回值。执行调用语句：

```
# 执行语句
call getCustomerCountByActive(1, @customer_count);
```

然后查询变量@customer_count 的值：

```
# 查询语句
select @customer_count;
```

```
# 查询结果
+------------------+
| @customer_count |
+------------------+
|             584 |
+------------------+
```

INOUT 模式的参数表示既需要必须传入，也可以改变其值作为返回值。

【示例】创建存储过程，传入两个 INT 参数，其中一个为 INOUT 模式参数，存储过程内对两个参数值相加，其结果通过复制给 INOUT 模式的参数返回。

代码 9-6　INOUT 参数示例

```
# 修改定界符
delimiter $$

# 创建存储过程
create procedure getSumResult(
    in param_1 int,
     inout param_2 int
)
begin

    set param_2 = param_1 + param_2;
```

```
end $$
```

```
# 修改定界符
delimiter;
```

代码中传入了两个参数，然后将二者相加，把结果复制给模式为 INOUT 的参数 param_2。

为了调用此存储过程，需要先定义好一个变量并赋值，执行语句：

```
set var_num = 10;
```

然后将变量 var_num 作为 INOUT 模式的参数传入存储过程，执行调用语句：

```
call getSumResult(1, @var_num);
```

调用之后查看其返回值，查询变量 var_num：

```
# 查询语句
select @var_num;
```

```
# 查询结果
+-----------+
| @var_num  |
+-----------+
|        11 |
+-----------+
```

9.6　条　件　判　断

MySQL 存储过程提供了两种条件判断方式：IF 语句和 CASE 语句。IF 语句与普通编程语言中的 IF 判断类似，同样是 IF-ELSE 结构。而 CASE 语句则类似于普通编程语言中的 SWITCH 语句，可以从多个条件分支中选择，整体结构更清晰。

9.6.1　IF 语句

扫一扫，看视频

IF 语句有 3 种形式：IF-THEN、IF-THEN-ELSE、IF-THEN-ELSEIF- ELSE。

1. IF-THEN 形式

语法如下：

```
IF condition THEN
    statements;
END IF;
```

语法说明：首先指定中间 statements 部分执行所需要的条件 condition，如果 condition 为 true，执行 statements，否则执行 IF 代码块的后续内容。然后指定 statements 部分，也就是在 condition 为 true 的情况下所需要执行的代码。

【示例】如图 9-3 所示，sakila.payment 表中记录了 customer_id 客户 ID，以及客户的消费金额 amount，现在需要使用存储过程查询用户类型，传入客户 ID，然后计算出此客户所有消费记录的总额，如果大于 10，此客户为 VIP。

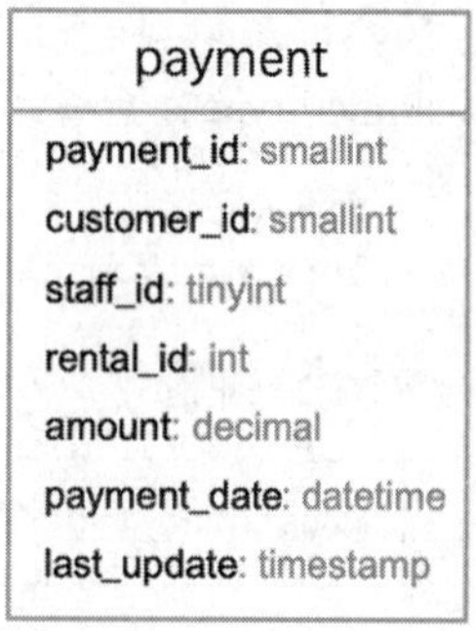

为实现此需求，需要传入两个参数，一个为 IN 模式参数，作为目标客户 ID；另一个为 OUT 模式参数，作为返回值，说明此客户的类型。存储过程中需要查询出目标客户的消费总额，然后使用 IF 语句来判断，将相应客户类型赋值给 OUT 模式参数，从而实现需求。

payment
payment_id: smallint
customer_id: smallint
staff_id: tinyint
rental_id: int
amount: decimal
payment_date: datetime
last_update: timestamp

图 9-3 sakila.payment 表结构

代码 9-7 IF-THEN 示例

```
# 修改定界符
delimiter $$

# 创建存储过程
create procedure getCustomerType(
    in  param_customerID int,
    out param_customerType  varchar(20))
begin
    declare total decimal(5,2) default 0;

    select sum(amount)
    into total
    from payment
    where customer_id = param_customerID;

    if total > 20 then
        set param_customerType = 'VIP';
    end if;
end $$

# 修改定界符
delimiter;
```

存储过程 getCustomerType 先根据传入的客户 ID 查询出此客户的消费总额，并将总额赋值给变量 total，返回使用 IF 语句对变量 total 进行判断，如果其值大于 20，将 OUT 模式参数 param_customerType 赋值为 VIP。

调用此存储过程，执行语句：

```
call getCustomerType(1, @customer_type);
```

传入的参数 1 为目标客户 ID，参数@customer_type 为 session 变量，作为返回值，下面查询 @customer_type，查看此客户的类型。

```
# 查询语句
select @customer_type;

# 查询结果
+----------------+
| @customer_type |
+----------------+
| VIP            |
+----------------+
```

2. IF-THEN-ELSE 形式

语法如下：

```
IF condition THEN
   statements1;
ELSE
   statements2;
END IF;
```

如果 condition 为 true，执行 statements1，否则执行 statements2。

【示例】在上一示例基础上添加 ELSE 逻辑，如果不是 VIP 类型，则为 MEMBER 类型。

代码 9-8　IF-THEN-ELSE 示例

```
# 修改定界符
delimiter $$

# 创建存储过程
create procedure getCustomerType(
    in  param_customerID int,
    out param_customerType  varchar(20))
begin
    declare total decimal(5,2) default 0;

    select sum(amount)
    into total
    from payment
    where customer_id = param_customerID;

    if total > 200 then
        set param_customerType = 'VIP';
    else
        set param_customerType = 'MEMBER';
    end if;
```

```
end $$

# 修改定界符
delimiter;
```

此示例代码与代码 9-7 几乎一致，只是在 IF 判断中添加了 ELSE 分支，IF 判断的条件也改动了一点，total 大于 200 才是 VIP 类型，这是为了更方便地体验到 ELSE 分支。

在创建此存储过程之前，需要先删除之前创建的存储过程 getCustomerType，因为重名了。执行删除存储过程语句：

```
drop procedure getCustomerType;
```

删除之后再执行上面创建存储过程的语句，然后调用验证效果：

```
call getCustomerType(1, @customer_type);
```

查询@customer_type，查看此客户的类型：

```
# 查询语句
select @customer_type;

# 查询结果
+----------------+
| @customer_type |
+----------------+
| MEMBER         |
+----------------+
```

3. IF-THEN-ELSEIF-ELSE 形式

语法如下：

```
IF condition1 THEN
    statements1;
ELSEIF condition2 THEN
    statements2;
...
ELSE
    statements3;
END IF;
```

如果 condition1 为 true，则执行 statements1；否则继续判断 condition2，如果为 true，执行 statements2；否则继续判断后续条件；如果都为 false，则执行最后 ELSE 分支中的 statements3。此种形式可以有多个 ELSEIF 分支，所以特别适合基于多个条件判断的情况。

【示例】继续基于上一个示例进行修改，改为 IF-THEN-ELSEIF-ELSE 形式，如果消费总额在 20 以下，客户类型为 MEMBER；如果大于 20 且小于 50，客户类型为 VIP；如果大于 50，客户类型则为 SVIP。

代码 9-9 IF-THEN-ELSEIF-ELSE 示例

```
# 修改定界符
delimiter $$

# 创建存储过程
create procedure getCustomerType(
    in  param_customerID int,
    out param_customerType  varchar(20))
begin
    declare total decimal(5,2) default 0;

    select sum(amount)
    into total
    from payment
    where customer_id = param_customerID;

    if total > 50 then
        set param_customerType = 'SVIP';
    elseif total > 20 and total <= 50 then
        set param_customerType = 'VIP';
    else
        set param_customerType = 'MEMBER';
    end if;
end $$

# 修改定界符
delimiter;
```

在此示例代码中，判断逻辑如下：

● 消费总额在 50 以上，为 SVIP。

● 消费总额在 20~50 之间，为 VIP。

● 消费总额在 20 以下，为 MEMBER。

同样，在创建之前，需要先删除存储过程 getCustomerType，执行语句：

```
drop procedure getCustomerType;
```

删除之后再执行上面创建存储过程的语句，然后调用验证效果：

```
call getCustomerType(1, @customer_type);
```

查询@customer_type，查看此客户的类型：

```
# 查询语句
select @customer_type;

# 查询结果
```

```
+-----------------+
| @customer_type  |
+-----------------+
| SVIP            |
+-----------------+
```

9.6.2 CASE 语句

扫一扫,看视频

除了 IF 语句之外,MySQL 还提供了 CASE 语句,同样可以作条件判断。CASE 语句的形式更加整齐,可读性相较于 IF 形式更好。CASE 语句有两种形式,简单型 CASE 与查找型 CASE。

1. 简单型 CASE

语法如下:

```
CASE case_val
    WHEN value THEN statements
    WHEN value THEN statements
    ...
    [ELSE statements]
END CASE;
```

此种形式中,CASE 语句会将 case_val 与每个 WHEN 分支中的 value 值进行比较,如果与某个 WHEN 中的 value 相等,则执行此 WHEN 分支中的 statements。如果与任何一个 WHEN 中的 value 都不同,则执行 ELSE 分支中的 statements。

【示例】创建存储过程,查询 sakila.customer 数据表中某客户所属的分店,根据传入的 customer_id 进行查询,返回其分店名。

为实现此需求,需传入两个参数,一个为 IN 模式,作为客户 ID;另一个为 OUT 模式,作为返回值。

代码 9-10 简单型 CASE 示例

```
# 修改定界符
delimiter $$

# 创建存储过程
create procedure getcustomershop(
    in  param_customerID int,
    out param_shop varchar(50)
)
begin

    declare shop_id int;

    select
```

```
            store_id
        into
            shop_id
        from
            customer
        where
            customer_id = param_customerID;

        case shop_id
            when 1 then
                set param_shop = 'shop 1';
            when 2 then
                set param_shop = 'shop 2';
            else
                set param_shop = 'shop closed';
        end case;

    end $$

    delimiter;
```

此代码中有如下 3 部分内容：

（1）定义一个 INT 类型的变量 shop_id。

（2）使用 SELECT INTO 语句查询出目标客户的 store_id 字段值，并赋值给变量 shop_id。

（3）使用简单型 CASE 语句对变量 shop_id 值进行判断，如果值为 1，则为 OUT 模式变量 param_shop 赋值为 shop 1；如果值为 2，赋值为 shop 2；否则，赋值为 shop closed。

创建后执行调用语句：

```
call getcustomershop(1, @customer_shop);
```

查询变量@customer_shop，验证执行效果：

```
# 查询语句
select @customer_shop;

# 查询结果
+-----------------+
| @customer_shop |
+-----------------+
| shop 1          |
+-----------------+
```

2. 查找型 CASE

语法如下：

```
CASE
```

```
    WHEN search_condition THEN statements
    WHEN search_condition THEN statements
    ...
    [ELSE statements]
END CASE;
```

在简单型 CASE 中，CASE 关键字的后面是比较目标，WHEN 关键字后面是比较值，而在查找型 CASE 中，CASE 关键字后面不再指定比较目标，而是在每个 WHEN 关键字后面指定查找条件，这就是二者的区别。

此种形式下，CASE 语句会依次判断各个 WHEN 分支中的 search_condition 是否为 true，当找到某个为 true 之后，就执行此分支中的 statements。如果所有 WHEN 分支的 search_condition 都为 false，则执行 ELSE 分支中的 statements。

【示例】将上一示例中的 CASE 语句改为查找型。

代码 9-11　查找型 CASE 示例

```
# 修改定界符
delimiter $$

# 创建存储过程
create procedure getcustomershop(
    in  param_customerID int,
    out param_shop varchar(50)
)
begin

declare shop_id int;

select
    store_id
into
    shop_id
from
    customer
where
    customer_id = param_customerID;

case
    when shop_id = 1 then
        set param_shop = 'shop 1';
    when shop_id = 2 then
        set param_shop = 'shop 2';
    else
        set param_shop = 'shop closed';
end case;
```

```
end $$

# 修改定界符
delimiter;
```

代码结构和逻辑与上一示例相同，只是改为了查找型 CASE。

创建之前先删除，因为与上一示例重名，执行删除语句：

```
drop procedure getcustomershop;
```

删除之后创建，然后调用此存储过程：

```
call getcustomershop(1, @customer_shop);
```

查询变量@customer_shop，验证执行效果：

```
# 查询语句
select @customer_shop;

# 查询结果
+----------------+
| @customer_shop |
+----------------+
| shop 1         |
+----------------+
```

9.7　循 环 控 制

MySQL 存储过程中的循环控制可以使用 3 种方式，包括 LOOP 语句、WHILE 语句、REPEAT 语句。

9.7.1　LOOP 语句

扫一扫，看视频

使用 LOOP 语句可以重复执行一条或者多条语句。语法如下：

```
[label_begin:] LOOP
    statements
END LOOP [label_end]
```

LOOP 语句会重复执行其中的 statements，想要退出循环时，可以配合 LEAVE 语句，使用方法如下：

```
[label_begin]: LOOP
    ...
    IF condition THEN
        LEAVE [label_begin];
    END IF;
    ...
END LOOP;
```

　　LEAVE 语句可以退出循环，而 ITERATE 语句可以跳过循环中的本次处理，进入下一次循环。下面通过示例来体会 LOOP 循环与退出循环的用法。LEAVE 可以理解为 Java、C 语言中的 break 关键字，ITERATE 可以理解为 continue 关键字。

　　【示例】从 1 开始循环，每次循环执行加 1，大于 20 之后停止循环，每次循环时判断是否为偶数，为偶数则输出，为奇数则跳过本次循环。

　　为实现此需求，存储过程中需要定义一个 INT 类型的变量，值设置为 0，还需要定义一个字符串型变量，用来追加偶数数字。然后开启 LOOP 循环，循环内首先判断变量是否大于 20，如果为 true，退出循环。否则，为变量加 1，然后判断变量的奇偶性，如果为奇数，退出本次循环；如果为偶数，把此数字追加到字符串变量。在循环结束之后，输出字符串型变量，显示循环处理结果。

代码 9-12　LOOP 示例

```
# 修改定界符
delimiter $$

# 创建存储过程
create procedure loop_demo()
begin
    declare i int;
    declare result varchar(30);

    set i = 0;
    set result = '';

    loop_begin:  loop
        if i > 20 then
            leave  loop_begin;
        end if;

        set i = i + 1;
        if (i mod 2) then
            iterate  loop_begin;
        else
            set result = concat(result, i,',');
        end if;
    end loop;

    select result;
end $$

# 修改定界符
delimiter;
```

示例代码说明：

（1）声明两个变量，一个是整数类型的 i，之后在循环中使用；另一个是字符串型的 result，用来拼接偶数字符串。

（2）为两个变量设置初始值，i 赋值为 0，result 置为空字符串。

之后开启循环。循环内部有三个处理逻辑：一是判断是否满足退出循环的逻辑；二是为整数型变量 i 加 1；三是验证变量 i 的奇偶性。如果为奇数，跳过本次循环；如果为偶数，则将当前变量 i 的值追加到字符串变量 result 中。退出循环之后，查询变量 result 的值，输出循环处理结果。

调用存储过程 loop_demo，验证执行结果。

```
# 调用语句
call loop_demo();

# 调用结果
+----------------------------+
| result                     |
+----------------------------+
| 2,4,6,8,10,12,14,16,18,20, |
+----------------------------+
```

9.7.2 WHILE 语句

扫一扫，看视频

WHILE 语句用于循环执行一个代码块，只要指定的条件为 true。语法如下：

```
[label_begin:] WHILE condition DO
    statements
END WHILE [label_end]
```

语法说明：首先在 WHILE 关键字后面指定判断条件 condition，每次开始循环时都会判断此条件是否满足，如果满足，执行循环中的代码 statements；否则，退出循环。然后在 DO-END 关键字中间定义本循环需要执行的语句 statements。可以在循环的开头和结尾定义标签，可选。

WHILE 语句执行流程如图 9-4 所示。

下面使用 WHILE 语句来实现上一个示例。

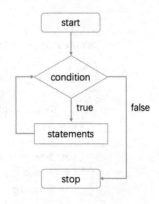

图 9-4 WHILE 语句执行流程

代码 9-13 WHILE 示例

```
# 修改定界符
delimiter $$

# 创建存储过程
create procedure while_demo()
begin
    declare i int;
    declare result varchar(30);
```

```
    set i = 0;
    set result = '';

    while_begin: while i <= 20 do

        set i = i + 1;
        if (i mod 2) then
            iterate  while_begin;
        else
            set result = concat(result, i,',');
        end if;

    end while;

    select result;
end $$

# 修改定界符
delimiter;
```

此示例与上一示例的代码逻辑和结构一致，只是把 LOOP 循环的方式改为了 WHILE。

调用存储过程 while_demo，验证执行结果：

```
# 调用语句
call while_demo();

# 调用结果
+---------------------------+
| result                    |
+---------------------------+
| 2,4,6,8,10,12,14,16,18,20, |
+---------------------------+
```

9.7.3 REPEAT 语句

REPEAT 语句可以重复执行一段代码，直到指定的条件为 true 后就退出循环。语法如下：

```
[label_begin:] REPEAT
    statements
UNTIL condition
END REPEAT [label_end]
```

REPEAT 语句在执行 statements 之后才判断 condition 是否为 true，所以 statements 至少会执行一次。因此 REPEAT 语句被称为后置检验循环。

REPEAT 语句执行流程如图 9-5 所示。

图9-5 REPEAT 语句执行流程

下面使用 REPEAT 语句来实现上一个示例。

代码 9–14 REPEAT 示例

```
# 修改定界符
delimiter $$

# 创建存储过程
create procedure repeat_demo()
begin
    declare i int;
    declare result varchar(30);

    set i = 0;
    set result = '';

    repeat_begin: repeat

        set i = i + 1;
        if (i mod 2) then
            iterate  repeat_begin;
        else
            set result = concat(result, i,',');
        end if;

    until i>=20
    end repeat;

    select result;
end $$

# 修改定界符
delimiter;
```

此示例与上一示例的代码逻辑和结构一致，只是把 WHILE 循环的方式改为了 REPEAT。
调用存储过程 repeat_demo，验证执行结果：

```
# 调用语句
call repeat_demo();

# 调用结果
+---------------------------+
| result                    |
+---------------------------+
| 2,4,6,8,10,12,14,16,18,20, |
+---------------------------+
```

扫一扫，看视频

9.8 错 误 处 理

存储过程执行过程中发生错误时，对其进行恰当的处理是非常重要的，如是否继续执行后续代码、是否发布一条错误信息等。

MySQL 为存储过程提供了错误处理能力，可以定义一个错误处理器，语法如下：

```
DECLARE <action> HANDLER FOR <condition_val> <statement>;
```

此语法的含义：如果某个条件的值匹配上了 condition_val，MySQL 就会执行 statement，然后根据 action 来决定是否继续执行后续代码。

语法中的 action 有如下两个值。

（1）CONTINUE：继续执行存储过程中的代码。

（2）EXIT：终止执行。

语法中的 condition_val 接收如下三种形式。

（1）MySQL 错误码。

（2）标准的 SQLSTATE 值，或者可以是一个 SQLWARNING、NOTFOUND、SQLEXCEPTION 条件。

（3）与 MySQL 错误代码或 SQLSTATE 值相关联的命名条件。

例如：

```
declare continue handler for sqlexception
set hasException = 1;
```

其中 action 使用了 continue，表示会继续运行；condition_val 使用了 sqlexception；statement 定义为 "set hasException = 1;"。整体的含义为：当发生 sqlexception 异常时，将变量 hasException 的值设置为 1，并且继续执行。

定义错误处理逻辑时可以使用多条语句，使用 BEGIN-END 关键字声明语句块，例如：

```
declare exit handler for sqlexception
begin
    rollback;
    select 'there is an error!';
end;
```

【示例】图 9-6 所示为 sakila 数据库中的 country 表，以此表为例创建一个具有错误处理能力的存储过程，向 country 表插入重复数据，使运行出错，以验证错误处理器的执行效果。

代码 9-15 错误处理示例

```
# 修改定界符
```

country
🔑 country_id: smallint
country: varchar
last_update: timestamp

图 9-6 sakila.country 表结构

```
delimiter $$

# 创建存储过程
create procedure errhandler_demo()
begin

    declare exit handler for 1062
    begin
    select 'duplicate key occurred' as message;
    end;

    insert into country(country_id, country)
        values(1, 'Afghanistan');

    select count(*)
    from country;

end $$

# 修改定界符
delimiter;
```

示例代码说明：

（1）存储过程中定义了一个错误处理器，用于发生 1062 错误时执行 SELECT 语句，输出出错提示信息，并且停止继续执行。

（2）定义一个 INSERT 语句，向 country 表插入一条数据，ID 值与现有表中数据重复，提示主键重复的错误，其错误编码即为 1062。

（3）定义一个简单的 SELECT 查询语句，作为出错语句的后续代码，以便验证错误处理之后是否会继续执行。

调用存储过程 errhandler_demo，验证执行效果：

```
# 调用语句
call errhandler_demo();

# 调用结果
+------------------------+
| message                |
+------------------------+
| duplicate key occurred |
+------------------------+
```

结果显示错误处理器已经正常执行了，并且在发生错误之后，代码没有继续执行，符合错误处理逻辑。

9.9 游 标

存储过程执行过程中可能会使用 SELECT 语句查询得到一个结果集，并希望遍历结果集中的每条记录，这时就需要使用游标对结果集中的每条记录进行单独的处理。

使用游标需要先声明，语法如下：

```
DECLARE name CURSOR FOR statement;
```

语法中先指定了游标的名称，然后定义查询语句，游标必须与 SELECT 查询语句相连，这样游标就可以与结果集关联在一起了。需要注意，游标必须在所有变量之后定义，如果定义在变量之前，MySQL 就会报错。

声明完之后需要打开游标，语法如下：

```
OPEN name;
```

OPEN 语句会对游标结果集进行初始化，所以只有执行 OPEN 语句之后，才可以获取结果集中的数据。

结果集准备好之后，就可以读取数据了，需要使用 FETCH 语句，语法如下：

```
FETCH name INTO variables;
```

其中，name 是游标名称；variables 是用于接收数据的变量。使用 FETCH 语句可以接收一行记录，并且把游标指向结果集中的下一行记录，以便下一次读取，所以使用 FETCH 就可以一边读取记录，一边移动游标位置，实现对结果集的遍历。

在所有记录都读取完成之后需要关闭游标，语法如下：

```
CLOSE name;
```

使用游标时需要注意，不再使用游标时，应该将其关闭。

在使用游标之前，还需要定义一个 NOT FOUND 处理器，以便处理游标到达结果集底部，不再有记录可读的情况。定义方法如下：

```
DECLARE CONTINUE HANDLER FOR NOT FOUND SET flag_end = 1;
```

其中，flag_end 是一个变量，用来标识是否已经到达结果集的底部。游标整体使用流程如图 9-7 所示。

【示例】查询出 sakila.customer 数据表中的前 5 条数据，将 first_name 字段值拼接起来，输出拼接结果。

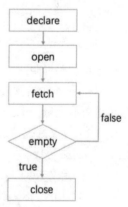

图 9-7 游标整体使用流程

代码 9–16 游标示例

```
# 修改定界符
delimiter $$
```

```
# 创建存储过程
create procedure cursor_demo ()
begin
    declare flag_end integer default 0;
    declare firstname varchar(45) default "";
    declare list_firstname varchar(300) default "";

    declare cursor_customer
        cursor for
            select first_name from customer limit 5;

    declare continue handler
        for not found set flag_end = 1;

    open cursor_customer;

    loop_begin: loop
        fetch cursor_customer into firstname;
        if flag_end = 1 then
            leave loop_begin;
        end if;

        set list_firstname = concat(firstname,";",list_firstname);
    end loop;
    close cursor_customer;

    select list_firstname;

end $$
delimiter;
```

示例代码说明：

（1）声明 3 个变量，flag_end 作为游标结束的标记，firstname 作为遍历过程中存放 first_name 字段值的临时变量，list_firstname 作为拼接结果字符串。

（2）定义好变量之后，定义游标，关联 SELECT 查询语句，从 customer 表中读取 5 条数据，返回 first_name 字段。

（3）定义 NOT FOUND 处理器，当发生 NOT FOUND 事件后将 flag_end 变量设置为 1。

（4）打开游标，对结果集进行初始化。

（5）打开之后开始循环遍历，从游标中读取本条记录中的数据，赋值给变量 firstname，然后执行判断结果集是否为空和 firstname 的拼接。

（6）遍历完成后，关闭游标。

（7）显示出 firstname 拼接结果。

调用游标 cursor_demo，验证执行效果：

```
# 调用语句
call cursor_demo();

# 调用结果
+----------------------------------------+
| list_firstname                         |
+----------------------------------------+
| ELIZABETH;BARBARA;LINDA;PATRICIA;MARY; |
+----------------------------------------+
```

9.10 存 储 函 数

存储函数可以理解为小粒度的存储过程，可以用在 SQL 语句中。存储函数通常用来封装一个公式或者一个业务规则，以便在 SQL 语句或者存储程序中复用。

9.10.1 创建存储函数

扫一扫，看视频

创建存储函数的语法如下：

```
DELIMITER $$

CREATE FUNCTION func_name(
    param_1,
    param_2,...
)
RETURNS datatype
[NOT] DETERMINISTIC
BEGIN
 ...
END $$

DELIMITER;
```

语法说明：第一，指定存储函数的名字。第二，指定参数列表，所有参数默认都是 IN 模式，不能自己指定模式。第三，指定返回值的数据类型。第四，指定函数是否为确定性的，一个确定性的函数，相同的输入总会返回相同的结果，而非确定性的不会。如果没有指定，默认为非确定性。第五，在 BEGIN-END 语句块中直接定义存储函数的执行逻辑，其中至少有一个 RETURN 语句。

【示例】使用存储函数封装一段判断客户级别的业务逻辑，传入客户的消费总额，如果大于 120，返回 SVIP；如果大于 90，返回 VIP；否则，返回 MEMBER。

代码 9-17 存储函数示例

```
# 修改定界符
```

```
delimiter $$

# 创建存储函数
create function getCustomerLevel(
    amount decimal(5,2)
)
returns varchar(20)
deterministic
begin
    declare customer_level varchar(20) default 'MEMBER';

    if amount > 120 then
        set customer_level = 'SVIP';
    elseif amount > 90 then
        set customer_level = 'VIP';
    end if;

    return (customer_level);
end $$

# 修改定界符
delimiter;
```

示例代码说明：

（1）接收一个参数，数据类型为 decimal(5,2)，含义是客户的消费总额。

（2）定义一个字符串变量，作为表示客户级别的返回结果。

（3）客户级别的判定逻辑，传入的参数 amount 大于 120 为 SVIP；参数 amount 大于 90 为 VIP；否则为 MEMBER。

（4）返回客户级别字符串变量。

在查询语句中使用此存储函数，查询 sakila.payment 表，以 customer_id 分组，计算出每组的消费总金额，并使用存储函数 getCustomerLevel 获取客户级别，执行查询语句：

```
# 查询语句
select
    customer_id,
    sum(amount) as total,
    getCustomerLevel(sum(amount)) as level
from
    payment
group by
    customer_id
limit 10;

# 查询结果
```

```
+-------------+--------+--------+
| customer_id | total  | level  |
+-------------+--------+--------+
|           1 | 118.68 | VIP    |
|           2 | 128.73 | SVIP   |
|           3 | 135.74 | SVIP   |
|           4 |  81.78 | MEMBER |
|           5 | 144.62 | SVIP   |
|           6 |  93.72 | VIP    |
|           7 | 151.67 | SVIP   |
|           8 |  92.76 | VIP    |
|           9 |  89.77 | MEMBER |
|          10 |  99.75 | VIP    |
+-------------+--------+--------+
```

9.10.2　查看存储函数

扫一扫，看视频

查看存储函数的语法如下：

```
SHOW FUNCTION STATUS
[LIKE 'pattern' | WHERE condition];
```

其中 LIKE 与 WHERE 子句用于指定搜索条件，如果不指定，则列出所有存储函数，返回结果会非常多，不便查看，所以通常都会配合查询条件来使用，例如：

```
# 查询语句
show function status
    where db = 'sakila' \G;

# 查询结果
*************************** 1. row ***************************
                  Db: sakila
                Name: getCustomerLevel
                Type: FUNCTION
             Definer: root@localhost
            Modified: 2020-09-15 10:37:17
             Created: 2020-09-15 10:37:17
       Security_type: DEFINER
             Comment:
character_set_client: utf8
collation_connection: utf8_general_ci
  Database Collation: latin1_swedish_ci
...
```

返回内容与存储过程的列表结果类似。

9.10.3 删除存储函数

扫一扫，看视频

对于不再需要的存储函数，需要将其删除清理。删除存储函数的语法如下：

```
DROP FUNCTION [IF EXISTS] func_name;
```

语法说明：指定所要删除的存储函数的名称。IF EXISTS 为可选项，指定删除之前是否检查删除目标的存在，如果不指定此项，当指定删除的存储函数不存在时，MySQL 会报错。

【示例】删除之前创建的存储函数 getCustomerLevel。

代码 9-18　删除存储函数示例

```
drop function getCustomerLevel;
```

执行删除之前，查看此存储函数，以便在删除之后作为对照：

```
# 查询语句
show function status
    like 'getCustomerLevel' \G;

# 查询结果
*************************** 1. row ***************************
                 Db: sakila
               Name: getCustomerLevel
               Type: FUNCTION
            Definer: root@localhost
           Modified: 2020-09-15 10:55:54
            Created: 2020-09-15 10:55:54
      Security_type: DEFINER
            Comment:
character_set_client: utf8
collation_connection: utf8_general_ci
  Database Collation: latin1_swedish_ci
```

然后执行上面的删除语句，执行后再次查看：

```
# 查询语句
show function status
    like 'getCustomerLevel' \G;

# 查询结果
Empty set (0.00 sec)
```

可以看到，查询结果为空，说明删除成功了。

9.11 小　结

　　本章介绍了 MySQL 存储过程的详细用法，包括存储过程的创建、查看、删除，以及存储过程内部开发关键点，如变量与参数的定义、条件判断方法、循环控制方法、错误处理机制、游标处理结果集的方法，最后介绍了存储函数的使用方法。通过本章的学习，可以熟练地进行存储程序的开发。

第 10 章　索　　引

对于大型数据表，在其中查找某些数据是很费时的，因为记录太多了，相当于大海捞针。此时就需要有一个目录，能够快速找到目标数据并读取。这个目录就是 MySQL 中的索引，通过索引可以大大提升查询效率。索引的操作包括创建、查看、删除，索引也有多种类型，包括唯一索引、前缀索引、组合索引、聚簇索引。

通过本章的学习，可以掌握以下主要内容：

- 索引的作用。
- 创建索引。
- 查看索引。
- 删除索引。
- 唯一索引。
- 前缀索引。
- 组合索引。
- 聚簇索引。

扫一扫，看视频

10.1　索引的作用

假设你有一个通信录，里面记录着所有你接触过的人的姓名和电话，记录的顺序就是按照时间排序，每新认识一个人，就在通信录的最后一条下面添加新记录。当有一天想要联系某人时，去通信录中查找，查找方式只能是从上到下按顺序查找，直到找到为止。当通信录中的记录成千上万时，每次查找所需要的时间可想而知。

在数据库中，数据表就相当于这个通信，如果使用顺序查询的方式，就意味着需要对数据表中的记录都要扫描一遍，假设表中有上百万条记录，那么这个扫描是巨大的。

如果为表中数据建立一个索引，就会大大提高查询的速度。索引就可以理解为目录，例如，表有一个 name 字段，平时经常需要根据 name 来查询，那么就可以使用 name 字段来建立一个目录，目录中 name 是按顺序排列的，目录中的每条记录都会指向数据表中自己的位置，如图 10-1 所示。

基于name的索引	
name	id
afila	2
bill	3
flix	1

数据表			
id (主键)	name	age	city
1	flix	12	abc
2	afila	8	wehi
3	bill	20	ogh

图 10-1　索引示意图

有了这个索引之后，根据 name 查询时，就可以先在索引中查找，因为索引中是有顺序的，所以可以快速定位，从而取得此 name 在原数据表中的 id，拿到 id 就可以去表中精准读取数据了。这样就可以避免对数据表的全表扫描，数据量越大就越可以体现出索引的便利。

在创建表的时候，通常都会指定一个字段作为主键，MySQL 会自动使用主键创建一个索引，这就是为什么上述示例中根据 id 就可以精准找到记录的原因。

使用主键创建的索引称为"聚簇索引"，主键索引之外的其他索引称为"二级索引"或者"非聚簇索引"。

10.2　创 建 索 引

扫一扫，看视频

创建索引就是根据某些字段来构建表数据的目录，从而在查询数据时可以使用索引来提升查询速度。创建索引有两种情况：创建表的同时创建索引、为现有数据表添加索引。

1. 创建表的同时创建索引

例如，下面的建表语句：

```
create table tb1(
    id int primary key,
    age int not null,
    name varchar(10),
    index (name)
);
```

在创建表的时候使用 index 关键字定义了一个索引，包含了 name 字段。

2. 为现有数据表添加索引

需要使用 CREATE INDEX 语句，语法如下：

```
CREATE INDEX name_index ON name_table (column1, ...)
```

语法说明：
- 指定索引的名称 name_index。
- 指定表名 name_table，说明为哪个表创建索引。
- 指定为哪些字段创建索引，如果有多字段则使用逗号分隔。

例如，为表 tb2 添加一个索引，命名为 index_age，索引字段为 age，使用语句如下：

```
create index index_age ON tb2(age);
```

图 10-2 所示为 sakila 数据库中 customer 表，下面以此表为例，为其添加一个索引，并体验添加索引后的效果。

当前 customer 表中的 first_name 字段是没有索引的，使用 first_name 作为查

customer
customer_id: smallint
store_id: tinyint
first_name: varchar
last_name: varchar
email: varchar
address_id: smallint
active: tinyint
create_date: datetime
last_update: timestamp

图 10-2　sakila.customer
表结构

询条件的时候，就会使用全表扫描的方式进行查找，可以使用 EXPLAIN 来进行验证，执行查询语句：

```
# 执行语句
explain
    select *
    from customer
    where first_name='TRACY' \G;

# 执行结果
*************************** 1. row ***************************
           id: 1
  select_type: SIMPLE
        table: customer
   partitions: NULL
         type: ALL
possible_keys: NULL
          key: NULL
      key_len: NULL
          ref: NULL
         rows: 599
     filtered: 10.00
        Extra: Using where
```

在 SELECT 之前添加了 EXPLAIN 关键字，这表示想要查看这条查询语句的执行计划，而不是查询结果。在返回结果中有一项"rows: 599"，其含义是这条查询语句所需要扫描的记录行数为 599 行，这也就说明了目前的查询方式是全表扫描。

下面为 customer 表的 first_name 字段创建索引，执行语句：

```
create index idx_firstname
    on customer(first_name);
```

再次执行上面的 EXPLAIN 语句查看执行计划：

```
# 执行语句
explain
    select *
    from customer
    where first_name='TRACY' \G;

# 执行结果
*************************** 1. row ***************************
           id: 1
  select_type: SIMPLE
        table: customer
   partitions: NULL
         type: ref
possible_keys: idx_firstname
```

```
          key: idx_firstname
      key_len: 182
          ref: const
         rows: 2
     filtered: 100.00
        Extra: NULL
1 row in set, 1 warning (0.00 sec)
```

此次返回结果中的 rows 值为 2，说明只需要扫描两行就找到了目标记录，这正是因为刚才创建的索引 idx_firstname 起了作用。由此可以看到索引对于提升查询效率的帮助是非常大的。

10.3 查 看 索 引

扫一扫，看视频

使用 SHOW INDEXES 语句可以查看数据表中的索引信息，语法如下：

```
SHOW INDEXES FROM name_table;
```

指定表名之后，SHOW INDEXES 语句就会列出数据库中此表名下的索引信息。还可以指定具体的数据库，例如：

```
SHOW INDEXES FROM name_table;
    IN name_database;
```

下面的用法与之作用相同：

```
SHOW INDEXES FROM name_database.name_table;
```

【示例】查看 sakila.customer 表中的索引信息。

代码 10-1 查看索引示例

```
# 查询语句
show indexes from sakila.customer \G;

# 查询结果
*************************** 1. row ***************************
        Table: customer
   Non_unique: 0
     Key_name: PRIMARY
 Seq_in_index: 1
  Column_name: customer_id
    Collation: A
  Cardinality: 599
     Sub_part: NULL
       Packed: NULL
         Null:
   Index_type: BTREE
      Comment:
```

```
Index_comment:
...
```

因为 customer 表中有多个索引，返回内容较多，所以不便全部贴出，结构相同，表 10-1 为各项含义说明。

表 10-1　索引信息项说明

名　　称	说　　明
Table	表名
Non_unique	值为 0 或者 1，1 表示索引，可以包含重复项；0 则为不可以
Key_name	索引的名字，主键索引的名字总是 PRIMARY
Seq_in_index	索引中列的序号，从 1 开始
Column_name	列名
Collation	列在索引中的存储方式，A 为升序，B 为降序，NULL 为无序
Cardinality	表示索引中值的重复度，数值越高，说明不重复的值越多，查询优化器选用此索引的机会就越大
Sub_part	索引前缀，如果是 NULL，说明整列的值都被索引了，否则会显示被索引字符的数量
Packed	索引包装方式，NULL 表示没有
Null	是否可以包含 NULL，YES 表示允许，空表示不允许
Index_type	索引类型，如 BTREE、HASH、RTREE、FULLTEXT
Comment	索引说明
Index_comment	创建索引时指定的 COMMENT

扫一扫，看视频

10.4　删 除 索 引

使用 DROP INDEX 语句来删除索引，语法如下：

```
DROP INDEX name_index ON name_table
[ algorithm | lock ];
```

删除索引必须指定要删除的索引的名字，以及其所在的表名。还可以指定两个可选项：algorithm 删除算法、lock 锁方式。

algorithm 可以指定删除索引的算法，用法如下：

```
ALGORITHM [=] {DEFAULT|INPLACE|COPY}
```

支持的算法包括如下两项。

● COPY：表中数据会被复制到新表，DROP INDEX 在原表上执行，期间如果有 INDEX、UPDATE 操作是不允许的。

● INPLACE：对表进行重建，而不是复制一个新表，MySQL 在索引删除操作的准备阶段和执行阶段会对表发出元数据独占锁，该算法允许并发操作语句。

algorithm 是可选项，不过不指定，MySQL 会优先使用 INPLACE。DEFAULT 与没有指定是一样的效果。

lock 用于控制在删除索引期间的并发读写级别，用法如下：

```
LOCK [=] {DEFAULT|NONE|SHARED|EXCLUSIVE}
```

支持的锁模式包括以下几项。

● DEFAULT：最高的并发级别，如果支持，并发读写都可以；否则，如果支持并发读，就可以并发读。否则，排他访问。

● NONE：如果支持 NONE，可以并发读写，否则 MySQL 报错。

● SHARED：如果支持，可以并发读，但不可以写。

● EXCLUSIVE：强制排他访问。

【示例】删除 sakila.customer 表中索引 idx_firstname。

代码 10-2　删除索引示例

```
drop index idx_firstname on customer;
```

删除之后查看 customer 表中的索引列表：

```
show indexes from sakila.customer;
```

索引列表如图 10-3 所示。

Table	Non_unique	Key_name	Seq_in_index	Column_name
customer	0	PRIMARY	1	customer_id
customer	1	idx_fk_store_id	1	store_id
customer	1	idx_fk_address_id	1	address_id
customer	1	idx_last_name	1	last_name

图 10-3　customer 表中索引列表

从查询结果中可以发现，索引 idx_firstname 已经被删除了。

扫一扫，看视频

10.5　唯 一 索 引

如果希望保证一列或多列中值的唯一性，可以使用主键来限制，在定义为主键的字段中，是不可以有重复值的。但是，一个表中只能有一个主键，而有唯一性需求的列可能不止一个。例如，id 字段被定义为主键，保证了此字段没有重复值，但是 login_name 字段也不允许有重复值，要求唯一性，就不能再把 login_name 定义为主键了，

MySQL 提供了 UNIQUE INDEX 唯一索引来满足此类需求，可以保证字段值的唯一性，而且一个表中可以创建多个唯一索引，创建唯一索引的方式如下。

创建表时定义唯一索引，用法如下：

```
CREATE TABLE name_table(
   ...
   UNIQUE KEY(column1,...)
);
```

还可以使用 UNIQUE INDEX，与 UNIQUE KEY 作用相同。CREATE UNIQUE INDEX 语句用法如下：

```
CREATE UNIQUE INDEX name_index
ON name_table(column1,...);
```

ALTER TABLE 语句用法如下：

```
ALTER TABLE name_table
ADD CONSTRAINT name_index UNIQUE KEY(column1,...);
```

【示例】创建数据表 address_book，其中记录联系人的基本信息，包括名字、电话、E-mail，在建表时为名字字段添加唯一性限制。

代码 10-3　创建唯一索引示例

```
# 建表语句
create table if not exists address_book (
    id int auto_increment primary key,
    name varchar(20) not null,
    phone varchar(20) not null,
    email varchar(50) not null,
    unique key unique_name (name)
);
```

执行完建表语句之后，查看此表中的索引信息，执行语句：

```
show indexes from address_book;
```

返回的内容比较多，使用可视化客户端工具查看会更清晰，图 10-4 所示为索引列表。

Table	Non_unique	Key_name	Seq_in_index	Column_name
address_book	0	PRIMARY	1	id
address_book	0	unique_name	1	name

图 10-4　address_book 表中索引信息

从索引列表中可以看到，新创建的 address_book 中有主键索引，还有建表时指定的 name 唯一索引。下面向表中插入 name 重复的记录，验证唯一索引的限制效果：

```
# 插入数据
insert into address_book
    (name,phone,email)
values
    ('job','13899997654','job@abc.com');
```

```
# 插入数据
insert into address_book
    (name,phone,email)
values
    ('job','18588887654','job@xyz.com');
```

第一条 INSERT 语句正常执行，第二条 INSERT 语句报错。

```
ERROR 1062 (23000): Duplicate entry 'job' for key 'unique_name'
```

提示信息中说明 job 这个 name 值重复了。下面为 address_book 再添加一个唯一索引，使用 phone 和 email 这两个字段，表示要求不能有两行 phone 和 email 都相同的记录。执行创建索引的语句如下：

```
create unique index idx_phone_email
    on address_book(phone, email);
```

执行之后查看索引列表，结果如图 10-5 所示。

Table	Non_unique	Key_name	Seq_in_index	Column_name
address_book	0	PRIMARY	1	id
address_book	0	unique_name	1	name
address_book	0	idx_phone_email	1	phone
address_book	0	idx_phone_email	2	email

图 10-5　address_book 表中索引信息

可以看到表中增加了 idx_phone_email 索引。下面插入重复数据进行验证。

```
# 插入数据
insert into address_book
    (name,phone,email)
values
    ('Billy','13899997654','job@abc.com');
```

返回错误信息：

```
ERROR 1062 (23000): Duplicate entry '13899997654-job@abc.com' for key 'idx_phone_email'
```

提示数据 "13899997654-job@abc.com" 重复了，触发了 idx_phone_email 的限制。

扫一扫，看视频

10.6　前 缀 索 引

每创建一个索引，都需要一块单独的存储空间，把索引字段的值放到一个数据结构中。如果是数字类型的字段，索引所占用的空间并不大，但如果是字符串型的字段，而且字段长度较大，那么对该字段创建的索引就会占用很多空间。

如果是 TEXT 类型字段，对存储的大篇幅的文本内容创建索引，所需空间将是巨大的。为了解决这个问题，MySQL 允许在创建索引时为字段指定长度，也就是使用字段值开头的若干字符作为索引值，如图 10-6 所示。

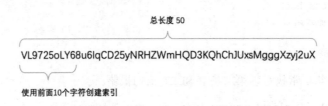

总长度 50

VL9725oLY68u6lqCD25yNRHZWmHQD3KQhChJUxsMgggXzyj2uX

使用前面10个字符创建索引

图 10-6　前缀索引示意图

前缀索引的用法如下：

```
# 建表时指定前缀索引
create table name_table(
    column1,
    ...,
    index(columnX(length))
);

# 单独创建前缀索引
create index name_index
on name_table(columnX(length));
```

其中 length 的含义如下：

- 对于非二进制字符串，如 CHAR、VARCHAR、TEXT，length 代表字符的数量。
- 对于二进制字符串，如 BINARY、VARBINARY、BLOB，length 代表字节数量。

【示例】 如图 10-7 所示为 sakila 数据库的 film 表，其中，description 字段是电影的描述信息，经常需要根据描述来搜索电影，但此字段目前没有索引，需要为其创建合适的索引来提升查询性能。

为了实现此需求，需要为 description 字段创建前缀索引，因为 description 字段中的字符串会非常长，如果使用完整值创建索引，一定会增加索引维护成本，占用过多的空间。

在创建索引之前，查看一下当前的查询计划，获取根据描述信息查询时所需要扫描的行数，执行语句：

film
film_id: smallint
title: varchar
description: text
release_year: year
language_id: tinyint
original_language_id: tinyint
rental_duration: tinyint
rental_rate: decimal
length: smallint
replacement_cost: decimal
rating: enum
special_features: set
last_update: timestamp

图 10-7　sakila.film 表结构

```
# 查询语句
explain
  select title, description
  from film
  where description like 'A Intrepid%' \G;

# 查询结果
```

```
*************************** 1. row ***************************
           id: 1
  select_type: SIMPLE
        table: film
   partitions: NULL
         type: ALL
possible_keys: NULL
          key: NULL
      key_len: NULL
          ref: NULL
         rows: 1000
     filtered: 11.11
        Extra: Using where
```

返回结果中 rows: 1000 说明进行了全表扫描，查询效率自然低下。下面为字段 description 创建前缀索引，但有一个问题，具体应该选择多少长度呢？这需要根据已有数据进行评估，原则是索引值的重复度越低越好。可以先查询一下表中的记录总数，然后使用 DISTINCT LEFT 查询出某长度的非重复值，多次试验，尽量使二者的值相近，这样索引的效果最好。

查询 film 表的总记录数，执行语句：

```
# 查询语句
select
    count(*)
from
    film;

# 查询结果
+----------+
| count(*) |
+----------+
|     1000 |
+----------+
```

目前 film 表中有 1000 条记录，然后使用 DISTINCT LEFT 查询 20 个字符情况下的非重复记录数，执行语句：

```
# 查询语句
select
    count(distinct left(description, 20)) as num
from
    film;

# 查询结果
+-----+
| num |
+-----+
```

```
| 262 |
+-----+
```

对 description 字段值中前 20 个字符进行去重计数，结果为 262 条记录，说明前 20 个字符的重复度比较高。需要增加字符数，改为 30，执行语句：

```
# 查询语句
select
    count(distinct left(description, 30)) as num
from
    film;

# 查询结果
+-----+
| num |
+-----+
| 813 |
+-----+
```

对 description 字段值中前 30 个字符进行去重计数，结果为 813 条记录，已经很接近原始记录数 1000 了，可以继续增加长度来测试，改为 40，执行语句：

```
# 查询语句
select
    count(distinct left(description, 40)) as num
from
    film;

# 查询结果
+-----+
| num |
+-----+
| 976 |
+-----+
```

改为 40 后，非重复记录有 976 条，与 1000 已经相差无几，下面就以 40 为前缀索引的长度，执行创建索引语句：

```
create index idx_description
    on film(description(40));
```

创建好前缀索引之后，再次查看之前的查询计划，以验证索引效果，执行语句：

```
# 查询语句
explain
    select title, description
    from film
    where description like 'A Intrepid%' \G;
```

```
# 查询结果
*************************** 1. row ***************************
           id: 1
  select_type: SIMPLE
        table: film
   partitions: NULL
         type: range
possible_keys: idx_description
          key: idx_description
      key_len: 163
          ref: NULL
         rows: 50
     filtered: 100.00
        Extra: Using where
```

返回结果中 rows 这一项为 50，未使用索引时为 1000，查询性能提升效果显著。

10.7 组 合 索 引

扫一扫，看视频

组合索引就是在创建索引时指定多个列，也称为多列索引，MySQL 允许最多指定 16 个列。

组合索引的创建方式有如下几种。

（1）建表时指定多列索引方式，用法如下：

```
CREATE TABLE name_table (
    column1 ... PRIMARY KEY,
    column2 ...,
    column3 ...,
    column4 ...,
    INDEX name_index (column2,column3,column4)
);
```

（2）使用 CREATE INDEX 语句创建，用法如下：

```
CREATE INDEX name_index
  ON name_table(column2,column3,column4);
```

组合索引(column2,column3,column4)对于如下 3 种查询方式都是可以使用的：

● (column2)。
● (column2,column3)。
● (column2,column3,column4)。

下面 3 条查询语句都可以使用索引(column2,column3,column4)。

```
# 查询语句 1
SELECT
```

```
    *
FROM
    name_table
WHERE
    column2 = xxx;

# 查询语句 2
SELECT
    *
FROM
    name_table
WHERE
    column2 = xxx AND
    column3 = xxx;

# 查询语句 3
SELECT
    *
FROM
    name_table
WHERE
    column2 = xxx AND
    column3 = xxx AND
    column4 = xxx;
```

对于组合索引，简单理解就是把多个字段的值合并成一个值，然后用这个合并后的值作为索引值。例如，索引(column2,column3,column4)，就是把这 3 个列的值合为一个，形成 column2-column3-column4。

根据 column2 查询时，可以快速地与 column2-column3-column4 的头部进行比较。同理，根据 column2 与 column3 查询时，相当于用 column2-column3 与 column2-column3-column4 头部比较，自然也是可以的。而根据 column2 与 column3 还有 column4 一起查询时，就是用 column2-column3-column4 与组合索引的值 column2-column3-column4 直接比较了，更加没有问题。

这就是 MySQL 使用索引时的一个原则，叫作"最左前缀原则"，使用查询值与索引值的前缀比较，而不能与索引值的中间部分或者尾部进行比较。

例如，下面的查询语句就不能使用索引(column2,column3,column4)。

```
SELECT
    *
FROM
    table_name
WHERE
    column2 = xxx AND
    column4 = xxx;
```

此查询语句根据 column2 和 column4 进行查询，相当于使用 column2-column4 与索引值 column2-column3-column4 进行比较，不符合最左前缀原则，所以无法使用索引(column2,column3, column4)，如图 10-8 所示。

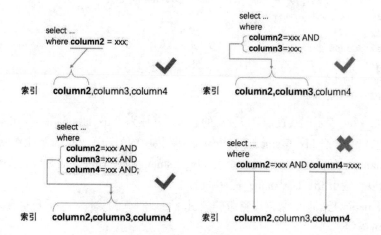

图 10-8　最左前缀匹配示例

在 sakila 数据库的 customer 表中有 first_name 与 last_name 字段，为其创建一个组合索引（first_name, last_name），在根据 first_name 或者根据 first_name AND last_name 查询时一定是可以使用索引（first_name, last_name）的。但是如果把查询条件 first_name AND last_name 变为 last_name AND first_name，还可以使用此索引吗？下面实际测试一下。

为 sakila.customer 表创建组合索引（first_name, last_name），执行语句：

```
create index idx_firstname_lastname
    on customer(first_name, last_name);
```

使用 EXPLAIN 命令执行查询计划，验证 last_name AND first_name 是否可以使用索引 idx_firstname_lastname，执行语句：

```
# 执行语句
explain select
  customer_id,
  first_name,
  last_name
from
  customer
where
  last_name='LISA' AND first_name='ANDERSON'\G;

# 执行结果
*************************** 1. row ***************************
        id: 1
 select_type: SIMPLE
       table: customer
  partitions: NULL
```

```
         type: ref
possible_keys: idx_last_name,idx_firstname_lastname
          key: idx_last_name
      key_len: 182
          ref: const
         rows: 1
     filtered: 10.00
        Extra: Using where
```

其中，possible_keys 表示此次查询可以使用的索引，其值为 "idx_last_name,idx_firstname_lastname"，其中就包括刚刚创建的索引 idx_firstname_lastname。结果中的另一项 key 表示此次查询所使用的索引，其值为 idx_last_name，而不是创建的组合索引 idx_firstname_lastname，这是因为查询条件中首先指定了 last_name，所以与索引 idx_last_name 最为贴切。

索引 idx_last_name 是 sakila 数据库自带的索引，可以将其删除掉，然后再执行一次上面的查询计划，执行删除索引语句：

```
drop index idx_last_name on customer;
```

删除之后执行查询计划：

```
# 执行语句
explain select
  customer_id,
  first_name,
  last_name
from
  customer
where
  last_name='LISA' AND first_name='ANDERSON'\G;

# 执行结果
*************************** 1. row ***************************
           id: 1
  select_type: SIMPLE
        table: customer
   partitions: NULL
         type: ref
possible_keys: idx_firstname_lastname
          key: idx_firstname_lastname
      key_len: 364
          ref: const,const
         rows: 1
     filtered: 100.00
        Extra: Using index
```

从结果中可以看到 key 一项的值为 idx_firstname_lastname，说明使用了之前创建的组合索引。所以，查询条件的顺序与索引字段顺序不同也是可以使用索引的，这是因为 MySQL 的查询优化器会对查询条件的顺序进行优化。例如，last_name AND first_name 这个查询方式，对于 AND 运算符来讲，谁在左边或者右边的关系并不大，将其调转过来，变成 first_name AND last_name 是一样的效果，这样就可以使用组合索引（first_name, last_name）了。

10.8　聚 簇 索 引

扫一扫，看视频

前面介绍过，使用主键创建的索引称为"聚簇索引"，其实"聚簇索引"并不是一个单独的索引，聚簇索引就是数据表本身，在物理上强制表中记录按顺序存储。聚簇索引创建之后，表中所有记录就会根据索引字段来排序。聚簇索引直接对行排序，所以一个表中只能有一个聚簇索引。

每个 InnoDB 数据表都需要一个聚簇索引，聚簇索引可以帮助 InnoDB 表对数据操作进行优化，如 SELECT、INSERT、UPDATE、DELETE。在指定主键之后，MySQL 会直接把主键索引作为聚簇索引。

如果表中没有主键，MySQL 会找到表中第一个 UNIQUE INDEX，并且以其字段为 NOT NULL 的唯一索引作为聚簇索引。如果连合适的 UNIQUE INDEX 都没有找到，MySQL 会自动生成一个隐藏的聚簇索引，命名为 GEN_CLUST_INDEX。所以，每个 InnoDB 数据表必须且只有一个聚簇索引。

聚簇索引之外的其他索引都称为非聚簇索引或者二级索引，InnoDB 表中二级索引中每个记录都会指向聚簇索引。所以，在使用二级索引查找数据时，是先从二级索引中找到目标记录在聚簇索引中的位置，然后再到聚簇索引中取得具体的记录。

10.9　小　　结

扫一扫，看视频

本章介绍了 MySQL 中索引的概念和使用方法，还有各种索引的特点与用法。索引就相当于数据表中的数据目录，对于数据量大的表来讲，索引是必备的，否则查询效率极低。唯一索引可以确保索引字段中值的唯一性，这一点与主键索引相同，但一张表中只能有一个主键索引，而唯一索引可以有多个。前缀索引是使用索引字段值中前缀部分字符作为索引值，在确定前缀长度时，可以通过查询现有字段值的前缀重复度来确定，重复度越低越好。

组合索引可以简单理解为以多字段的合并值作为索引值，需要记住左前缀匹配原则。聚簇索引其实就是表本身，为表的物理数据进行排序。通过本章的学习可以清晰理解 MySQL 索引的概念，并掌握索引的具体用法。

第11章 事　务

对于数据的操作，有时需要多个操作是一体的。例如，一个业务逻辑中包含 2 个 INSERT 语句，需要同时插入成功，才算业务处理成功，假设第二个 INSERT 失败了，那么整体就是失败的，需要把第一个 INSERT 插入的数据清理掉。

把多个数据操作封装在一起，需要其中所有操作要么都成功，要么都失败，不允许有的成功，有的失败，这就需要使用 MySQL 的事务来实现。本章将介绍事务的作用与用法，以及事务的隔离问题。

通过本章的学习，可以掌握以下主要内容：

- 事务的概念。
- 事务的特性。
- 事务的相关操作。
- 事务并发问题。
- 事务隔离级别。
- 事务隔离的实现机制。

11.1　事　务　概　述

11.1.1　事务的概念

为了更好地理解事务的作用，可以先看一看下面的业务场景。

电商系统中，订单数据通常会使用两张表，一张是订单基本信息表，如订单的 ID、下单用户的 ID、下单日期等。另一张表是订单详情表，记录此订单中包括的商品信息列表。所以在用户下单的业务逻辑中，需要插入这两张表，如图 11-1 所示。

想象一下，如果在一次下单操作中插入订单表成功了，但插入订单详情表的时候失败了，这会造成什么后果？就会只有一个空的订单，订单中所包含哪些商品就完全不知道了，造成了系统业务出错。

出错的原因是业务上的操作单位与数据库中的操作单

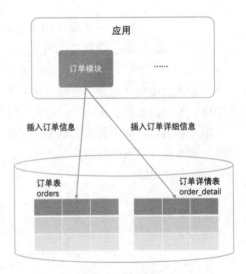

图 11-1　下单数据库操作

位不同，对于业务来讲，订单信息和订单详细信息都插入成功之后，下单业务才算成功，如有一个插入失败，下单业务就是失败的。而在数据库中，一个插入动作就是一个操作单位，与其他操作无关。

为了解决这个问题，出现了事务的概念。事务允许执行一个操作集合，并让数据库保证绝对不会出现部分的操作结果。在这个操作集合中，只要有一个操作失败了，就会对集合中已经执行成功的操作进行回滚，使数据库回到这个操作集合还没有执行时的状态。

如果集合中的所有操作都成功了，就会对集合执行提交，这样才算作执行完成。

11.1.2　事务的特性

扫一扫，看视频

数据库事务具有如下 4 个重要特性：
- 原子性（Atomicity）。
- 一致性（Consistency）。
- 隔离性（Isolation）。
- 持久性（Durability）。

事务特性简称 ACID 特性，由这 4 个特性的首字母组合而来。下面详细说明一下各个特性的具体含义。

1. 原子性

一个 INSERT 插入操作，其结果要么是插入成功，要么是插入失败，不可能存在有的字段插入成功，有的字段插入失败的情况，也就是没有中间状态，这就是原子性，最小单位的意思。

事务是一组操作的集合，也具有原子性，就是说集合中的操作要么全都执行成功，要么全都执行失败，不存在有的执行成功，有的执行失败的情况。只要事务开始了，其中的任何一个操作失败了，数据库就会回滚到事务开始之前的状态。

例如，一个事务需要插入 5 条记录，前 3 条插入成功了，但在插入第 4 条时失败了，那么数据库将会把之前成功插入的 3 条记录回滚，回到了事务执行前的数据状态，就像这个事务没有执行过一样。所以，事务是一个不可分割的最小单位。

2. 一致性

在事务执行完成后，数据库中的完整性约束不会遭到破坏。例如，name 字段是要求唯一性的，事务执行完成后，也要保持唯一性，不能因为执行了一个操作 name 值的事务就使得 name 不再唯一了，一致性不能被破坏。

事务的一致性也是对数据可见性的约束。例如，在转账的业务操作中，开启了一个事务，其中先对 userA 的账户金额进行扣减，然后再对 userB 的账户金额进行增加，都成功执行后事务结束。但是在给 userA 扣减之后，为 userB 增加之前的这个中间状态是不应该被其他事务看到的，这就是事务的一致性，其他事务能够看到的是 userA 扣减之前（事务开始前）的状态和 userB 增加金额之后（事务结束后）的状态，但是不能看到事务内部数据变更过程中的状态。

事务的原子性关注的是执行状态，事务内的操作都成功或者都失败，而一致性关注的是数据的可见性，事务执行过程中的数据中间状态对外不可见。

3. 隔离性

在多个事务并发执行时，事务之间的操作对象需要相互分离，事务的运行结果不应被其他事务所影响。如果有两个事务在一起操作同一个数据，那么这两个事务都有各自完整的数据空间。例如，在电商系统中，商家正在修改一个商品信息，与此同时，系统的管理员也在修改此商品的信息，商家是看不到管理员的修改信息的。

4. 持久性

事务一旦提交完成，其对数据库中数据状态的修改就是永久性的，实实在在地保存到了数据库中，不能再被回滚了，即使数据库因为故障宕机了，数据也可以被恢复。

扫一扫，看视频

11.2 事 务 控 制

MySQL 提供了以下 4 个语句来控制事务：

（1）使用 START TRANSACTION 语句来开启事务，BEGIN 或者 BEGIN WORK 语句是同样的作用。

（2）使用 COMMIT 语句来提交当前事务，使事务中的数据变更永久生效。

（3）使用 ROLLBACK 语句来回滚事务，取消事务中所做的所有数据变更。

（4）使用 SET autocommit={0|1}语句来打开或者关闭自动提交，0 为关闭，1 为打开。默认情况下 MySQL 是自动提交的，如果关闭，每次执行 SQL 操作时都需要手动提交或者回滚，在执行单条 SQL 操作时就会非常麻烦。

下面通过示例来学习事务控制的用法，因为事务操作会产生数据变更，为了不影响 sakila 数据库中原有的数据，所以本章创建新的数据库来实践。创建数据库 tx_demo，执行语句：

```
# 建库语句
create database if not exists tx_demo
  default character set utf8mb4
  default collate utf8mb4_general_ci;
```

创建好数据库之后，创建两张表，就是上一节中的订单表 orders 与订单详情表 order_detail，表结构如图 11-2 所示。

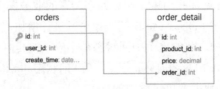

图 11-2　订单表与订单详情表

表结构很简单，只作为测试使用，能体验到事务操作效果即可。执行建表语句：

```
# 创建订单表
create table 'orders' (
  'id' int(11) not null auto_increment,
  'user_id' int(11) default null,
  'create_time' datetime default null,
  primary key ('id')
) engine=innodb default charset=utf8mb4;

# 创建订单详情表
create table 'order_detail' (
  'id' int(11) not null auto_increment,
  'product_id' int(11) default null,
  'price' decimal(10,2) default null,
  'order_id' int(11) default null,
  primary key ('id')
) engine=innodb default charset=utf8mb4;
```

接下来开启事务，向两张表中插入订单数据，之后提交，然后查询表中数据进行验证。

代码 11-1　事务提交示例

```
# 开启事务
start transaction;

# 插入订单信息
insert into orders(id, user_id, create_time)
  values(1, 1, '2020-10-26 18:22:45');

# 插入订单详细信息
insert into order_detail(product_id, price, order_id)
  values(100, 999, 1);

# 提交事务
commit;
```

事务提交之后查询两张表中的数据，执行语句：

```
# 查询订单信息表中数据
select * from orders;

# 返回结果
+----+---------+---------------------+
| id | user_id | create_time         |
+----+---------+---------------------+
| 1  |       1 | 2020-10-26 18:22:45 |
+----+---------+---------------------+
```

```
# 查询订单详细信息表中数据
select * from order_detail;

# 查询结果
+----+------------+--------+----------+
| id | product_id | price  | order_id |
+----+------------+--------+----------+
|  1 |        100 | 999.00 |        1 |
+----+------------+--------+----------+
```

事务提交之后，数据都正常插入到了表中。如果是在事务提交之前，INSERT 语句执行之后，本事务窗口中可以看到表中数据，但其他窗口中是看不到的，如图 11-3 所示。

窗口1—执行事务的窗口   窗口2—新开窗口

图 11-3   事务执行终端与新开终端差异

下面体验事务回滚的用法与效果。

<h3 align="center">代码 11-2   事务回滚示例</h3>

```
# 开启事务
start transaction;

# 插入订单信息
insert into orders(id, user_id, create_time)
  values(2, 2, '2020-10-27 18:22:45');

# 查询订单表数据
select * from orders;

# 查询结果
+----+---------+---------------------+
| id | user_id | create_time         |
+----+---------+---------------------+
|  1 |       1 | 2020-10-26 18:22:45 |
|  2 |       2 | 2020-10-27 18:22:45 |
+----+---------+---------------------+
```

```
# 插入订单详细信息
insert into order_detail(product_id, price, order_id)
  values(200, 999, 2);

# 查询订单详情表数据
select * from order_detail;

# 查询结果
+----+------------+--------+----------+
| id | product_id | price  | order_id |
+----+------------+--------+----------+
| 1  |        100 | 999.00 |        1 |
| 2  |        200 | 999.00 |        2 |
+----+------------+--------+----------+

# 事务回滚
rollback;
```

在事务内，在插入数据之后查询，可以看到插入的数据。下面在事务回滚之后再次查询表中数据，
执行语句：

```
# 查询订单表数据
select * from orders;

# 查询结果
+----+---------+---------------------+
| id | user_id | create_time         |
+----+---------+---------------------+
| 1  |       1 | 2020-10-26 18:22:45 |
+----+---------+---------------------+

# 查询订单详情表数据
select * from order_detail;

# 查询结果
+----+------------+--------+----------+
| id | product_id | price  | order_id |
+----+------------+--------+----------+
| 1  |        100 | 999.00 |        1 |
+----+------------+--------+----------+
```

可以看到，事务回滚之后，事务中插入的数据已经没有了，与事务执行之前的数据状态是一
样的。

11.3　事务隔离

事务是一组 SQL 语句的操作，从事务开启到事务的结束，时间跨度较大，所以多个事务并发执行的概率就更高。在事务并发过程中会产生一些问题，如脏读、不可重复读、幻读，为此，数据库定义了多种事务隔离级别来解决这些问题。

11.3.1　事务并发问题

扫一扫，看视频

数据库中有多个事务同时执行时，就可能出现以下问题：

● 脏读（Dirty Read）。

● 不可重复读（Non-repeatable Read）。

● 幻读（Phantom Read）。

下面详细说明一下各个问题的具体情况。

1. 脏读

脏读是指一个事务执行过程中读到了另一个事务修改但未提交的数据，即看到了其他事务的中间状态，如图 11-4 所示。

执行顺序	事务1	事务2
1	start transaction;	start transaction;
2		update user 　set age=20 　where id=1;
3	select age 　from user 　where id=1; // age = 20	
	commit;	rollback;

图 11-4　脏读示意图

事务 2 修改了 id 为 1 这条记录的 age 为 20，在事务 2 结束之前，事务 1 读取了这条记录的 age 字段，返回值为 20，这是事务 2 修改后的结果，但事务 2 还没有结束，20 这个值属于事务 2 的中间状态，最后事务 2 回滚了，也就是说根本不存在 age 等于 20 的记录，但事务 1 的读取结果就是 20。

产生脏读问题，说明数据库完全没有做事务隔离的处理，事务之间的内部状态完全可见。

2. 不可重复读

不可重复读是指在一个事务中重复读取同一条数据时，每次读取的结果不同，如图 11-5 所示。

执行顺序	事务1	事务2
1	start transaction;	start transaction;
2	select age 　from user 　where id=1; // age = 10	
3		update user 　set age=20 　where id=1;
4		commit;
5	select age 　from user 　where id=1; // age = 20	
6	commit;	

图 11-5　不可重复读示意图

　　事务 1 先读取了 id 为 1 这条记录的 age 值，返回 10。接下来事务 2 将此条记录的 age 值改为了 20，然后提交，事务 2 结束。事务 1 又读取了一次这条记录，这次返回的是 20，为事务 2 修改提交后的结果。事务 1 中两次读取同一条记录，但返回的结果不同。

　　不可重复读是一个事务第二次读数据时，读到了其他事务提交后的数据，造成两次读到的数据不同。从正常体验来讲，在事务 1 中多次读取同一个记录时，返回结果应该是相同的，所以不可重复读也是一个问题。

3．幻读

　　幻读就是在一个事务中，同样的查询条件，在不同的时间执行时，会产生不同的查询结果。例如，一个 SELECT 语句被执行两次，第二次返回结果中有一条记录是第一次结果集中所没有的，如图 11-6 所示。

执行顺序	事务1	事务2
1	start transaction;	start transaction;
2	select * 　from user 　where id<20; // 返回10条	
3		insert into user 　(name, age) values 　('lily' , 18);
4		commit;
5	select * 　from user 　where id<20; // 返回11条	
6	commit;	

图 11-6　幻读示意图

　　事务 1 中第一次查询 id 小于 20 的用户时返回了 10 条记录，然后事务 2 插入了一条新的用户数据，age 为 18，符合事务 1 中的查询条件，事务 2 插入完成后，事务 1 使用同样的查询条件，又查询了一次，这次却返回了 11 条记录，包含了事务 2 刚刚插入的数据。

11.3.2　事务隔离级别

扫一扫，看视频

MySQL 定义了事务隔离级别来解决上述的事务并发问题，隔离级别包括以下 4 种。

（1）读未提交（read uncommitted）：一个事务在提交之前的数据变更结果可以被其他事务看到。这是最低一级的隔离级别，可以理解为没有隔离。但因为没有限制，所以并发性能最好。

（2）读已提交（read committed）：一个事务中的数据变更结果，在提交之后才可以被其他事务看到。这一级别解决了脏读的问题，但解决不了不可重复读和幻读问题。

（3）可重复读（repeatable read）：一个事务中，同一条记录的数据状态始终是一致的。这一级别解决了脏读、不可重复读的问题，但解决不了幻读问题。

（4）串行化（serializable）：一个事务启动后，为记录加锁，别的事务无法操作，只能等待此事务结束后释放锁。此级别的隔离成功最高，相当于禁止了事务的并发，所以脏读、不可重复读、幻读这些事务并发问题就都不存在了。因为通过加锁禁止了并发，所以此级别是性能最低。

下面通过示例来理解这 4 个隔离级别的效果。

1．读未提交

实践步骤如下：

（1）开启两个 MySQL Client 终端窗口，都将事务隔离级别设置为读未提交，并开启事务。

```
# 设置事务隔离级别
SET @@session.transaction_isolation = 'READ-UNCOMMITTED';

# 开启事务
start transaction;
```

（2）在终端 1 中修改 orders 表中的数据。

修改 orders 表中 id 为 1 的记录，将 user_id 字段的值改为 2。执行 UPDATE 之前先查看表中现在的数据，执行语句：

```
# 查询语句
select * from orders;

# 查询结果
+----+---------+---------------------+
| id | user_id | create_time         |
+----+---------+---------------------+
| 1  |       1 | 2020-10-26 18:22:45 |
+----+---------+---------------------+
```

当前 user_id 的值为 1，下面执行 UPDATE 修改操作：

```
# 执行修改
update
```

```
  orders
set
  user_id=2
where
  id=1;
```

查询修改后的表数据：

```
# 查询语句
select * from orders;

# 查询结果
+----+---------+---------------------+
| id | user_id | create_time         |
+----+---------+---------------------+
| 1  |       2 | 2020-10-26 18:22:45 |
+----+---------+---------------------+
```

user_id 已经改为了 2。

（3）在终端 2 中查询 orders 表，应该可以看到终端 1 中所做的修改。

```
# 查询语句
select * from orders;

# 查询结果
+----+---------+---------------------+
| id | user_id | create_time         |
+----+---------+---------------------+
| 1  |       2 | 2020-10-26 18:22:45 |
+----+---------+---------------------+
```

在终端 2 中看到了终端 1 未提交的数据修改结果，出现了脏读。

（4）将两个终端都结束事务。

```
# 事务回滚
rollback;
```

体验到读未提交这个隔离级别的效果就好，无须实际更改表中的数据，所以执行回滚。

2. 读已提交

（1）开启两个 MySQL Client 终端窗口，都将事务隔离级别设置为读已提交，并开启事务。

```
# 设置事务隔离级别
SET @@session.transaction_isolation = 'READ-COMMITTED';

# 开启事务
start transaction;
```

（2）在终端 1 中修改 orders 表中的数据。

修改 orders 表中 id 为 1 的记录，将 user_id 字段的值改为 3。执行 UPDATE 之前先查看表中现在的数据，执行语句：

```
# 查询语句
select * from orders;

# 查询结果
+----+---------+---------------------+
| id | user_id | create_time         |
+----+---------+---------------------+
| 1  |       1 | 2020-10-26 18:22:45 |
+----+---------+---------------------+
```

当前 user_id 的值为 1，下面执行 UPDATE 修改操作：

```
# 执行修改
update
  orders
set
  user_id=3
where
  id=1;
```

查询修改后的表数据：

```
# 查询语句
select * from orders;

# 查询结果
+----+---------+---------------------+
| id | user_id | create_time         |
+----+---------+---------------------+
| 1  |       3 | 2020-10-26 18:22:45 |
+----+---------+---------------------+
```

user_id 已经改为了 3。

（3）在终端 2 中查询 orders 表，应该看不到终端 1 中所做的修改。

```
# 查询语句
select * from orders;

# 查询结果
+----+---------+---------------------+
| id | user_id | create_time         |
+----+---------+---------------------+
| 1  |       1 | 2020-10-26 18:22:45 |
+----+---------+---------------------+
```

终端 2 中看到的是终端 1 修改之前的数据，看不到没有提交的数据修改，避免了脏读。

（4）在终端 1 中提交事务。

```
# 事务提交
commit;
```

（5）在终端 2 中查询 orders 表，应该可以看到终端 1 中所做的修改。

```
# 查询语句
select * from orders;

# 查询结果
+----+---------+---------------------+
| id | user_id | create_time         |
+----+---------+---------------------+
| 1  |       3 | 2020-10-26 18:22:45 |
+----+---------+---------------------+
```

在终端 2 中看到了终端 1 提交的数据，说明了终端 2 在事务执行过程中可以看到其他事务的提交数据。

（6）在终端 2 中提交事务。

```
# 事务提交
commit;
```

在终端 2 中结束事务，其事务中只是查询操作，没有数据变更，事务提交也没有影响。

3．可重复读

实践步骤如下：

（1）开启两个 MySQL Client 终端窗口，都将事务隔离级别设置为可重复读。

```
# 设置事务隔离级别
SET @@session.transaction_isolation = 'REPEATABLE-READ';
```

如果是完全新打开的终端窗口，可以不用设置隔离级别，因为 MySQL 默认的隔离级别就是可重复读，隔离级别是 SESSION 会话级别的属性，新建终端窗口后就会使用默认隔离级别。但如果是继续使用了之前的会话窗口，就要记得手动设置一下，把隔离级别改为可重复读。

（2）在终端 1 中开启事务，并查看 orders 表中数据。

查看 orders 表中所有记录：

```
# 开启事务
start transaction;

# 查询语句
select * from orders;

# 查询结果
```

```
+----+---------+---------------------+
| id | user_id | create_time         |
+----+---------+---------------------+
| 1  |       3 | 2020-10-26 18:22:45 |
+----+---------+---------------------+
```

（3）在终端 2 中插入 2 条新的记录。

```
# 插入数据
insert into orders(id, user_id, create_time)
  values(4, 5, '2020-10-27 18:22:45');
```

```
# 插入数据
insert into orders(id, user_id, create_time)
  values(5, 6, '2020-10-28 18:22:45');
```

插入之后查看表中数据情况：

```
# 查询语句
select * from orders;
```

```
# 查询结果
+----+---------+---------------------+
| id | user_id | create_time         |
+----+---------+---------------------+
| 1  |       3 | 2020-10-26 18:22:45 |
| 4  |       5 | 2020-10-27 18:22:45 |
| 5  |       6 | 2020-10-28 18:22:45 |
+----+---------+---------------------+
```

（4）在终端 1 中再次查看 orders 表中数据。

```
# 查询语句
select * from orders;
```

```
# 查询结果
+----+---------+---------------------+
| id | user_id | create_time         |
+----+---------+---------------------+
| 1  |       3 | 2020-10-26 18:22:45 |
+----+---------+---------------------+
```

和上次查询结果一致，并没有看到终端 2 新插入的数据。

（5）在终端 2 中修改记录 1，将 user_id 改为 31。

```
# 修改语句
update
  orders
set
```

```
    user_id=31
where
    id=1;
```

修改之后查看表中数据情况：

```
# 查询语句
select * from orders;

# 查询结果
+----+---------+---------------------+
| id | user_id | create_time         |
+----+---------+---------------------+
| 1  |      31 | 2020-10-26 18:22:45 |
| 4  |       5 | 2020-10-27 18:22:45 |
| 5  |       6 | 2020-10-28 18:22:45 |
+----+---------+---------------------+
```

记录 1 的 user_id 已经变为 31，修改完成。

（6）在终端 1 中再次查看 orders 表中数据。

```
# 查询语句
select * from orders;

# 查询结果
+----+---------+---------------------+
| id | user_id | create_time         |
+----+---------+---------------------+
| 1  |       3 | 2020-10-26 18:22:45 |
+----+---------+---------------------+
```

记录 1 的 user_id 仍然为 3，和之前的查询结果是一致的。

由以上实践结果中可以看到，可重复读这一隔离级别已经解决了脏读、不可重复读的问题，这是因为 MySQL 在可重复读这一隔离级别中使用了快照，这样就达成了目标，解决了这几个问题。虽然看似很完美，但这一机制也会带来其他问题，继续下面的实践步骤，会看到一些有意思的情况。

（7）在终端 1 中向 orders 表中插入记录。

终端 2 中的 orders 表里面有 3 条记录，终端 1 中看到的是 1 条，记录 4、记录 5 无法看到。下面在终端 1 中插入一条记录，其 id 指定为 4，执行插入语句：

```
# 插入语句
insert into orders(id, user_id, create_time)
  values(4, 51, '2020-10-27 18:22:45');

# 返回结果
ERROR 1062 (23000): Duplicate entry '4' for key 'PRIMARY'
```

插入报错了，提示记录 4 重复了。在终端 1 中查询数据时没有记录 4，插入时却提示已经存在，这就是快照所带来的问题，快照中的数据结果已经过时了。

（8）在终端 1 修改 orders 表中记录 4 的 user_id 值。

在终端 1 中查看 orders 表中数据：

```
# 查询语句
select * from orders;

# 查询结果
+----+---------+---------------------+
| id | user_id | create_time         |
+----+---------+---------------------+
| 1  |       3 | 2020-10-26 18:22:45 |
+----+---------+---------------------+
```

只有记录 1，并没有记录 4，记录 4 是在终端 2 中插入的，在终端 1 中修改记录 4 的 user_id 为 888，执行修改语句：

```
# 修改语句
update
  orders
set
  user_id=888
where
  id=4;
```

修改之后，再次查询表中数据：

```
# 查询语句
select * from orders;

# 查询结果
+----+---------+---------------------+
| id | user_id | create_time         |
+----+---------+---------------------+
| 1  |       3 | 2020-10-26 18:22:45 |
| 4  |     888 | 2020-10-27 18:22:45 |
+----+---------+---------------------+
```

可以看到，记录 4 出现了，其 user_id 就是刚才修改的值。这也是快照的问题，虽然看不到，但记录 4 是真实存在的，就可以改变，而本事务自己修改的数据就可以被本事务所看到，之前终端 2 插入的记录 5 还是看不到。

（9）在终端 1 中提交事务，然后查看 orders 表中数据。

```
# 提交事务
commit;

# 查询语句
```

```
select * from orders;

# 查询结果
+----+---------+---------------------+
| id | user_id | create_time         |
+----+---------+---------------------+
| 1  |      31 | 2020-10-26 18:22:45 |
| 4  |     888 | 2020-10-27 18:22:45 |
| 5  |       6 | 2020-10-28 18:22:45 |
+----+---------+---------------------+
```

表中数据是终端 1 与终端 2 共同作用的结果，记录 1 的 user_id 值是终端 2 修改的，记录 4、记录 5 都是终端 2 插入的，记录 4 的 user_id 值是终端 1 修改的。

通过上面的实践步骤，可以理解 MySQL 可重复读的快照机制所带来的问题，在实际应用过程中需要注意这些问题，避免带来困扰。

4．串行化

事务的并发问题是非常复杂的，不存在一个完美的解决方案既能够很好地支持并发，又能够规避所有的并发问题。

如果以上的 3 种隔离级别都无法满足需求，就需要禁止事务的并发操作，完全改为串行执行的方式，MySQL 会给查询操作也加锁，使多个事务按顺序执行。

实践步骤如下：

（1）开启两个终端，设置事务隔离级别为串行化。

```
# 设置事务隔离级别
SET @@session.transaction_isolation = 'SERIALIZABLE';
```

（2）在终端 1 中开启事务，向 orders 表中插入一条记录。

```
# 开启事务
start transaction;

# 插入语句
insert into orders(id, user_id, create_time)
  values(6, 66, '2020-10-27 18:22:45');
```

（3）在终端 2 中开启事务，查询 orders 表中数据。

```
# 开启事务
start transaction;

# 查询语句
select * from orders;
```

执行查询语句之后，终端 2 的命令行会一直处于等待的状态。

（4）立即切换到终端 1，提交事务。

```
# 提交事务
commit;
```

在终端 1 中提交事务之后，终端 2 才会返回查询结果。返回终端 2 可以看到如下内容：

```
# 查询结果
+----+---------+---------------------+
| id | user_id | create_time         |
+----+---------+---------------------+
|  1 |      31 | 2020-10-26 18:22:45 |
|  4 |     888 | 2020-10-27 18:22:45 |
|  5 |       6 | 2020-10-28 18:22:45 |
|  6 |      66 | 2020-10-27 18:22:45 |
+----+---------+---------------------+
```

记录 6 就是终端 1 刚刚插入的记录。

（5）在终端 2 中提交事务。

```
# 提交事务
commit;
```

如表 11-1 所示总结了事务并发问题与 MySQL 隔离级别的关系。

表 11-1　并发问题与隔离级别关系表

隔离级别	脏读	不可重复读	幻读
读未提交	有	有	有
读已提交	无	有	有
可重复读	无	无	有
串行化	无	无	无

11.3.3　事务隔离的实现机制

扫一扫，看视频

　　MySQL 的可重复读隔离级别是通过快照机制来实现的事务隔离，在事务启动时就对数据库做了一个快照，以后读取的数据都是从快照读取的。

　　但这个快照机制并非把启动那个时间点的数据复制一份出来，如果数据库的物理数据有上百个 GB，那么这种快照方式所需要的时间是不可忍受的。所以，事务的隔离是通过数据的版本来实现的，版本号就是数据的一个切面，可以作为快照。

　　有两个基本概念需要先了解一下。

1. 事务 ID

InnoDB 存储引擎中，每个事务都有一个唯一编号，称为事务 ID（Transaction ID），事务启动时就会获得一个 ID，这个 ID 号是不断增加的，即后启动的事务 ID 一定大于前面启动的事务 ID。

2. 回滚日志

每条记录的每次变更都会记录到回滚日志中，每次变更都会产生一个新的版本，回滚日志中会记录每个版本的版本号、执行变更操作的事务 ID、变更方式。

如图 11-7 所示，一条记录的每次变更过程都会清晰地记录下来，最新的值为 24，版本为 V4，是 ID 为 22 的事务更改的，这个最新值是真实记录在数据库文件中的，前面的 3 个版本只是存在于回滚日志中，在需要某个版本时，可以从回滚日志中找到。

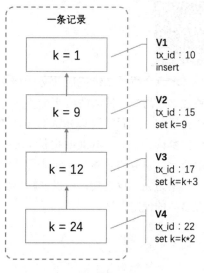

图 11-7　数据的版本

可重复读隔离级别中，事务启动后能看到的是之前事务提交的数据，在事务执行期间，其他事务所变更的数据是看不到的。

例如，一个事务启动了，其事务 ID 为 16，那么此事务能看到的数据就是 ID 小于 16，并且在此事务启动之前已经提交了数据。以图 11-7 为例，此示例能看到的版本为 V2，因为 V4 的事务 ID 为 22，大于此事务 ID，所以不可见；然后找到 V4 之前的版本 V3，此版本的事务 ID 为 17，同样大于此事务 ID。继续找之前的版本 V2，其事务 ID 为 15，小于此事务 ID，所以可见。

对于小于本事务 ID 的那些事务，也不都是可见的，因为在此事务启动时，可能之前的某些事务还在执行，没有提交。InnoDB 会为事务构造一个数组，用来记录此事务启动时还有哪些之前的事务正在执行。

例如，ID 为 16 的事务启动了，此时事务 8、事务 12 还在执行，事务 16 就有了一个活跃事务数组，其中的值为[8,12,16]，那么事务 16 就明确知道自己的可见范围了，分为以下几种情况。

（1）事务 ID > 16：不可见，那些事务是在本事务启动后执行的。

（2）事务 ID < 8：可见，那些事务是在本事务启动前提交的。

（3）8≤事务 ID≤16：其中 16 是可见的，因为是自己；事务 8 是不可见的，因为它在本事务启动时还在执行；同样的道理，事务 12 也不可见。而此区间内的其他事务的数据是可见的，因为都是在本事务之前提交的，如图 11-8 所示。

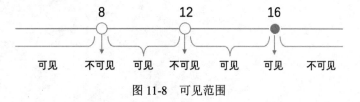

图 11-8　可见范围

所以，通过事件 ID 及其顺序递增的特性，还有数据版本的机制，就实现了事务隔离的控制。

扫一扫，看视频

11.4 小 结

本章介绍了 MySQL 事务的概念和用法，事务是一组操作序列构成的逻辑单位，具有原子性、一致性、隔离性、持久性这 4 个特性。使用 START TRANSACTION 语句来开启事务，然后执行一系列操作语句，最后使用 COMMIT/ROLLBACK 来结束事务。事务的并发还带来一些问题，包括脏读、不可重复读、幻读，MySQL 提供了 4 种隔离级别来解决这些问题，包括读未提交、读已提交、可重复读、串行化。事务的隔离性主要是通过事务 ID 以及数据版本机制来实现的。

学习完本章之后，可以理解事务的概念、作用，以及事务并发问题、事务隔离级别，可以熟练掌握事务的使用方法。

第12章 性能优化

学习完如何使用 MySQL 后，本章将介绍如何让 MySQL 运行得更快，即怎么对 MySQL 进行性能优化。主要内容包括掌握 MySQL 服务器处理能力的基准测试、MySQL 参数的合理配置、用最佳方式使用索引、提升查询语句的查询效率。

通过本章的学习，可以掌握以下主要内容：

● 性能优化的维度。
● 基准测试。
● 参数配置。
● 索引优化。
● 查询优化。

12.1 性能优化的维度

如图 12-1 所示，服务器中安装着 MySQL Server 数据库系统，MySQL 中管理着数据表和索引等资源，数据库客户端向 MySQL Server 发送 SQL 请求，MySQL 处理之后返回结果。这就是 MySQL 的处理请求的大体流程与结构。

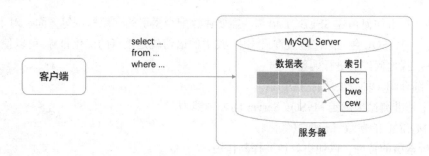

图 12-1　MySQL 工作示意图

从这个结构中可以发现，提升 MySQL 处理 SQL 请求的效率包括如下 4 个关键点：

（1）服务器性能的高低。
（2）MySQL Server 自身工作状态是否正常。
（3）数据表索引效率的高低。
（4）客户端发送的 SELECT 语句的写法是否正确。

物理服务器是一切的基础，如果硬件配置不足，那么在软件层面再怎么优化都是徒劳的，所以服务器的硬件配置是底层保障，如 CPU 的处理能力、内存的大小、磁盘的空间大小与读写速度、网络的传输速度等。

在服务器上就是 MySQL Server 数据库软件，MySQL 默认状态下，并不一定是最优的，需要针对物理服务器的资源情况做出最适当的调整。就像钢琴出厂时都是标准配置，后期需要精细的调音才能把音色调整到最佳。同样的道理，MySQL Server 也需要进行参数的调整，例如内存的使用参数，这样才能让 MySQL 在所属的服务器中发挥出最佳的性能。

索引是数据表中不同维度的数据目录，应用好索引，就会大大提升数据查询的效率，但索引的维护是需要额外成本的，所以构建高效、适度的索引既可以提升查询性能，又不会给 MySQL Server 增加过大的压力。

客户端发送的查询请求语句的写法同样至关重要，一个好的 SELECT 语句可以被高效地执行，可以最大化地减轻磁盘 I/O、网络 I/O 的压力。如何写好查询语句是非常关键的。

所以，对于 MySQL 的性能优化，整体分为如下 4 个维度：

（1）物理服务器的资源配置。

（2）MySQL 配置参数的调整。

（3）索引的高效应用。

（4）查询语句的分析调整。

在服务器确定之后，就需要测试一下 MySQL 在此服务器上的运行指标，以便了解此服务器中 MySQL 的处理能力，这个测试称为基准测试。然后需要对 MySQL 的配置参数进行调整，如内存参数、I/O 参数的配置，调整之后再次进行基准测试，以便了解参数调整的效果。

完成基准测试、调整好参数之后，MySQL Server 便准备好了，之后就是如何使用 MySQL 的问题了。在 MySQL 方面，索引是非常重要的，在大型数据表中，创建好合适的索引，就能使查询性能得到几何倍数的提升。

最后就是客户端如何构建 SELECT 语句，需要注意配合索引的使用原则等方面，对于执行时间长的 SELECT 语句，MySQL 会记录在慢查询日志中，其中的语句就是重点的优化目标，可以使用 EXPLAIN 语句对其分析，找出问题后进行调整。

下面会详细介绍 4 种主要的优化方式：

（1）使用基准测试来确定 MySQL Server 的处理能力。

（2）对 MySQL 的参数进行调整优化。

（3）分析索引的特性，以便更好地发挥其作用。

（4）SELECT 语句的分析方法。

12.2　基 准 测 试

基准测试用于评估软件的性能指标，是针对系统设置的一种压力测试，观察系统在不同压力下的行为。基准测试的目的非常简单直接，就是用于评估服务器的处理能力。

12.2.1　基准测试的概念

对 MySQL 做基准测试是用于掌握在当前服务器配置的情况下（CPU、内存、磁盘、网络、操作系统等基础设施）、当前 MySQL 参数配置的情况下 MySQL 最大的处理能力，形成一个基准性能报告。以后对服务器进行升级，或者修改 MySQL 的配置参数之后，可以重新做基准测试，与之前的基准测试结果进行对比，这样就可以知道性能变化的情况。

基准测试属于压力测试的一种，但不要和平时对应用系统所做的压力测试相混淆。对应用做的压力测试与业务逻辑、业务数据紧密相关，如电商系统的下单接口，对其做压力测试时，此接口需要真实的数据，运行真实的业务处理流程，与相关的中间系统交互。

对应用做压力测试的目的是掌握实际业务场景下的最大处理能力，得出真实系统所能承受的压力，而基准测试与测试的数据、执行的逻辑都完全无关，仅仅关心软件各功能的处理能力，如 MySQL 的插入性能、各种类型的查询性能等，查看 MySQL 的性能表现，找出其性能的阈值。

简单来讲，MySQL 的基准测试是用来了解 MySQL 在当前环境下有多大的处理能力。具体作用如下：

（1）建立 MySQL 的性能基准线，明确当前 MySQL 的运行情况。在以后的优化过程中，就可以清晰地知道优化效果。

（2）通过不断增加并发请求量，观察性能指标的变化情况，以此确定当前 MySQL 适应的并发量为多少。

（3）测试不同底层设施的情况下 MySQL 的性能，如不同硬件配置的组合、不同的操作系统、不同的版本等。

（4）可以验证硬件升级的效果，如改换了新的固态硬盘之后，进行基准测试，看是否符合预期，投入产出是否合适，以此决定是否大批更换。

12.2.2　基准测试的目标

MySQL 基准测试的核心目标有如下几点。

- TPS（Transactions Per Second）：每秒处理的事务数。
- QPS（Queries Per Second）：每秒处理的查询数。
- RT（Response Time）：响应时间，也就是处理完一个请求所花费的时间。包括平均响应时间、最小响应时间、最大响应时间，以及各响应时间所占的百分比。
- CT（Concurrency Thread）：并发量，表示可同时处理的查询请求的数量。

12.2.3　基准测试的步骤

如图 12-2 所示，基准测试共分为 4 步：

（1）准备测试数据，基准测试的数据无须使用业务真实数据，模拟生成即可。

（2）准备数据收集工具，测试运行之后会产生结果数据，为了之后能够方便地进行分析，可以使用合适的工具将结果数据收集起来，如使用脚本进行收集保存。

（3）运行测试。

（4）分析测试结果，对测试产生的结果数据进行分析，根据自己的需求进行不同维度的处理分析。

12.2.4　基准测试的工具

扫一扫，看视频

目前使用最为广泛的基准测试工具有两个：

- mysqlslap。
- sysbench。

下面分别介绍一下它们的使用方法。

图 12-2　基准测试步骤

1. mysqlslap

mysqlslap 是 MySQL 自带的基准测试工具，非常方便，小巧易用，无须做其他准备工作，在 mysqlslap 命令后指定测试参数，就可以直接运行。通过下面的测试命令可以快速理解 mysqlslap 的用法。

代码 12-1　mysqlslap 示例

```
# 执行 mysqlslap 测试命令
root@899a8ff5ceea:/# mysqlslap \
>   --concurrency=8,16,32 \
>   --iterations=3 \
>   --number-int-cols=2 \
>   --number-char-cols=4 \
>   --auto-generate-sql \
>   --auto-generate-sql-add-autoincrement \
>   --engine=innodb \
>   --number-of-queries=200 \
>   --create-schema=testdb \
>   -uroot -p123456

# 输出结果
mysqlslap: [Warning] Using a password on the command line interface can be insecure.
Benchmark
    Running for engine innodb
    Average number of seconds to run all queries: 0.096 seconds
    Minimum number of seconds to run all queries: 0.093 seconds
    Maximum number of seconds to run all queries: 0.101 seconds
    Number of clients running queries: 8
    Average number of queries per client: 25

Benchmark
```

```
    Running for engine innodb
    Average number of seconds to run all queries: 0.098 seconds
    Minimum number of seconds to run all queries: 0.086 seconds
    Maximum number of seconds to run all queries: 0.121 seconds
    Number of clients running queries: 16
    Average number of queries per client: 12

Benchmark
    Running for engine innodb
    Average number of seconds to run all queries: 0.096 seconds
    Minimum number of seconds to run all queries: 0.090 seconds
    Maximum number of seconds to run all queries: 0.100 seconds
    Number of clients running queries: 32
    Average number of queries per client: 6
```

命令中指定了很多参数，后面会逐一说明各个参数的含义，先看返回的结果信息。其中有 3 个 Benchmark，这是因为在执行命令时指定了 3 个并发级别：8、16、32，所以结果中就会显示在这 3 种并发数量情况下的测试结果。

每个 Benchmark 中都会显示出处理请求的平均秒数、耗时最多的秒数、耗时最少的秒数，以及客户端并发数、每个客户端平均请求数量。

从结果信息中可以发现，mysqlslap 返回的测试结果数据比较简单，其中并没有 TPS/QPS 的统计数据，这就需要自己写脚本来统计，或者配合使用其他第三方的工具。表 12-1 中对 mysqlslap 命令的主要参数做了详细的说明。

表 12-1　mysqlslap 命令的主要参数

参　　　数	说　　　明
--auto-generate-sql	自动生成 SQL 脚本
--auto-generate-sql-add-autoincrement	在生成的表中添加自增 ID
--auto-generate-sql-load-type	测试环境读写类型
--auto-generate-sql-write-number	初始化数据量
--concurrency	并发线程数量
--create-schema	测试数据库名字
--debug-info	输出内存、CPU 统计信息
--engine	测试表使用的存储引擎
--iterations	测试运行的次数
--no-drop	不清理测试数据
--number-of-queries	每个线程执行的查询数量
--number-int-cols	测试表中 int 类型字段数量
--number-char-cols	测试表中 varchar 类型字段数量
--only-print	把生成的测试脚本打印出来
--query	自定义 SQL 的脚本

为了方便对照，上面执行的命令如下：

```
mysqlslap \
  --concurrency=8,16,32 \
  --iterations=3 \
  --number-int-cols=2 \
  --number-char-cols=4 \
  --auto-generate-sql \
  --auto-generate-sql-add-autoincrement \
  --engine=innodb \
  --number-of-queries=200 \
  --create-schema=testdb \
  -uroot -p123456
```

2. sysbench

sysbench 并不是 MySQL 自带的测试工具，是一款独立的专业基准测试工具，除了 MySQL，sysbench 还支持 Postgre、Oracle 数据库，而且除了能测试数据库，还可以测试服务器资源，如 CPU、I/O，所以 sysbench 在 DBA 中受欢迎程度最高。

因为 sysbench 更加专业，功能更齐全，所以其使用方法也会更复杂一点。首先需要进行安装，sysbench 的官方项目地址为：

```
https://github.com/akopytov/sysbench
```

其中有详细的安装方法和使用方法，因为各个系统平台需要不同的安装方法，这里不便全部列出，本书中使用的操作系统为 CentOS7，下面为此系统中的安装方法。

```
# 获取 rpm 脚本，并执行
curl -s https://packagecloud.io/install/repositories/akopytov/sysbench/script.rpm.sh | sudo
bash

# 使用 yum 方式安装 sysbench
sudo yum -y install sysbench
```

其他平台请参考官方项目页面中的说明。安装完成之后，先用 sysbench 测试一下 CPU 的性能。

代码 12-2　sysbench 测试 CPU

```
# 执行 sysbench 测试命令
sysbench --test=cpu --cpu-max-prime=200 run

# 返回结果
WARNING: the --test option is deprecated. You can pass a script name or path on the command
line without any options.
sysbench 1.0.20 (using bundled LuaJIT 2.1.0-beta2)

Running the test with following options:
```

```
Number of threads: 1
Initializing random number generator from current time


Prime numbers limit: 200

Initializing worker threads...

Threads started!

CPU speed:
    events per second: 158563.24

General statistics:
    total time:                      10.0001s
    total number of events:          1585983

Latency (ms):
        min:                                0.01
        avg:                                0.01
        max:                                4.06
        95th percentile:                    0.01
        sum:                             9614.16

Threads fairness:
    events (avg/stddev):           1585983.0000/0.00
    execution time (avg/stddev):   9.6142/0.00
```

结果数据中给出了 CPU 处理速度、测试总耗时、延时情况等信息。

下面开始测试 MySQL，分为 3 个步骤。

（1）prepare：准备测试数据。

（2）run：执行测试。

（3）clean：清理测试环境。

首先执行 sysbench 中的脚本来创建测试数据表和生成测试数据，但要提前在 MySQL 中创建一个数据库，名为 sbtest，没有这个数据库，sysbench 就无法连接到 MySQL，创建好之后，sysbench 就会自动使用这个库。执行创建数据库语句：

```
create database sbtest;
```

建好数据库之后，就可以准备测试数据了。

代码 12-3　sysbench 准备数据

```
# 执行 sysbench 命令，准备数据
sysbench ./tests/include/oltp_legacy/oltp.lua \
```

```
--mysql-host=127.0.0.1 \
--mysql-port=3306 \
--mysql-user=root \
--mysql-password=123456 \
--oltp-test-mode=complex \
--oltp-tables-count=10 \
--oltp-table-size=100000 \
--threads=10 \
--time=120 \
--report-interval=10 \
prepare
```

此命令需要用到 sysbench 字段的脚本，所以主要在 sysbench 安装目录下执行。其中各参数的含义如下。

- --mysql-host：MySQL Server 的连接地址。
- --mysql-port：MySQL Server 的端口。
- --mysql-user：MySQL 登录用户名。
- --mysql-password：MySQL 登录密码。
- --oltp-test-mode：测试模式，如简单模式、复杂模式。
- --oltp-tables-count：测试表的数量。
- --oltp-table-size：测试表中的数据量。
- --threads：客户端并发连接数。
- --time：测试运行的秒数。
- --report-interval：生成报告间隔秒数。

上述命令执行的结果如下：

```
# 执行结果
Creating table 'sbtest1'...
Inserting 100000 records into 'sbtest1'
Creating secondary indexes on 'sbtest1'...
Creating table 'sbtest2'...
Inserting 100000 records into 'sbtest2'
Creating secondary indexes on 'sbtest2'...
Creating table 'sbtest3'...
Inserting 100000 records into 'sbtest3'
Creating secondary indexes on 'sbtest3'...
Creating table 'sbtest4'...
Inserting 100000 records into 'sbtest4'
Creating secondary indexes on 'sbtest4'...
Creating table 'sbtest5'...
Inserting 100000 records into 'sbtest5'
Creating secondary indexes on 'sbtest5'...
Creating table 'sbtest6'...
```

```
Inserting 100000 records into 'sbtest6'
Creating secondary indexes on 'sbtest6'...
Creating table 'sbtest7'...
Inserting 100000 records into 'sbtest7'
Creating secondary indexes on 'sbtest7'...
Creating table 'sbtest8'...
Inserting 100000 records into 'sbtest8'
Creating secondary indexes on 'sbtest8'...
Creating table 'sbtest9'...
Inserting 100000 records into 'sbtest9'
Creating secondary indexes on 'sbtest9'...
Creating table 'sbtest10'...
Inserting 100000 records into 'sbtest10'
Creating secondary indexes on 'sbtest10'...
```

从结果信息中可以看到 sysbench 创建了 10 张表，数据表创建完成后插入测试数据以及创建索引，这样测试环境就准备好了。

数据准备好之后，开始执行测试。

代码 12-4　sysbench 执行测试

```
# 执行 sysbench 命令，执行测试
sysbench ./tests/include/oltp_legacy/oltp.lua \
  --mysql-host=127.0.0.1 \
  --mysql-port=3306 \
  --mysql-user=root \
  --mysql-password=123456 \
  --oltp-test-mode=complex \
  --oltp-tables-count=10 \
  --oltp-table-size=100000 \
  --threads=10 \
  --time=120 \
  --report-interval=10 \
  run >> ~/sysbench-result.log
```

命令中的参数与准备测试数据命令中一样，命令的最后指定了测试结果输出到文件"~/sysbench-result.log"中。

执行完成后，查看此文件中的测试结果。

```
# 查看文件内容
cat ~/sysbench-result.log
```

文件内容如图 12-3 所示。

```
sysbench 1.0.20 (using bundled LuaJIT 2.1.0-beta2)

Running the test with following options:
Number of threads: 10
Report intermediate results every 10 second(s)
Initializing random number generator from current time


Initializing worker threads...

Threads started!

[ 10s ] thds: 10 tps: 25.69 qps: 525.59 (r/w/o: 369.86/103.36/52.38) lat (ms,95%): 1191.92 err/s: 0.00 reconn/s: 0.00
[ 20s ] thds: 10 tps: 39.99 qps: 799.69 (r/w/o: 559.55/160.16/79.98) lat (ms,95%): 434.83 err/s: 0.00 reconn/s: 0.00
[ 30s ] thds: 10 tps: 38.11 qps: 760.36 (r/w/o: 532.18/152.15/76.03) lat (ms,95%): 419.45 err/s: 0.00 reconn/s: 0.00
[ 40s ] thds: 10 tps: 35.60 qps: 713.65 (r/w/o: 500.13/142.11/71.40) lat (ms,95%): 450.77 err/s: 0.00 reconn/s: 0.00
[ 50s ] thds: 10 tps: 35.99 qps: 718.33 (r/w/o: 502.01/144.45/71.87) lat (ms,95%): 442.73 err/s: 0.00 reconn/s: 0.00
[ 60s ] thds: 10 tps: 35.40 qps: 706.82 (r/w/o: 495.01/141.00/70.80) lat (ms,95%): 442.73 err/s: 0.00 reconn/s: 0.00
[ 70s ] thds: 10 tps: 38.40 qps: 769.28 (r/w/o: 538.56/153.92/76.81) lat (ms,95%): 419.45 err/s: 0.00 reconn/s: 0.00
[ 80s ] thds: 10 tps: 35.89 qps: 718.99 (r/w/o: 502.92/144.18/71.89) lat (ms,95%): 434.83 err/s: 0.00 reconn/s: 0.00
[ 90s ] thds: 10 tps: 41.20 qps: 821.89 (r/w/o: 575.19/164.40/82.30) lat (ms,95%): 397.39 err/s: 0.00 reconn/s: 0.00
[ 100s ] thds: 10 tps: 38.80 qps: 778.34 (r/w/o: 545.53/155.11/77.70) lat (ms,95%): 411.96 err/s: 0.00 reconn/s: 0.00
[ 110s ] thds: 10 tps: 41.70 qps: 831.83 (r/w/o: 581.52/166.91/83.40) lat (ms,95%): 383.33 err/s: 0.00 reconn/s: 0.00
[ 120s ] thds: 10 tps: 40.70 qps: 817.17 (r/w/o: 573.05/162.81/81.31) lat (ms,95%): 363.18 err/s: 0.00 reconn/s: 0.00
SQL statistics:
    queries performed:
        read:                            62790
        write:                           17940
        other:                           8970
        total:                           89700
    transactions:                        4485    (37.33 per sec.)
    queries:                             89700   (746.60 per sec.)
    ignored errors:                      0       (0.00 per sec.)
    reconnects:                          0       (0.00 per sec.)

General statistics:
    total time:                          120.1430s
    total number of events:              4485

Latency (ms):
        min:                                   59.41
        avg:                                  267.71
        max:                                 2483.15
        95th percentile:                      427.07
        sum:                              1200683.67

Threads fairness:
    events (avg/stddev):                 448.5000/10.98
```

图 12-3　sysbench 测试结果

其中，下面这些内容是执行过程中的统计信息：

```
[ 10s ] thds: 10 tps: 25.69 qps: 525.59 (r/w/o: 369.86/103.36/52.38) lat (ms,95%): 1191.92
err/s: 0.00 reconn/s: 0.00
[ 20s ] ...
```

sysbench 命令中指定的两个参数：

```
...
  --time=120 \
  --report-interval=10
...
```

表示本次测试一共执行 120 秒，每隔 10 秒输出一次统计信息，所以上面测试结果中输出了 12 条信息，其中表明了线程数、TPS、QPS 等信息。

总的统计信息如下：

```
SQL statistics:
    queries performed:
        read:              62790
        write:             17940
        other:             8970
        total:             89700
    transactions:          4485    (37.33 per sec.)
    queries:               89700   (746.60 per sec.)
```

```
    ignored errors:                  0      (0.00 per sec.)
    reconnects:                      0      (0.00 per sec.)

General statistics:
    total time:                      120.1430s
    total number of events:          4485

Latency (ms):
        min:                               59.41
        avg:                              267.71
        max:                             2483.15
        95th percentile:                  427.07
        sum:                          1200683.67

Threads fairness:
    events (avg/stddev):         448.5000/10.98
    execution time (avg/stddev): 120.0684/0.04
```

其中，SQL statistics 部分中的 transactions 表示执行的事务总数，以及每秒执行事务数量；queries 表示执行的查询总数，以及每秒执行查询数量。Latency 部分统计了总体的延时情况。

最后，需要把测试数据清理掉，避免影响数据的正常运行以及后期的测试。执行清理命令：

```
# 执行 sysbench 命令，清理数据
sysbench ./tests/include/oltp_legacy/oltp.lua \
  --mysql-host=127.0.0.1 \
  --mysql-port=3306 \
  --mysql-user=root \
  --mysql-password=123456 \
  --oltp-test-mode=complex \
  --oltp-tables-count=10 \
  --oltp-table-size=100000 \
  --threads=10 \
  --time=120 \
  --report-interval=10 \
  cleanup


# 执行结果
Dropping table 'sbtest1'...
Dropping table 'sbtest2'...
Dropping table 'sbtest3'...
Dropping table 'sbtest4'...
Dropping table 'sbtest5'...
Dropping table 'sbtest6'...
Dropping table 'sbtest7'...
Dropping table 'sbtest8'...
Dropping table 'sbtest9'...
Dropping table 'sbtest10'...
```

此命令与之前的命令是相同的，只是在最后指定了执行动作为清理 cleanup，执行结果中显示了清理测试表的过程。

12.3　参 数 配 置

MySQL 数据库对外开放了参数，可供数据库使用者调整，以便在特定环境中达到最适合的运行效果。如通过参数告诉 MySQL 如何使用内存、如何做 I/O 操作等。

12.3.1　参数介绍

MySQL 提供了很多可以修改的参数，允许用户根据自己的环境把 MySQL 调整为最佳运行状态。主要需要调整的是如下 3 类参数：

- 内存参数。
- I/O 参数。
- 安全参数。

MySQL 主要工作是磁盘数据文件的读写、在内存中对数据进行一定的处理，所以内存、I/O 这部分参数的调整非常重要，对实际运行效率起着关键作用。还有安全方面的参数也需关注，如设置多长时间清理一次日志是 MySQL 安全运行的保障。

MySQL 中的参数可以配置在多个地方，所以就需要清楚地知道 MySQL 读取配置文件的顺序，如果在不同的地方设置了相同的参数，那么后面读取的参数值会覆盖前面的参数值。可以通过下面的命令来查看当前 MySQL 中配置文件的顺序：

```
# 执行命令
mysqld --help --verbose | grep -A 1 'Default options'

# 执行结果
/etc/my.cnf /etc/mysql/my.cnf ~/.my.cnf
```

MySQL 的参数还有作用域的概念，作用域包括以下两个参数。

1. 全局参数

设置方式如下：

```
# 方式 1
set global 参数名称=参数值;

# 方式 2
set @@global.参数名称 :=参数值;
```

2. Session 会话参数

设置方式如下：

```
# 方式 1
set [session] 参数名称=参数值；

# 方式 2
set @@session.参数名称 :=参数值；
```

扫一扫，看视频

12.3.2　内存参数

软件运行一定需要使用内存，MySQL 内存的使用一部分是其运行所必备的内存空间，是不允许用户设置的，如 MySQL Server 本身所需的内存、请求解析优化等固定开销。另一部分是请求处理过程中对内存的使用，可以让用户进行设置，如一个查询请求可以使用多少空间用于表连接操作。

对于内存方面的配置，MySQL 提供了丰富的参数可供调整，下面 3 个参数是其中最为关键的，对性能有很大的影响。

1. sort_buffer_size

此参数用来设置查询结果排序时所能使用的内存大小，在排序过程中如果此空间不够用，会使用磁盘来辅助排序操作。

sort_buffer_size 的默认值为 256KB，最小不能小于 32KB，实际配置时，需要根据物理内存中可用内存的大小、MySQL 的连接数来适当调整。需要注意的是，此参数值是指每个连接所能使用的排序空间大小。例如，sort_buffer_size 设置为 2MB，有 500 个连接都需要用到排序的情况下，排序操作所使用的内存就达到了 1GB，一定要避免内存空间的溢出。

2. join_buffer_size

此参数用来设置多表连接时所需要的连接缓冲区大小，在进行数据表连接操作时，就会需要连接缓冲区。在缓冲区不足时，MySQL 不会使用磁盘空间，而是会反复清理缓冲区重新使用，这会造成更多次的读取连接表，增加了 I/O 操作。

join_buffer_size 默认值为 256KB，最小值为 128B。此参数同样是连接级别的，每个连接都可能会用到，所以需要注意内存空间的溢出。而且一个连接不会只用到一个连接缓冲区，如果 SELECT 语句中需要对多表进行关联，就可能会使用多个连接缓冲区。

要避免进入一个误区：增加此参数的值就可以提升表连接的性能。

实际上提升表关联性能最好的方法是通过索引，在无法使用索引的情况下，两张表进行全连接操作时才会用到此缓冲区。

3. Innodb_buffer_pool_size

上面两个参数是连接级别的，而 Innodb_buffer_pool_size 是 InnoDB 存储引擎所独有的参数，对

InnoDB 极为重要，因为 MySQL 的默认存储引擎就是 InnoDB，所以此参数对 MySQL 也是相当重要。

MySQL 的老牌存储引擎 MyISAM 使用的是操作系统的文件系统缓存来缓存经常查询的数据，而 InnoDB 则不依赖操作系统，自己来处理缓存，这块缓存就是 InnoDB Buffer Pool。

InnoDB Buffer Pool 有多种用途：

- 数据缓存。
- 索引缓存。
- 数据缓冲，数据在被修改之后，实际写入磁盘之前，也是存放在 InnoDB Buffer Pool 中。
- 存放内部结构，如 Hash 索引、行锁等也是存放在 InnoDB Buffer Pool 中。

可以看到，InnoDB 存储引擎是非常依赖 InnoDB Buffer Pool 的，该参数设置为多大比较合适呢？可以使用下面的公式来计算：

```
Innodb_buffer_pool_size = 总内存 - （每个线程所需要的内存 x 连接数） - 系统保留内存
```

简单来讲，就是把能给的内存都给 InnoDB Buffer Pool。如果感觉这个公式比较麻烦，不好计算，那么可以使用一个大概的参考值：可用内存的 80%。

留出部分可用内存给如下的需求：

（1）每个客户端请求至少需要几 KB 或者几 MB 的内存。

（2）MySQL 内部的结构、缓存也需要内存。

（3）InnoDB 在 InnoDB Buffer Pool 之外也有内存需求，如字典缓存、文件系统、锁系统、页 Hash 表等。

（4）有些 MySQL 文件必须在操作系统缓存中，如二进制日志、中继日志、InnoDB 事务日志等。

（5）操作系统运行时额外需要的内存。

可用内存的 80% 这个值适用于大多数情况，除非服务器的内存太小，如只有 1GB，那么只留 20%（200MB）给操作系统与 MySQL 就比较紧张了。或者服务器的内存太大，如有 64GB，那么留下 20%（12.8GB）就比较浪费了。

12.3.3　I/O 参数

扫一扫，看视频

MySQL 中磁盘 I/O 操作是有具体的存储引擎来做的，MySQL 的默认存储引擎是 InnoDB，所以下面介绍的是 InnoDB 的 I/O 参数。

InnoDB 中有一个重要的日志文件：事务日志。InnoDB 每次提交事务时，不会直接去操作数据存储文件，而是先写入事务日志，这样可以提高性能。因为数据的修改涉及数据存储文件，还有索引文件，都需要维护，被修改的数据通常不是连续的，位置比较随机，所以如果每次修改操作都直接去写数据文件，就会产生很多随机的 I/O 操作，效率较低。

InnoDB 使用了事务日志，先把事务记录到日志文件中，日志文件的写入都是追加的方式，非常高效。先写入事务日志文件，后写入数据文件，这种方式不用担心数据的丢失。即使数据在实际写入数据文件之前发生了故障，但因为有事务日志文件，就可以很容易地根据日志文件进行恢复。

下面的参数可以用来配置事务日志。

（1）Innodb_log_file_size：配置事务日志文件的大小。

（2）Innodb_log_file_in_group：配置事务日志文件的数量。

事务日志文件是循环重复使用的，所以 Innodb_log_file_in_group 的值不是很重要。对于 Innodb_log_file_size 的值不需要设置太大，能够存放 1 小时的事务日志就可以了，可以根据自己的业务情况来计算一下。

如图 12-4 所示，事务日志文件不是直接写入磁盘文件的，先是写入日志缓冲区，然后再刷新到磁盘。其中就涉及日志刷新方式的控制，主要使用以下两个参数。

（1）Innodb_log_buffer_size：配置事务日志缓冲区的大小，日志刷新到磁盘的时间间隔是秒级的，所以此参数值无须过大。

（2）Innodb_flush_log_at_trx_commit：配置事务日志刷新的频繁程度。可以使用的值包括以下 3 个参数。

- 1（默认值）：每次事务提交之后都会写入事务日志，并且刷新到磁盘，数据安全性最高，但性能较弱。
- 0：每秒写入一次事务日志和刷新到磁盘，如果 MySQL 发生故障，会可能丢失 1 秒的数据。
- 2：每次事务提交之后都会写入事务日志，但每秒刷新一次磁盘。比 0 更安全，设置为 0 时，只要 MySQL 故障后就会丢失数据，而设置为 2 时，MySQL 故障不会影响数据，只有在操作系统故障时才会丢失数据。操作系统出现的概率较低，所以建议设置为 2，可以在数据安全性和性能之间得到平衡。

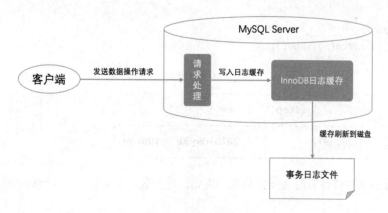

图 12-4　事务日志文件

12.3.4　安全参数

以下参数用于使 MySQL 更安全地运行。

（1）max_connections：设置 MySQL 的最大连接数，MySQL 5.7 中默认值为 151，可以根据服务器的处理能力修改此参数值。注意要留有余地，防止连接数过多导致 MySQL 崩溃。

（2）expire_logs_days：配置 MySQL 中 binlog 的过期天数，也就是在几天后自动清理 binlog。binlog 二进制日志用于记录产生数据变更的行为，数据库操作量大的时候，binlog 文件也自然会快速变大，所以需要定期清理，以防止占用过多的磁盘空间，尤其是在磁盘空间并不宽裕的服务器中，如果没有及时清理，就会使磁盘占满，导致 MySQL 无法运行。binlog 可以辅助定位数据异常问题，所以建议保留一段时间，通常是数据库全备份周期的 2 倍。

（3）skip_name_resolve：配置禁止 DNS 解析。在客户端连接 MySQL 的时候，MySQL 会主动解析客户端的域名，如果连接的客户端很多，这个过程就会比较耗时，而且现在 MySQL Server 通常是部署在内网，不对外网开放，所以对客户端进行 DNS 解析是没有意义的。需要注意的是，禁止之后，只能使用 IP 来连接 MySQL。

（4）sysdate_is_now：配置 sysdate()函数与 now()函数返回的结果一致。在之前学习时间函数的时候比较过这两个函数的区别，sysdate()返回的是函数被调用那一瞬间的时间，而 now()函数返回的是其所在语句执行那一瞬间的时间，例如：

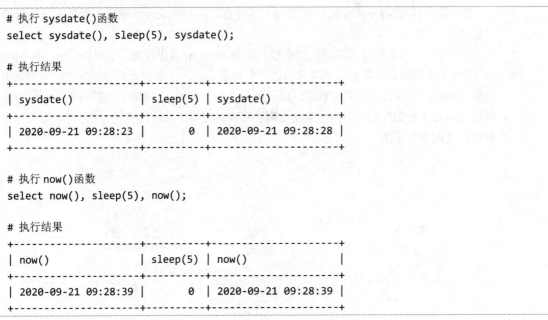

```
# 执行 sysdate()函数
select sysdate(), sleep(5), sysdate();

# 执行结果
+---------------------+----------+---------------------+
| sysdate()           | sleep(5) | sysdate()           |
+---------------------+----------+---------------------+
| 2020-09-21 09:28:23 |        0 | 2020-09-21 09:28:28 |
+---------------------+----------+---------------------+

# 执行 now()函数
select now(), sleep(5), now();

# 执行结果
+---------------------+----------+---------------------+
| now()               | sleep(5) | now()               |
+---------------------+----------+---------------------+
| 2020-09-21 09:28:39 |        0 | 2020-09-21 09:28:39 |
+---------------------+----------+---------------------+
```

sysdate()函数的这种特性有时会产生问题。例如，在主从复制环境中，会造成数据的不一致，导致主从复制中断。

（5）read_only：配置不允许非 super 权限的用户进行数据变更操作。例如，在主从复制结构中的从库中就应打开此参数，只接收主库复制过来的数据，自己不能进行数据变更，保证了数据的一致性。

（6）sync_binlog：配置 MySQL 向磁盘刷新 binlog 的方式，默认值为 0，表示 MySQL 不进行主动刷新，由操作系统来控制刷新时机。还可以设置大于 0 的数值，表示产生多少写操作之后进行刷盘，如果设置为 1，表示只要有写操作就进行刷盘。

12.4 索引优化

扫一扫，看视频

12.4.1 B+Tree 索引

在使用索引优化查询之前，先要理解索引的数据结构，这样才能更好地使用索引。图 12-5 所示为 B+Tree 数据结构，InnoDB 存储引擎所使用的索引结构。

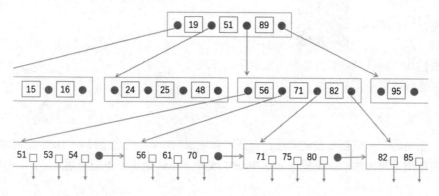

图 12-5 B+Tree 结构

其中，上面两层为索引节点，第三层为叶子节点，叶子节点之间和叶子节点的内部记录都形成单向有序的链表。索引节点中不包含关键字信息，这样可以容纳更多的索引，而叶子节点是包含关键字信息的。可以看到 B+Tree 的高度很低，其查找效率是非常高的。

以查找 75 为例，B+Tree 可以快速定位，过程如图 12-6 所示。

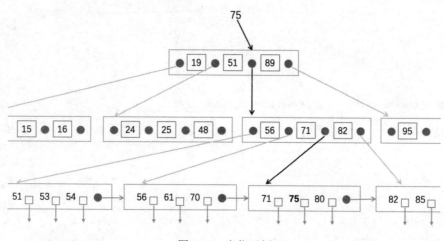

图 12-6 定位示例

从顶层索引节点中查找，75 在 51 与 89 之间，找到下一层的索引节点，75 在 71 与 82 之间，立即找到叶子节点，在叶子节点内部是单向有序链表，所以很快就可以找到 75 这个记录。

InnoDB 的数据文件就是 B+Tree 结构的主键索引文件，叶子节点中的数据区域就是行的完整数据。而 InnoDB 的二级索引也是 B+Tree 结构，叶子节点中的数据域中数主键值。形式如图 12-7 所示。

id（主键）	name	age
3	Apple	11
5	Zoo	8
8	Banan	20
9	Joy	16

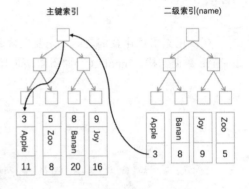

12.4.2 索引应用原则

扫一扫，看视频

清楚索引结构之后就可以更好地使用索引了，在应用索引时，要注意以下的基本原则。

图 12-7 主键索引与二级索引

1. 最左匹配

使用单列索引时，可以根据左前缀进行查找，如索引(name)，在根据 like 'Ba%'查询时可以应用此索引，因为左前缀是确定的。如果根据 like '%an%'或者 '%nan'查询都不能应用此索引，因为左前缀没有确定。

对于多列组合索引，也需要从最左边的列进行匹配，如索引(name, phone, email)，在根据 name 查询，或者 name、phone 查询，再或者 name、phone、email 查询时都可以使用此索引，因为符合从最左列匹配的原则，这一点在讲解索引一章中介绍过。

2. 查询语句中不能对索引字段使用函数或表达式

例如下面的查询语句：

```
select
    ...
from
    ...
where
    to_days(create_date) - to_days(current_date) < 10;
```

查询条件中的 create_date 是索引列，对其使用函数之后就无法使用索引，可以改为如下的方式进行优化：

```
select
    ...
from
    ...
where
    create_date < date_add(current_date, interval 10 day);
```

3．尽量使用组合索引

前面介绍最左匹配原则时，可以发现组合索引的好处，一个索引可以适应多种查询方式，如索引 (name, phone, email)，对于 name、name+phone、name+phone+email 这 3 种查询方式都适用，所以创建此索引后就不需要再创建索引(name)、索引(name,phone)，这样就降低了索引的维护成本。

组合索引还有一个好处，就是有可能形成覆盖索引，例如下面的查询语句：

```
select
  name, phone, email
from
  ...
where
  name = 'Apple' and phone = '123456';
```

在这个查询中，是根据 name 和 phone 进行查找，可以用到索引(name, phone, email)，而且需要返回的列是 name、phone、email，这 3 个字段都是在索引中的，这样就可以直接通过索引完成查找和返回，不需要到原表中获取其他数据了。这就是覆盖索引，只通过索引即可完成查询语句，无须再次读取原表。

4．定期清理未被使用过的索引

索引虽然能提高查询效率，但其维护成本和空间成本不能忽视，随着系统的运行时间越来越长，创建的索引也会越来越多，那么就需要定期清理完全无用的索引，可以使用下面的语句查询出未被使用的索引，然后从中挑选删除。

```
select
 object_schema,
 object_name,
 index_name
from
 performance_schema.table_io_waits_summary_by_index_usage
where
 index_name is not null
 and count_star = 0
 and object_schema <> 'mysql'
order by
 object_schema,object_name;
```

5．更新索引统计信息与清理表碎片

数据库长时间运行之后，索引的统计信息会逐渐失准，表空间的碎片也越来越多，所以需要对索引统计信息进行更新，并清理表空间的碎片，可以执行以下语句：

```
analyze table table_name;
optimize table table_name;
```

需要注意的是，应该在数据库闲时进行维护，以免影响数据库的正常运行。

12.5 查 询 优 化

查询优化的目的是提升查询速度，那么首先得了解查询的工作过程，了解从接收到查询请求再到返回查询结果这个过程中所需要经历的阶段，之后就可以更有针对性地进行优化。

既然是要对查询做性能优化，第一步就要找出哪些查询语句有问题，然后针对某一条语句进行分析、优化，需要掌握分析定位性能问题的方法和常用的优化策略，而且思路不能只局限于 MySQL 本身，在 MySQL 之外也可以进行有效的优化。

12.5.1 查询执行过程

扫一扫，看视频

如图 12-8 所示，对于客户端来讲，与 MySQL 数据库的交互就是这么简单，发送一条 SQL 语句，MySQL Server 完成之后返回结果即可。对于简单的数据库应用来讲，这样简单的理解没有问题，但如果需要对数据库的 SQL 处理效率进行优化，就需要了解更深入的细节，需要清楚 MySQL Server 在接收到 SQL 请求到返回处理结果这个过程中都做了什么，以便进行正确的优化。

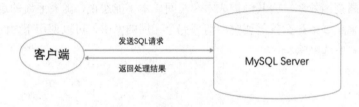

图 12-8 客户端请求过程

如图 12-9 所示，MySQL 在接收到查询请求之后，需要做以下处理：

（1）MySQL 检查缓存，查看该查询是否已经被缓存，如果缓存命中，直接返回缓存中的结果数据。

（2）如果缓存没有命中，此查询语句会进入分析器，首先进行词法分析，识别出要查询哪些表、哪些字段等，然后再进行语法分析，验证此查询语句是否符合 MySQL 的语法标准。

（3）分析器处理之后，MySQL 就知道要做什么了，但还不能直接就去做，需要分析怎么做最高效，这就是优化器的工作。

查询语句如下：

```
select
  *
from
  table_a a join table_b b
  on a.id=b.id
where
  a.age=8 and b.num=12;
```

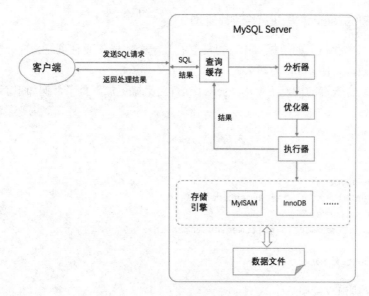

图 12-9　查询请求处理过程

对于这条语句可以有不同的执行方法，例如：

（1）先从表 table_a 中取出 age=8 的记录的 id 值，再以此关联表 table_b，然后判断 table_b 里面 num 字段的值是否等于 12。

（2）先从表 table_b 中取出 num=12 的记录的 id 值，再以此关联表 table_a，然后判断 table_a 里面 age 字段的值是否等于 8。

以上两种执行方案都是正确的，但需要比较一下哪种方案的效率更高，然后选择最好的那个方案。这个分析决策就是优化器来做的。再比如这个查询语句可以应用到多个索引，具体使用哪一个索引，也是优化器来决定的。优化器的工作目标就是制定一个最高效的查询方案。

经过优化器之后，MySQL 就知道怎么做了。接下来就进入执行器，按照优化器制定的执行方案落实。与存储引擎进行沟通，拿到查询结果数据。如果需要对此查询进行缓存，执行器就会把结果数据放入缓存，否则直接返回给客户端。

从这个执行过程中可以发现对性能影响较大的几个关键点。

（1）网络 I/O：MySQL 的查询结果需要通过网络返回给客户端，如果传输数据过多，自然会影响网络 I/O 性能。

（2）优化过程：优化器对查询语句的优化势必会消耗较多的计算资源，如果查询语句本身很复杂，或者写法晦涩难懂，优化器就需要"绞尽脑汁"来分析，相反，如果查询语句写得非常好，优化器的工作量就小得多。

（3）磁盘 I/O：执行器通过存储引擎来获取实际数据，如果所需的数据量庞大，磁盘 I/O 的压力就很大。

理解了 MySQL Server 的工作流程之后，就很容易理解那些常见的优化建议了。

1. 不要随便使用 "select *" 进行全字段查询

这是因为在一张内存很大的数据表中，可能会有几十个字段，而且可能大部分字段都是字符串类型的，查询全部字段就会使 I/O 压力增大。

如果是在多表联合查询的情况下使用 "select *"，后果就更加严重了，例如下面的查询语句：

```
select
  *
from
  rental
    left join payment
        on rental.rental_id=payment.rental_id
    left join customer
      on rental.customer_id=customer.customer_id
where
  payment.amount > 10;
```

2. 要对查询字段建立索引

这是因为如果没有索引，存储引擎就需要在数据文件中全面扫描，才能找出符合条件的数据，可以想象这样的磁盘 I/O 压力会有多大。

12.5.2　慢查询定位

扫一扫，看视频

查询优化需要先找出优化的目标，也就是找到查询性能弱的查询语句。主要是通过以下 3 个途径找出慢查询。

1. 业务端反馈

用户或者产品测试人员反馈哪些页面的响应速度慢，然后分析问题，检查是否是数据库查询效率低导致的，如果是，就需要分析业务代码，从而找出相关的查询语句。

2. 开启 MySQL 的慢查询日志

当某一条查询语句执行时间超出阈值后，就会被自动记录到慢查询日志中，数据库管理人员就可以知道效率低下的查询语句了。

慢查询日志默认是关闭的，通过以下命令查看是否已经开启：

```
# 查看变量
show variables like 'slow_query%';

# 返回结果
+--------------------+--------------------------------------+
| Variable_name      | Value                                |
+--------------------+--------------------------------------+
```

```
| slow_query_log          | OFF                                |
| slow_query_log_file     | /var/lib/mysql/899a8ff5ceea-slow.log |
+--------------------+-------------------------------------+
```

结果信息说明如下。

● slow_query_log：指明慢查询日志是否开启，ON 表示已经开启，OFF 表示未开启。

● slow_query_log_file：慢查询日志的路径。

开启慢查询日志可以通过修改变量或者修改配置文件这两种方式。

通过修改变量值开启慢查询日志：

```
# 设置变量
set global slow_query_log='ON';

# 查看修改后的变量值
show variables like 'slow_query%';

# 返回结果
+--------------------+-------------------------------------+
| Variable_name      | Value                               |
+--------------------+-------------------------------------+
| slow_query_log     | ON                                  |
| slow_query_log_file | /var/lib/mysql/899a8ff5ceea-slow.log |
+--------------------+-------------------------------------+
```

通过修改配置文件来开启慢查询日志（修改配置文件后需要重新启动 MySQL）：

```
# 在 MySQL 配置文件中[mysqld]下面添加配置项

# 开启慢查询日志
slow_query_log = ON
# 指定慢查询日志文件的路径
slow_query_log_file = /var/lib/mysql/slow.log
```

开启慢查询日志之后，需要设置慢查询的阈值，也就是执行时间超过多长时间的查询语句会被记录到慢查询日志中。通过以下命令查看当前的慢查询阈值：

```
# 查看变量
show variables like 'long_query_time';

# 执行结果
+-----------------+-----------+
| Variable_name   | Value     |
+-----------------+-----------+
| long_query_time | 10.000000 |
+-----------------+-----------+
```

当前的阈值为 10 秒，其值的修改方式也是修改变量和修改配置文件这两种。

通过修改变量值来设置慢查询阈值，为了可以方便地产生慢查询日志，下面把阈值修改为 0.01 秒：

```
# 设置变量
set long_query_time = 0.01;

# 查看修改后的变量值
show variables like 'long_query_time';

# 执行结果
+-----------------+----------+
| Variable_name   | Value    |
+-----------------+----------+
| long_query_time | 0.010000 |
+-----------------+----------+
```

通过修改配置文件来修改慢查询阈值：

```
# 在 MySQL 配置文件中[mysqld]下面添加配置项
# 慢查询阈值
long_query_time = 0.01
```

在实际环境中，需要根据 MySQL 服务器的处理能力、并发请求情况、业务需求等多方面因素进行分析。

开启了慢查询日志，并修改了慢查询阈值，执行下面的查询语句产生一条慢查询日志：

```
# 查询语句
select
  *
from
  rental
    left join payment
        on rental.rental_id=payment.rental_id
    left join customer
      on rental.customer_id=customer.customer_id
where
  payment.amount > 10;
```

这是一条相对复杂的查询语句，执行时间在 0.01 秒以上，所以会被记录到慢查询日志中。下面打开慢查询日志文件，查看慢查询日志记录：

```
# 查看文件内容
cat /var/lib/mysql/899a8ff5ceea-slow.log

# 显示内容
mysqld, Version: 5.7.30 (MySQL Community Server (GPL)). started with:
Tcp port: 3306  Unix socket: /var/run/mysqld/mysqld.sock
Time                 Id Command    Argument
# Time: 2020-09-22T08:37:09.369196Z
# User@Host: root[root] @ localhost [] Id: 190
# Query_time: 0.021613  Lock_time: 0.000405 Rows_sent: 114  Rows_examined: 16277
```

```
use sakila;
SET timestamp=1600763829;
select
  *
from
  rental
left join payment
on rental.rental_id=payment.rental_id
left join customer
  on rental.customer_id=customer.customer_id
where
  payment.amount > 10;
```

在慢查询日志文件中已经看到了刚刚执行的查询语句，并记录了此语句的执行时间、执行耗时等信息，这样就有了优化目标。

如果慢查询日志文件很大，里面记录非常多，使用上面这种直接查看文件内容的方式就不太方便了，可以使用 mysqldumpslow 命令指定查看的记录数量：

```
mysqldumpslow -t 10 /var/lib/mysql/899a8ff5ceea-slow.log
```

3. 实时查看

通过 show full processlist 命令可以看到当下正在执行的语句信息，相当于是 MySQL 当前执行情况的快照，反映的是实时状态，适合用来处理突发问题。例如，系统页面突然频繁出现没有响应的情况，就可以在没有响应的同时快速查看 MySQL 当前的执行列表，看是否被某条语句阻塞了。

通过下面的例子可以看到 show full processlist 命令的执行效果，打开两个 MySQL Client 终端，在终端 1 中执行如下语句：

```
# 查询语句
select sleep(5), now();
```

此语句中使用了 sleep(5)函数，可以休眠 5 秒钟，在执行此语句后，马上进入终端 2，执行 show full processlist 命令：

```
# 执行语句
show full processlist;
```

返回结果如图 12-10 所示。

```
+-----+------+--------------------+--------+---------+-------+------------+----------------------+
| Id  | User | Host               | db     | Command | Time  | State      | Info                 |
+-----+------+--------------------+--------+---------+-------+------------+----------------------+
| 190 | root | localhost          | sakila | Query   |     0 | starting   | show full processlist |
| 191 | root | 172.17.0.1:50944   | sakila | Sleep   | 14192 |            | NULL                 |
| 192 | root | 172.17.0.1:50948   | sakila | Sleep   | 14403 |            | NULL                 |
| 193 | root | localhost          | NULL   | Query   |     3 | User sleep | select sleep(5), now() |
+-----+------+--------------------+--------+---------+-------+------------+----------------------+
```

图 12-10　show full processlist 命令执行结果

结果中的 Info 字段显示了执行的命令，Time 字段显示了现在已经执行的秒数。结果中的最后一行正是执行的语句"select sleep(5), now();"，Time 字段值为 3，表示已经执行了 3 秒。所以通过此命令可以发现有异常的语句。结果中的总行数代表了当前的连接数，由此也可以知道是否并发连接数过多。

show full processlist 命令执行结果中各字段的含义如下。

- Id：连接 MySQL 的线程 ID，如果长时间执行不完，或者发生死锁，可以通过 kill 命令将此线程结束。
- User：此连接的用户名。
- Host：客户端地址。
- db：客户端使用的数据库，如果没有，就显示 NULL。
- Command：当前连接所执行的命令类型，如 Sleep、Query、Connect。
- Time：处于此状态的时长，单位为秒。
- State：当前操作的状态。状态值有很多种，从中可以看到更多的执行情况，如状态 Locked，表示此语句被其他语句锁住了；状态 Creating tmp table 表示正在创建临时表，用于放置部分查询结果；状态 Sorting for order 表示正在排序。
- Info：当前执行的 SQL 语句。

12.5.3 执行计划分析

扫一扫，看视频

找到慢查询语句之后，就可以着手开始优化了，首先需要找出这个慢查询语句的问题。通过 EXPLAIN 语句可以查看此查询语句的执行计划，以便从中找到问题。EXPLAIN 语句在前面的学习过程中已经多次使用过，用法很简单，在 SELECT 语句的前面添加 EXPLAIN 关键字即可，用法如下：

```
# 执行语句
explain select now() \G;

# 执行结果
*************************** 1. row ***************************
           id: 1
  select_type: SIMPLE
        table: NULL
   partitions: NULL
         type: NULL
possible_keys: NULL
          key: NULL
      key_len: NULL
          ref: NULL
         rows: NULL
     filtered: NULL
        Extra: No tables used
```

key 字段表示此查询语句会使用哪个索引，如果是 NULL，则说明没有使用索引；rows 字段表示此查询语句所涉及的记录数，如果数值很大，说明进行了全表扫描。这两个字段的确非常重要，但也需要结合其他字段信息进行更全面地分析，表 12-2 对 EXPLAIN 返回的各项及其值的含义作了详细说明。

表 12-2　EXPLAIN 结果说明

字　　段	值	说　　明
id		查询语句中每个 SELECT 都会有一个 ID
select_type		查询类型
	simple	简单查询，不包含子查询或 UNION
	primary	最外层 SELECT
	subquery	子查询中的第一个 SELECT
	derived	FROM 子句中的子查询
	union	一个 UNION 中的非第一个 SELECT
	union result	UNION 结果
table		查询的表名
possible_key		备选索引列表
key		实际使用的索引
key_len		索引长度
type		在索引中使用的字节数
	all	全表扫描
	index	扫描所有索引节点
	range	范围查找
	ref	通过索引定位到某一范围
	eq_ref	通过索引定位到某行
	const/system/null	常量级别查询，几乎不需要查找时间，根据主键查询时显示 const/system，只执行函数或表达式时显示 null
ref		联合查询中前后表的引用关系
rows		预估所需扫描的行数
extra		扩展信息
	using index	使用了覆盖索引，无须访问表
	using where	需要回到表中根据条件来过滤记录
	using temperay	对结果排序时使用了临时表
	using file sort	对结果排序时使用了外部索引
	range checked for each record	没有合适的索引，检查每条记录

下面分析一个查询语句的执行计划，找出出现问题的原因之后进行优化调整。

如图 12-11 所示，还是以 sakila 数据库为例，其中 rental 租赁表与 payment 支付表通过 rental_id 关联，rental 表与 customer 客户表通过 customer_id 关联。现在需要关联这 3 张表，从中查询出支付金额（payment.amount）大于 10 的记录信息，取得客户名（customer.first_name）、支付金额（payment.amount）、

租赁日期（rental.rental_date）。

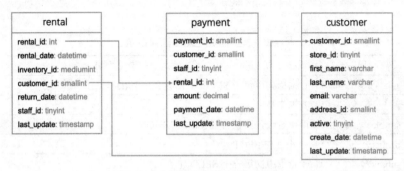

图 12-11　sakila 数据库示例表结构

以下查询语句可以实现此需求。

```
# 查询语句
select
  customer.first_name,
  rental.rental_date,
  payment.amount
from
  rental
    left join payment
        on rental.rental_id=payment.rental_id
    left join customer
        on rental.customer_id=customer.customer_id
where
  payment.amount > 10;
```

此语句复杂度比较高，查询它的执行计划，看看是否有优化的空间。

```
# 查看执行计划
explain select
  customer.first_name,
  rental.rental_date,
  payment.amount
from
  rental
    left join payment
        on rental.rental_id=payment.rental_id
    left join customer
        on rental.customer_id=customer.customer_id
where
  payment.amount > 10 \G;

# 执行计划结果
*************************** 1. row ***************************
```

```
              id: 1
     select_type: SIMPLE
           table: payment
      partitions: NULL
            type: ALL
   possible_keys: fk_payment_rental
             key: NULL
         key_len: NULL
             ref: NULL
            rows: 16086
        filtered: 33.33
           Extra: Using where
*************************** 2. row ***************************
              id: 1
     select_type: SIMPLE
           table: rental
      partitions: NULL
            type: eq_ref
   possible_keys: PRIMARY
             key: PRIMARY
         key_len: 4
             ref: sakila.payment.rental_id
            rows: 1
        filtered: 100.00
           Extra: NULL
*************************** 3. row ***************************
              id: 1
     select_type: SIMPLE
           table: customer
      partitions: NULL
            type: eq_ref
   possible_keys: PRIMARY
             key: PRIMARY
         key_len: 2
             ref: sakila.rental.customer_id
            rows: 1
        filtered: 100.00
           Extra: NULL
3 rows in set, 1 warning (0.01 sec)
```

　　从结果中可以看到，此语句包含了 3 次查询动作，其中第 2 条和第 3 条中都使用了主键索引，type 字段都为 eq_ref，表示通过索引直接定位到行，非常精准；rows 字段值都为 1，只需扫描一行记录，也就是直接定位了，非常高效。所以第 2 条和第 3 条没有什么性能问题。

　　重点看第 1 条，type 字段值为 ALL，说明进行了全表扫描，这是查询性能最差的一种方式。key 字段值为 NULL，说明没有使用索引。rows 字段的值为 16086，此查询涉及了这么多的记录，印证了全表扫描方式，所以此查询的性能一定是有问题的。那么这个查询动作是在做什么呢？从第 2、3 条中可以明显地看出，它们是在做表的关联，ref 字段直接引用关联字段，所以很容易就分辨出来了。第 1 条也就清楚了，是在做条件查询，从第 1 条中的 Extra 字段值为 using where 也可以看得出来。说明是在根据"payment.amount > 10"这个条件做过滤时出现的问题。

查看 payment 表中的索引：

```
# 执行语句
show index from payment;
```

返回结果如图 12-12 所示。

Table	Non_unique	Key_name	Seq_in_index	Column_name	Collation	Cardinality
payment	0	PRIMARY	1	payment_id	A	16086
payment	1	idx_fk_staff_id	1	staff_id	A	2
payment	1	idx_fk_customer_id	1	customer_id	A	599
payment	1	fk_payment_rental	1	rental_id	A	16045

图 12-12　payment 表中的索引

从索引列表中可以看出，并没有 amount 字段的相关索引，那么优化方法也就清晰了，为 amount 字段创建一个索引即可。

```
# 执行语句
create index idx_amount
  on payment(amount);
```

创建索引之后，再次执行 EXPLAIN 查看执行计划：

```
# 执行语句
explain select
  customer.first_name,
  rental.rental_date,
  payment.amount
from
  rental
    left join payment
      on rental.rental_id=payment.rental_id
    left join customer
      on rental.customer_id=customer.customer_id
where
  payment.amount > 10 \G;

# 返回结果
*************************** 1. row ***************************
        id: 1
select_type: SIMPLE
     table: payment
partitions: NULL
```

```
          type: range
 possible_keys: fk_payment_rental,idx_amount
           key: idx_amount
       key_len: 3
           ref: NULL
          rows: 114
      filtered: 100.00
         Extra: Using index condition; Using where
*************************** 2. row ***************************
            id: 1
   select_type: SIMPLE
         table: rental
    partitions: NULL
          type: eq_ref
 possible_keys: PRIMARY
           key: PRIMARY
       key_len: 4
           ref: sakila.payment.rental_id
          rows: 1
      filtered: 100.00
         Extra: NULL
*************************** 3. row ***************************
            id: 1
   select_type: SIMPLE
         table: customer
    partitions: NULL
          type: eq_ref
 possible_keys: PRIMARY
           key: PRIMARY
       key_len: 2
           ref: sakila.rental.customer_id
          rows: 1
      filtered: 100.00
         Extra: NULL
3 rows in set, 1 warning (0.00 sec)
```

观察第 1 条查询，type 字段值已经变为了 range，key 字段值为 idx_amount，是刚刚创建的索引，rows 的值减少到了 114 条，由此可以看出创建索引的优化效果很明显。

12.5.4　查询优化策略

通过 EXPLAIN 执行计划可以发现问题，创建索引是常用的优化策略，但还有一些特定的优化策略需要掌握。

1. 联合查询优化

多表联合查询的时候，最关键的是使用索引来提升表连接操作的速度，但需要在合适的表上创建索引。

如图 12-13 所示，table1 与 table2 通过 name 字段进行关联，索引应该如何创建呢？应该是为 table2 的 name 字段创建索引。因为做连接操作时，是使用 table1 中每条记录的 name 值到 table2 中查询，所以查询的是 table2，这就需要 table2 中有 name 索引。而 table1 中是不需要创建 name 索引的，如果创建了，就是多余的无用索引，会增加索引的维护成本和空间开销。

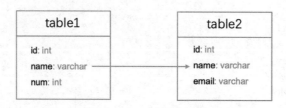

图 12-13　联合查询示例表

2. 相关子查询优化

请看下面的查询语句：

```
select
  *
from
  film
where
  film_id in (
    select film_id from film_category
);
```

这条语句的意思是把 film_category 影片分类表中存在的影片信息查询出来。这里使用的是相关子查询，外层查询的是 film 影片表，查询条件是 film_id 必须存在于 film_category 影片分类表中。

因为是相关子查询，MySQL 无法先执行自查询，得全表扫描 film 表，对每条记录中的 film_id 值进行验证，所以查询效率就会比较低。查看一下这条语句的执行计划：

```
# 执行语句
explain select *
from film
where film_id in (
  select film_id from film_category
)\G;

# 执行结果
*************************** 1. row ***************************
         id: 1
```

```
     select_type: SIMPLE
          table: film
     partitions: NULL
           type: ALL
  possible_keys: PRIMARY
            key: NULL
        key_len: NULL
            ref: NULL
           rows: 1000
       filtered: 100.00
          Extra: Using where
*************************** 2. row ***************************
             id: 1
     select_type: SIMPLE
          table: <subquery2>
     partitions: NULL
           type: eq_ref
  possible_keys: <auto_key>
            key: <auto_key>
        key_len: 2
            ref: sakila.film.film_id
           rows: 1
       filtered: 100.00
          Extra: NULL
*************************** 3. row ***************************
             id: 2
     select_type: MATERIALIZED
          table: film_category
     partitions: NULL
           type: index
  possible_keys: PRIMARY
            key: fk_film_category_category
        key_len: 1
            ref: NULL
           rows: 1000
       filtered: 100.00
          Extra: Using index
3 rows in set, 1 warning (0.00 sec)
```

从结果中可以看出执行了 3 个查询动作。

对于这类的相关子查询，可以使用 INNER JOIN 的方式，对这两张表做交叉连接，这样就可以使用索引进行快速过滤。语句改写如下：

```
# 查询语句
select
    *
from
```

```
film f
  inner join film_category c
  on f.film_id=c.film_id;
```

下面再看一下这条语句的执行计划：

```
# 执行语句
explain select
  *
from
  film f
    inner join film_category c
    on f.film_id=c.film_id\G;

# 执行结果
*************************** 1. row ***************************
         id: 1
  select_type: SIMPLE
       table: c
  partitions: NULL
        type: ALL
possible_keys: PRIMARY
         key: NULL
     key_len: NULL
         ref: NULL
        rows: 1000
    filtered: 100.00
       Extra: NULL
*************************** 2. row ***************************
         id: 1
  select_type: SIMPLE
       table: f
  partitions: NULL
        type: eq_ref
possible_keys: PRIMARY
         key: PRIMARY
     key_len: 2
         ref: sakila.c.film_id
        rows: 1
    filtered: 100.00
       Extra: NULL
2 rows in set, 1 warning (0.00 sec)
```

从结果中可以看出，改写之后只需要执行两个查询动作，对比一下细节，可以判断效率是更高的。

3. ORDER BY 优化

ORDER BY 排序的优化还是要靠合适的索引。下面先介绍一下排序的原理，排序时会用到排序缓冲区 sort buffer，buffer 是有大小限制的，那么 MySQL 就需要针对 buffer 够用与不够用这两种情况做不同的处理。

如图 12-14 所示，user 用户表中创建了一个 name 索引，现在执行如下的查询语句：

```
# 查询语句
select
  name, age, email
from
  user
where
  name='cici'
order by age;
```

索引(idx_name)

name	id
aqi	3
bily	1
cici	2
cici	4

表（user）

id	name	age	email
1	bily	8	abc@a.com
2	cici	19	oiw@c.com
3	aqi	5	jo@d.com
4	cici	12	iw@c.com

图 12-14　ORDER BY 示例表与索引

此查询语句根据 name='cici' 进行查询，对查询结果根据 age 字段升序排序。语句执行过程如图 12-15 所示。

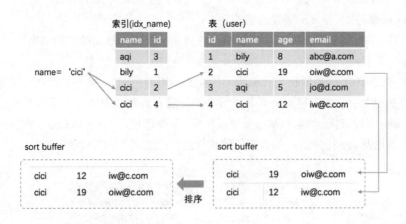

图 12-15　全字段排序流程

此查询语句的执行步骤如下：

（1）在索引中查找 name 值为 cici 的记录。

（2）根据索引中的 id 值到表中取出字段 name、age、email 的值放入排序缓冲区。

（3）重复上两步，把所有符合条件的记录中这 3 个字段值放入 sort buffer 中。

（4）在 sort buffer 中根据 age 字段的值排序，形成最终数据集。

这种方式称为全字段排序，因为最终所需要的字段都放在了 sort buffer 中参与排序。在 buffer 够用时，MySQL 就会采用这个全字段排序的方式。但如果 buffer 不够用，不足以把所需字段都放进去时，就采用如图 12-16 所示的排序方式。

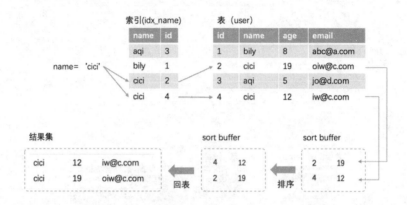

图 12-16　RowID 排序流程

sort buffer 不够用情况下的执行过程如下：

（1）在索引中查找 name 值为 cici 的记录。

（2）根据索引中的 id 值到表中取出字段 id、age 的值放入排序缓冲区，因为 buffer 不够用，不能把结果所需字段全部取出放入缓冲区，只取主键 id 和排序字段 age。

（3）重复上两步，把所有符合条件的记录中这两个字段值放入 sort buffer 中。

（4）在 sort buffer 中根据 age 字段的值排序。

（5）根据排好序的 id 依次到原表中取得所需的其他字段值，形成最终的结果集。 这种排序方式称为 RowID 排序。

这两种排序方式当中，都需要在 sort buffer 中进行一次排序操作，能不能把这一步省掉呢？也就是说符合查询条件的记录中，在索引里面就是排好序的。没有问题，使用自核索引就可以了。这个查询语句中是根据 name 字段查找，然后根据 age 字段排序，只要创建一个（name,age）的组合索引，在 name 相同的记录中就是根据 age 排序的，那么语句的执行过程就如图 12-17 所示。

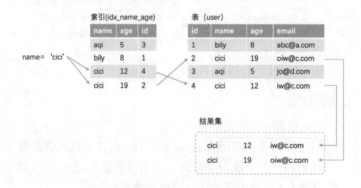

图 12-17　索引自带排序

创建好组合索引（name,age）之后，此查询语句只需要如下 3 步：

（1）在索引中查找 name 值为 cici 的记录。

（2）根据索引中的 id 值到表中取出字段 id、age 的值放入结果集。

（3）重复上两步，得到最终结果集。

对于这个查询语句，还可以进一步优化，创建组合索引（name,age,email），可以实现根据 name 查找记录，记录已经是根据 age 排好序的，而且查询结果中所需要的另一个字段也在索引中，这样就形成了覆盖索引，查询完全在索引中进行，无须访问原表。形式如图 12-18 所示。

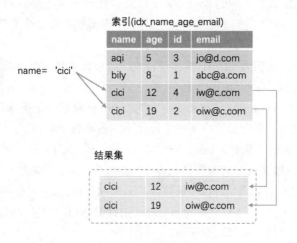

图 12-18　覆盖索引

创建好组合索引（name,age,email）之后，此查询语句只需要如下两步：

（1）在索引中查找 name 值为 cici 的记录放入结果集。

（2）重复上一步，得到最终结果集。

ORDER BY 对于索引的使用有如下几点要求：

- 如果根据多字段进行排序，ORDER BY 中字段的顺序与索引中字段的顺序必须一致。如 "ORDER BY name,age"，那么索引的形式就应该是(name,age,...)。
- ORDER BY 中指定的字段排序方向必须要与索引中字段排序方向一致。
- 在多表联合查询中，ORDER BY 如果指定了多个排序字段，那么这几个字段必须是属于同一张表。

4. LIMIT 优化

页面中的分页功能通常都是使用 SELECT 语句中的 LIMIT 子句来实现的，LIMIT 在偏移量很大的情况下会比较麻烦，如 "LIMIT 5000,10"，这就需要查询出 5010 条记录，然后把前面的 5000 条丢掉，在数据量非常大的情况下，其效率是较低的。例如下面的查询语句：

```
select
  customer_id,
  amount,
```

```
  payment_date
from
  payment
where
  amount>8
order by
  customer_id
limit 500,10;
```

这条语句是查询 sakila 数据库中的 payment 支付表，查询条件是 amount 字段值大于 8，查询结果根据 customer_id 字段升序排序，然后取 500 条之后的 10 条数据，查询结果包括 customer_id、amount、payment_date 这 3 个字段。

这条查询语句很简单，但因为 LIMIT 偏移量较大，所以效率是有点问题的。可以按照如下的思路进行优化，LIMIT 优化后执行流程如图 12-19 所示。

（1）创建一个组合索引（amount, customer_id），amount 字段是查询字段，customer_id 字段是排序字段，有了这个组合索引，查询与排序所需字段就不用去原表中查找了。

（2）进行最小化的查询，从 payment 表中查找 amount 大于 8 的所有记录的主键 ID，根据 customer_id 排好序，然后根据指定的偏移量取得 10 条记录。这一查询过程完全可以在索引中完成，不需要查找原表。此查询的结果就是目标结果集合，只是缺少原查询语句中的结果字段。

（3）用上一步的最小化查询结果与原表 payment 进行 INNER JOIN，关联字段为主键 payment_id，这样就得到了所需的所有字段，选择出来即可。

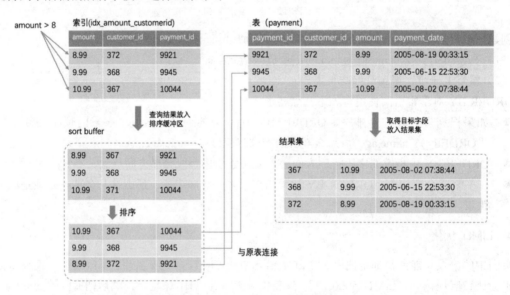

图 12-19　LIMIT 优化后执行流程

这一思路就是先用最快的方式把结果集确定下来，因为只查询索引即可，所以会非常快，结果集确定之后，再通过 INNER JOIN 补充所需要的其他字段。完整查询语句如下：

```
# 查询语句
select
  p.customer_id,
  p.amount,
  p.payment_date
from
  payment p inner join (
    select
      payment_id
    from
      payment
    where
      amount>8
    order by
      customer_id
    limit 500,10
) as t1
on p.payment_id=t1.payment_id;
```

对于 LIMIT 还有一种优化思路，适用于数据表中数据连续且永不删除的情况。例如，电商系统中的订单表，其 ID 字段严格递增，而且订单记录不会被删除，订单只会有状态的变化，很少有系统会把某些订单删掉，所以这类的表就很适合。

对存储量大的数据集做 LIMIT 操作低效的原因是需要先获得大量的结果记录，然后从中根据偏移量选择目标记录。那么只要把结果集变小就可以提升效率了。例如下面的查询语句：

```
select
  first_name,
  email
from
  customer
limit
  10000,10;
```

此语句查询的是 customer 表中第 10000 条后的 10 条记录。假设 customer 表满足如下两个条件：

（1）主键 ID 严格有序增加。

（2）不会有记录被删除。

那么上面的查询语句就完全可以改为以下的查询方式：

```
select
  first_name,
  email
from
  customer
where
  id > 10000
limit 10;
```

此查询语句使用查询条件就直接定位到了目标位置，然后限定取 10 条记录即可，避免了之前偏移量太大导致的问题，这样无论翻到多少页，性能都不会降低。但此种优化方式的限制条件一定要记住，否则查询结果就不符合预期了。

扫一扫，看视频

12.6　MySQL 之外的优化方式

前面介绍的优化方法都是在 MySQL 内部的，但在实际项目优化过程中，不要把目光局限于数据库，可以和其他方式配合完成优化目标。下面介绍两种常用的策略。

1. 分解复杂查询

为了满足某些业务需求，SQL 语句可能会写得非常复杂，比如对多张表进行了关联，其中又使用分组、排序，还有多种 MySQL 函数，如日期函数、统计函数等。

这种复杂的查询语句可以满足业务需求，应用程序使用此语句就可以得到自己想要的数据结果，非常方便。但是在数据量变大之后，这种复杂的查询语句可能会遇到性能问题，就需要对其进行优化，如创建新的索引、重构 SQL 等方法。结果有可能还是不够理想。而且不止有性能问题，复杂语句的后期维护也是相当困难的。

所以，解决问题的思路要打开，可以把这个复杂的语句拆分开，变成多个小巧的查询。和之前的做法完全翻转过来，之前是应用程序简单、数据库复杂，拆开之后变成数据库简单、应用程序复杂，因为多条小的查询语句的结果需要由应用程序来做汇总、统计等逻辑处理。

拆开之后虽然查询语句变多了，但整体的性能反而会更高，因为小的查询语句执行速度是极快的。而且代码的可维护性也大大提高了，代码要做的事虽然比之前多了，但逻辑清晰，自然易于维护。

分而治之的这个思路在 MySQL 处理大事务时也同样适用，比如需要删除 5000 条数据，如果在一个事务中去做就比较麻烦了，耗时太长，而且只要有一点问题，整体事务就失败。这种情况就可以考虑对其进行拆分，一个事务中删 500 条，分 10 次删完，这样 MySQL 的压力就小多了。

2. 外部缓存

对于查询频率高，且改动频率低的数据可以放到外部的缓存中，如 Redis，可以大大提升查询性能，并且降低 MySQL 的压力。

例如，查询用户基本信息，用户名、地址、Email、年龄、头像等，使用频率很高，没有必要每次都去数据中查询，虽然这是非常简单的查询，使用索引会非常快，但还是需要磁盘 I/O 操作，大量这类查询加在一起也是不小的性能开销。

而这类数据改动的频率又比较低，非常适合缓存起来，应用程序取得快，数据库压力小，是双赢的方法。

12.7　小　　结

　　本章介绍了 MySQL 性能优化的 4 个维度，包括硬件优化、MySQL Server 的参数配置、索引优化、查询语句的优化。通过基准测试，可以了解 MySQL 的处理能力，也可以作为后续优化的参照标准。参数的调整可以使 MySQL 更加适合当前服务器的情况，主要包括内存参数、I/O 参数、安全参数。

　　索引是 MySQL 优化的重点部分，需要了解 InnoDB 的 B+Tree 索引结构，为更好地使用索引打好基础。应用索引时要注意其重要的使用原则，如最左匹配原则、不能对索引字段使用函数或表达式等。索引也是需要维护的，需要更新其统计信息，以便更准确地使用索引。

　　查询语句的优化非常关键，要了解查询执行的过程，作为查询优化的理论基础，查询优化需要先找到性能有问题的查询语句，可以通过测试人员反馈、慢查询日志、实时查看的方式来获取。找到慢查询语句之后，可以通过分析其执行计划来定位问题，然后应用合适的优化策略。

　　在优化过程中，也可以打开思路，在 MySQL 之外寻找合适的解决方案，如复杂查询的拆分、使用缓存等。通过本章的学习可以全面地掌握 MySQL 优化的思路以及用法。

第 13 章　高可用 MySQL

　　数据库的稳定性对于系统来讲至关重要，如果 MySQL 可靠性不佳，出现宕机的概率较高，那么即使把 MySQL 优化得再好也是不能接受的。要提高 MySQL 的可用性，就不能使用单一的 MySQL Server，单点结构无法保证高可靠性，即使使用专业的商用服务器也不行，不能寄希望于一个强大的服务器，单点故障是无法避免的。

　　所以必须要有备用的 MySQL Server，用于在出现故障之后可以迅速地顶替，尽可能地减少对系统的不良影响。打造高可用的 MySQL 主要包括 MySQL 数据的实时复制、读写操作的分别处理、高可用架构、集群模式下的数据同步。

　　通过本章的学习，可以掌握以下主要内容：

- 主从复制。
- 读写分离。
- MHA 高可用架构。
- 组复制。

13.1　主 从 复 制

　　主从复制是通过多个 MySQL 数据库节点之间复制数据的方式来避免单点故障，提升数据库的可用性，并增强数据库的安全性和数据库的整体性能。

13.1.1　主从复制概述

扫一扫，看视频

　　MySQL 的复制是指把一个 MySQL Server 中的数据实时传输给另一个 MySQL Server，以达到二者数据一致的状态，如图 13-1 所示。其中主动发送数据的 MySQL Server 称为主（Master），被动接收数据的 MySQL Server 称为从（Slave），所以这种复制就称为 MySQL 主从复制。

图 13-1　MySQL 复制

　　MySQL 主从复制达到的效果就是可以保持有两个 MySQL 中的数据总是一样的，就像是有了一个分身。因为这个特性，使 MySQL 主从复制具有了很重要的用途。

1. 避免 MySQL 数据库的单点故障

在只有一个 MySQL Server 的情况下，如果 MySQL Server 服务进程意外终止了，那么系统整体就不可用了，所有与数据库的交互都无法操作。这种情况还好，想办法把 MySQL Server 服务修复后重新运行就可以了，但如果是 MySQL Server 所在服务出现了故障，如文件系统损坏，那么 MySQL 的数据文件就危险了，很可能造成应用系统数据的大量丢失。这就是单点故障问题，一损俱损。

使用主从复制之后，MySQL Server 有了"分身"，就不再害怕单点故障问题，MySQL Master 出现故障可以立即切换为使用 MySQL Slave，因为它们是一样的，所以切换之后还可以和之前一样正常运行。从而提升了 MySQL 数据库的可用性。

2. 读写分离负载均衡

如图 13-2 所示，从数据库可以有多个，这种结构就非常适合做读写分离，还有读操作的负载均衡。

应用系统需要写数据时，把写请求发送给 Master 主服务器，Master 会将新的数据复制给 2 个 Slave，保持 3 个节点的数据同步。当应用系统需要读取数据时，选择 Slave 1 和 Slave 2 都是可以的，这两个 MySQL 中数据都一样。这就实现了读写分离，对数据库操作的压力进行了有效的分散，大大提升了数据库整体的处理能力，也提升了 MySQL 的可用性。例如，Master 有故障，影响了应用系统的写操作，而读操作完全没有受到任何影响。

在读操作时，既可以选择 Slave1，也可以选择 Slave2，这就实现了数据库读操作的负载均衡，对读数据的压力实现了进一步的分散，自然提高了数据查询的性能。同时，也提升了 MySQL 读数据的可用性，只要这两个 Slave 节点不是同时故障，都不会影响读取数据。

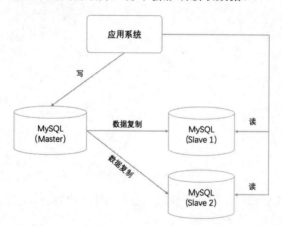

图 13-2　读写分离与负载均衡

3. 升级测试

通过 MySQL 主从复制可以得到一份完全真实的系统数据，在应用系统升级改造之后，可以使用从库中的真实数据进行功能验证。

需要注意的是，切忌把主从复制替代数据库的备份操作，主从复制确实可以多出一份数据库数据，但这与数据库备份的功能是不同的，二者是用来解决不同问题的。主从复制是实时的操作，正确的数据可以复制出来，但错误的数据一样也被复制了，所以复制操作相当于镜像，在主库故障时可以立即切换到从库，这种场景下非常适合使用主从复制。

如果主库中的数据被误删除了，想找回之前的数据，那么主从复制对这个需求场景无能为力，因为主库被误删除的同时，立即同步到了从库，主从库中都没有了之前的数据。这时备份的数据库文件就派上用场了，从中可以找回被误删除之前的数据。所以，数据库备份是必不可少的，对数据库进行定期的备份，就是让系统数据有了不同时间点的快照。

13.1.2 主从复制的原理

扫一扫，看视频

主从复制的基本原理是在 Master 中记录数据操作的日志，然后传输到 Slave，Slave 在自己数据库中进行 Master 操作日志的回放，从而实现数据的复制，达到与 Master 相同的数据状态。

主从复制的流程如图 13-3 所示，从整体流程上来看，主从复制只需要 3 步：

（1）Master 中把产生数据变更的操作都记录到二进制日志中。

（2）Slave 从 Master 中读取数据变更的日志，写入本地的中继日志。

（3）Slave 从中继日志中读取日志，写入本地数据库。

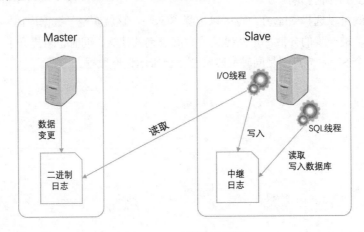

图 13-3 主从复制流程

复制过程中涉及 3 个工作线程，需要了解它们各自的工作内容。

➥ 二进制日志转储线程

此线程属于 Master，用来把 Binlog 二进制日志中的内容发送给 Slave。此线程可以有多个，一个 Master 可以有多个 Slave，Master 会为每一个 Slave 都创建一个二进制日志转储线程。Slave 连接到 Master 时，就会创建此线程。

➥ Slave I/O 线程

Slave 中会创建一个 I/O 线程，用来连接 Master，并向其请求二进制日志中的更新记录。Master 的二进制日志转储线程会把二进制日志发送给此 I/O 线程，I/O 线程收到之后，会将日志内容写入自己本地的中继日志（reply log）。Slave I/O 线程创建之后，就会一直和 Master 保持连接，这样 Master 中的任何变动都会被立即收到。

　　↘　Slave SQL 线程

此线程负责读取中继日志并执行。至此，Master 中的数据变更便同步到了 Slave 中。

扫一扫，看视频

13.1.3　基于日志点的主从复制

基于日志点的复制是指，Slave 明确指定从 Master 中某个日志文件中的某个位置开始复制，从该日志点之后的数据变更便都可以复制到 Slave。

使用此种复制方式，需要通过以下配置步骤：

（1）Master 与 Slave 中都配置 server_id，并指定使用二进制日志。

（2）Master 中创建供 Slave 复制时使用的用户，可以为其指定权限。

（3）Master 中查看当前二进制文件的信息，包括日志文件名、日志位置。

（4）Slave 指定 Master 具体信息，包括 IP、端口、用户、复制的起始点。

（5）Slave 开启复制。

具体配置方式如下。

1．修改 Master 与 Slave 配置文件

Master 与 Slave 都需要指定 server_id 与二进制日志，打开配置文件 my.cnf，在[mysqld]下面添加如下内容：

```
[mysqld]
# server_id 服务器的唯一 ID
# 不重复即可，可随意自定义
# 例如 Master 设置为 101，Slave 设置为 102
server_id=101

# 开启二进制日志
log-bin=mysql-bin
```

在修改配置文件之后，需要重新启动 MySQL，启动之后验证修改是否生效，查看变量 server_id 的值：

```
# 执行命令
show variables like 'server_id';

# 执行结果
+---------------+-------+
| Variable_name | Value |
+---------------+-------+
| server_id     | 101   |
+---------------+-------+
```

2. Master 创建复制用户

在 Master 的命令终端中执行如下命令新建用户，为其授权，之后 Slave 会使用此用户进行复制。

```
# 创建用户，指定密码
create user 'slaveuser'@'%' identified by '123456';

# 为新用户授权
grant replication slave on *.* to 'slaveuser'@'%';

# 刷新用户权限信息，使其生效
flush privileges;
```

3. 查看 Master 状态

查看 Master 中当前二进制文件名和日志位置，执行如下命令：

```
# 执行命令
show master status;

# 执行结果
+------------------+----------+--------------+------------------+-------------------+
| File             | Position | Binlog_Do_DB | Binlog_Ignore_DB | Executed_Gtid_Set |
+------------------+----------+--------------+------------------+-------------------+
| mysql-bin.000002 |    757   |              |                  |                   |
+------------------+----------+--------------+------------------+-------------------+
```

执行结果中表明了二进制日志文件为 mysql-bin.000002，日志位置为 757，Slave 就是从这个日志点开始进行复制。

4. Slave 指定 Master

Slave 执行指定 Master 的命令，其中需要指定 Master 的地址、用户、密码、日志文件、日志位置，执行如下命令：

```
# 执行命令
change master to
  master_host='172.17.0.2',
  master_user='slaveuser',
  master_password='123456',
  master_log_file='mysql-bin.000002',
  master_log_pos=757;
```

5. Slave 开始复制

Slave 执行如下命令开始复制：

```
# 执行命令
start slave;
```

至此，主从复制就完成了，下面查看 Slave 的复制状态，执行命令：

```
# 执行命令
show slave status \G;

# 执行结果
*************************** 1. row ***************************
               Slave_IO_State: Waiting for master to send event
                  Master_Host: 172.17.0.2
                  Master_User: slaveuser
                  Master_Port: 3306
                Connect_Retry: 60
              Master_Log_File: mysql-bin.000002
          Read_Master_Log_Pos: 928
               Relay_Log_File: bf2a9bb494f5-relay-bin.000002
                Relay_Log_Pos: 491
        Relay_Master_Log_File: mysql-bin.000002
             Slave_IO_Running: Yes
            Slave_SQL_Running: Yes
              Replicate_Do_DB:
          Replicate_Ignore_DB:
           Replicate_Do_Table:
       Replicate_Ignore_Table:
      Replicate_Wild_Do_Table:
  Replicate_Wild_Ignore_Table:
                   Last_Errno: 0
                   Last_Error:
                 Skip_Counter: 0
          Exec_Master_Log_Pos: 928
              Relay_Log_Space: 705
              Until_Condition: None
               Until_Log_File:
                Until_Log_Pos: 0
            Master_SSL_Allowed: No
           Master_SSL_CA_File:
           Master_SSL_CA_Path:
              Master_SSL_Cert:
            Master_SSL_Cipher:
               Master_SSL_Key:
        Seconds_Behind_Master: 0
Master_SSL_Verify_Server_Cert: No
                Last_IO_Errno: 0
                Last_IO_Error:
               Last_SQL_Errno: 0
               Last_SQL_Error:
  Replicate_Ignore_Server_Ids:
             Master_Server_Id: 101
```

```
                    Master_UUID: 738b3c71-96b3-11ea-98af-0242ac110002
               Master_Info_File: /var/lib/mysql/master.info
                      SQL_Delay: 0
            SQL_Remaining_Delay: NULL
        Slave_SQL_Running_State: Slave has read all relay log; waiting for more updates
             Master_Retry_Count: 86400
                    Master_Bind:
        Last_IO_Error_Timestamp:
       Last_SQL_Error_Timestamp:
                 Master_SSL_Crl:
             Master_SSL_Crlpath:
             Retrieved_Gtid_Set:
              Executed_Gtid_Set:
                  Auto_Position: 0
           Replicate_Rewrite_DB:
                   Channel_Name:
             Master_TLS_Version:
```

结果信息中，最为关键的是以下两项信息：

```
Slave_IO_Running: Yes
Slave_SQL_Running: Yes
```

这两项信息的位置如图 13-4 所示，其值必须都为 YES，说明 Slave 的 I/O 线程、SQL 线程都是正常工作的。

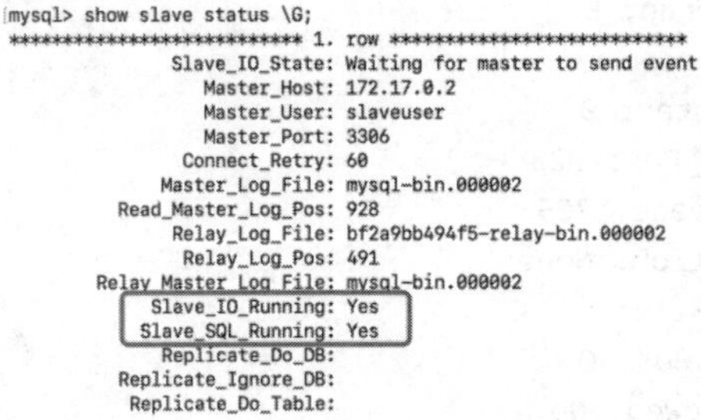

图 13-4　Slave 复制状态

主从复制配置无误之后，测试一下复制的效果，在 Master 中创建一个新的数据库，执行建库语句：

```
create database db_replication;
```

在 Slave 中验证是否同步成功，执行查询数据库列表的语句：

```
# 执行语句
show databases;

# 执行结果
+--------------------+
| Database           |
```

```
+--------------------+
| information_schema |
| db_replication     |
| mysql              |
| performance_schema |
| sys                |
+--------------------+
```

从结果信息中可以看到 db_replication 数据库，说明复制成功。

13.1.4　基于 GTID 的复制

扫一扫，看视频

基于日志点的复制是一种非常传统的方式，技术上十分成熟，但也有一些不足，主要是因为日志点的确定并不方便，下面两个场景可以说明此问题。

例如，一个复制出问题了，需要确定具体应该从哪个日志位置继续复制才能不丢失数据。在一个 Master 多个 Slave 的复制结构下，如果有多个 Slave 都复制失败了，那么每个 Slave 都需要确定自己所需要的日志位置，因为 Slave 之间复制的进度是有差异的。

若 Master 出现故障，需要从多个 Slave 中选取复制进度最快的那个，将其作为新的 Master，这时，其他 Slave 都需要调整自己的复制点，以新的 Master 为标准。

MySQL 5.6 中引入了 GTID 的功能，GTID 的全称是 Global Transaction ID，全局事务 ID，其形式如下：

```
server_uuid:transaction_id
```

其中的 server_uuid 代表 MySQL Server 的 ID，在 MySQL Server 启动时会自动生成，此 ID 使用的是 UUID 形式。transaction_id 代表事务 ID，之前学习事务时介绍过，事务的 ID 是严格递增的。通过 GTID 就可以知道此事务的 ID 标识，以及来自哪个 MySQL Server。

使用 GTID 方式复制，Slave 就可以不用关心复制的日志点了，只要是自己没有复制过的事务，直接复制就可以。即使复制中断再次恢复之后，Slave 也可以自动找到在 Master 中的正确复制位置。

要使用 GTID 复制方式，需要通过以下配置步骤：

（1）Master 与 Slave 中都需要进行配置，如指定 server_id、打开 gtid_mode。

（2）Master 中创建供 Slave 复制时使用的用户，可以为其指定权限。

（3）Slave 指定 Master 具体信息，包括 IP、端口、用户、复制的起始点。

（4）Slave 开启复制。

具体配置方式如下。

1. 修改 Master 与 Slave 配置文件

首先配置 Master，打开配置文件 my.cnf，在[mysqld]下面添加如下语句：

```
server-id=101
log-bin=mysql-bin
gtid_mode=on
```

```
enforce-gtid-consistency=true
```

然后配置 Slave，打开配置文件 my.cnf，在[mysqld]下面添加如下语句：

```
server-id=103
log-bin=mysql-bin
gtid_mode=on
enforce-gtid-consistency=true
master_info_repository=TABLE
relay_log_info_repository=TABLE
```

在修改配置文件之后，需要重新启动 MySQL，启动之后验证修改是否生效，查看变量 gtid_mode 的值：

```
# 执行命令
show variables like 'gtid_mode';

# 执行结果
+---------------+-------+
| Variable_name | Value |
+---------------+-------+
| gtid_mode     | ON    |
+---------------+-------+
```

值为 ON，说明配置生效。

2. Master 创建复制用户

新建用户，为其授权，之后 Slave 会使用此用户进行复制，执行如下命令：

```
# 创建用户，指定密码
create user 'slaveuser'@'%' identified by '123456';

# 为新用户授权
grant replication slave on *.* to 'slaveuser'@'%';

# 刷新用户权限信息，使其生效
flush privileges;
```

3. Slave 指定 Master

Slave 执行指定 Master 的命令，其中需要指定 Master 的地址、用户等信息，执行如下命令：

```
# 执行命令
change master to
  master_host='172.17.0.3',
  master_port=3306,
  master_user='slaveuser',
  master_password='123456',
```

```
master_auto_position = 1
for channel 'master-1';
```

4. Slave 开始复制

Slave 执行如下命令开始复制:

```
# 执行命令
start slave;
```

至此,主从复制就完成了,下面查看一下 Slave 的复制状态,执行命令:

```
# 执行命令
show slave status \G;
```

```
# 执行结果
*************************** 1. row ***************************
               Slave_IO_State: Waiting for master to send event
                  Master_Host: 172.17.0.3
                  Master_User: slaveuser
                  Master_Port: 3306
                Connect_Retry: 60
              Master_Log_File: mysql-bin.000001
          Read_Master_Log_Pos: 757
               Relay_Log_File: 46e0ec60fde0-relay-bin-master@002d1.000002
                Relay_Log_Pos: 970
        Relay_Master_Log_File: mysql-bin.000001
             Slave_IO_Running: Yes
            Slave_SQL_Running: Yes
              Replicate_Do_DB:
          Replicate_Ignore_DB:
           Replicate_Do_Table:
       Replicate_Ignore_Table:
      Replicate_Wild_Do_Table:
  Replicate_Wild_Ignore_Table:
                   Last_Errno: 0
                   Last_Error:
                 Skip_Counter: 0
          Exec_Master_Log_Pos: 757
              Relay_Log_Space: 1197
              Until_Condition: None
               Until_Log_File:
                Until_Log_Pos: 0
           Master_SSL_Allowed: No
           Master_SSL_CA_File:
           Master_SSL_CA_Path:
              Master_SSL_Cert:
            Master_SSL_Cipher:
```

```
                     Master_SSL_Key:
              Seconds_Behind_Master: 0
     Master_SSL_Verify_Server_Cert: No
                      Last_IO_Errno: 0
                      Last_IO_Error:
                     Last_SQL_Errno: 0
                     Last_SQL_Error:
        Replicate_Ignore_Server_Ids:
                   Master_Server_Id: 101
                        Master_UUID: b99b929f-fed2-11ea-80b2-0242ac110003
                   Master_Info_File: mysql.slave_master_info
                          SQL_Delay: 0
                SQL_Remaining_Delay: NULL
            Slave_SQL_Running_State: Slave has read all relay log; waiting for more updates
                 Master_Retry_Count: 86400
                        Master_Bind:
            Last_IO_Error_Timestamp:
           Last_SQL_Error_Timestamp:
                     Master_SSL_Crl:
                 Master_SSL_Crlpath:
                 Retrieved_Gtid_Set: b99b929f-fed2-11ea-80b2-0242ac110003:1-3
                  Executed_Gtid_Set: b99b929f-fed2-11ea-80b2-0242ac110003:1-3
                      Auto_Position: 1
                Replicate_Rewrite_DB:
                       Channel_Name: master-1
                 Master_TLS_Version:
```

同样要求 Slave_IO_Running、Slave_SQL_Running 这两项的值必须为 YES，才说明复制配置正确。配置无误之后，验证一下复制效果，在 Master 中创建一个数据库，执行建库语句：

```
create database db_gtid;
```

在 Slave 中验证是否同步成功，执行查询数据库列表的语句：

```
# 执行语句
show databases;

# 执行结果
+--------------------+
| Database           |
+--------------------+
| information_schema |
| db_gtid            |
| mysql              |
| performance_schema |
| sys                |
+--------------------+
```

从结果信息中可以看到 db_gtid 数据库，说明复制成功。从配置 GTID 复制过程中可以发现主要步骤与基于日志点的配置方式都一样，只是省去了 Master 日志位置的查看与配置，更加方便了。

13.1.5　复制延时优化

主从复制最重要的问题就是延时，Master 中新的数据变更同步到 Slave 中一定会有延时，无论多快的网络、多么高性能的服务器，延时只能缩短，无法消除。尽量缩短延时是复制优化的核心目标。想要缩小延时，需要先梳理一下复制过程中的关键点，从中分析哪些地方可以进行优化。

如图 13-5 所示，复制过程中有如下 3 个关键时间点：

（1）Master 写二进制日志的时间。

（2）二进制日志传输的时间。

（3）Slave 回放日志，写入本地数据库的时间。

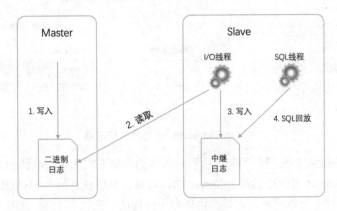

图 13-5　复制过程

下面分析一下各个时间点有哪些优化的方式。

1．优化 Master 写二进制日志

基本思路就是减少事务的执行时间，尽量把大事务转为小事务。例如，一次要更新 5000 条数据，需要执行 1 分钟，那么 MySQL 就需要在全部更新完成后才提交事务，写入二进制日志。需要思考是否可以转为多批次的小事务，快速完成，快速写入二进制日志，从而可以快速复制到 Slave。

2．优化二进制日志传输

二进制日志需要传输到 Slave，然后写入 Slave 的中继日志，这个过程涉及网络 I/O 和磁盘 I/O，优化的思路就是让需要传输和写入的内容变少，更少的内容才能传输得更快、写入得更快。

可以分析一下数据库，结合业务需求，看能否减少复制的数据库，如 MySQL Server 中有 10 个库，是否都需要复制呢？可以把不需要复制的库忽略掉，通过参数 Binlog_Ignore_DB 进行忽略即可。

3. 优化 Slave 中的 SQL 回放

默认只有一个线程负责 SQL 回放，在 MySQL 5.7 中支持了多线程复制方式，如果使用 5.7 以后的版本，就可以设置多线程复制提升 SQL 回放速度。

13.1.6　复制延时监控

扫一扫，看视频

Slave 与 Master 之间的延时具体是多长时间呢？可以通过工具进行监控。pt-heartbeat 就是一款非常成熟的复制状态监控工具，不仅支持 MySQL，也支持 PostgreSQL。

如图 13-6 所示，pt-heartbeat 的监控思路非常简单，在 Master 中创建一个 heartbeat 心跳表，然后定期更新其中的时间戳。此表会被复制到 Slave，Slave 使用复制完成的时间减去表中的时间戳，就可以得出复制的延时了。

图 13-6　pt-heartbeat 延时监控思路

pt-heartbeat 计算的是复制结果时间差，所以与具体的复制方式无关。而且 pt-heartbeat 也支持任意级别的复制结构，heartbeat 表中还记录了 Server ID，可以计算出任意两个 MySQL Server 之间的延时。从 pt-heartbeat 工作方式中可以看出，它是严格依赖于时间的，所以各个 MySQL Server 之间的时间设置一定要一致。

pt-heartbeat 是第三方工具，需要单独安装，以 CentOS 系统为例，安装方法如下：

```
# 下载
wget percona.com/get/percona-toolkit.tar.gz
# 解压
tar zxf percona-toolkit-2.2.19.tar.gz
# 安装依赖
yum -y install \
  perl-ExtUtils-CBuilder \
  perl-ExtUtils-MakeMaker \
  perl-Digest-MD5 \
  perl-DBD-MySQL
# 编译
perl Makefile.PL
make
make install
```

使用 pt-heartbeat 需要两个步骤。

1. Master 中创建 heartbeat 心跳表

使用 pt-heartbeat 命令即可创建。

```
# 执行命令
pt-heartbeat \
  --user=root \
  --ask-pass \
  --host=[mysql ip] \
  --create-table -D master1 \
  --interval=1 \
  --update \
  --replace --daemonize
```

其中，"--create-table -D master1"表示在数据库 master1 中创建 heartbeat 表；"--interval=1"表示更新的间隔时间。

2. 对 Slave 开启监控

执行 pt-heartbeat 命令，指定 Slave 的连接信息、目标数据库与数据表即可开启监控。

```
# 执行命令
pt-heartbeat \
  -h 192.168.31.207 \
  --user=root \
  --ask-pass \
  -D master1 \
  --table=heartbeat \
  --monitor
```

监控结果形式如下：

```
0.01s [  0.00s,  0.01s,  0.00s ]
...
```

每一行表示一次的监控结果，括号之前的数值是当前的延时情况，括号内部的 3 个数值分别表示 1 分钟、5 分钟、15 分钟的平均延时情况。

想深入了解此工具时可以查看 pt-heartbeat 的官方网站，网址如下：

```
https://www.percona.com/doc/percona-toolkit/2.1/pt-heartbeat.html
```

扫一扫，看视频

13.2 读 写 分 离

13.2.1 读写分离概述

在应用中对于数据库的操作无非就两种，一种是写操作，用来添加、修改、删除数据，可以统一称为数据变更操作。另一种是读操作，对数据库进行各种查询，不会改变数据库中的数据状态。

数据库的读写分离，就是将这两种操作分开，这是基于上一节数据库复制的，正是因为有了主从复制的功能，使数据库有了"分身"，有了两个甚至多个持有相同数据的 MySQL，这样就有了读写分离的基础。可以把 Master 用来处理写操作，Slave 用来处理读操作，因为 Master 是复制的源头，所以数据的变更操作都放在 Master 中，如图 13-7 所示。

数据库读写分离之后的好处非常明显，就是分散了数据库的访问压力。分离之前，所有操作都是集中在一个 MySQL Server 上面，分离之后，有了两个 MySQL Server，各司其职，数据库整体的压力自然就减少了，而且还增强了数据库的可用性。如果 Master 故障了，影响是写操作，读操作还可以正常处理，同理，Slave 如果故障了，影响的是读操作，写操作正常。

由于应用的数据库操作中，读操作的比例是最大的，要远高于写操作，那么还可以进一步分散读操作的压力，使用多个 Slave 共同复制 Master，那么 Slave 中的数据也都一样，所以读任何一个 Slave 都是一样的，如图 13-8 所示。

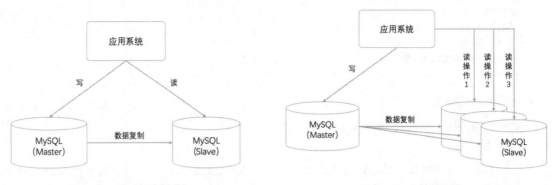

图 13-7　读写分离结构　　　　　　　图 13-8　分散读操作

使用多个 Slave 之后，读操作就有了多个选择，这就涉及了一个新的问题：具体应该读取哪个 Slave 呢？需要使用负载均衡来解决，在发送读请求之前，使用负载均衡机制来确定具体的请求目标。

通过读写分离结合负载均衡，可以大大提升数据库整体的处理能力，同时也提升了数据库的可用性。

13.2.2　读写分离的实现方式

扫一扫，看视频

要想实现读写分离，在应用中就需要区分出每个数据库的请求是写操作，还是读操作，根据不同的操作类型，连接不同的数据库地址。如果进一步分离了读操作，应用对于数据库的读操作，还需要确定具体使用哪一个 Slave 处理此请求，然后再进行连接。

可以看到，实现起来还是比较复杂的，使用读写分离中间件能够自动识别类型，不用自己区分操作类型，并转发给相应的 MySQL Server，而且有的读写分离中间件还具有负载均衡的能力，可以自动根据负载均衡策略选择某一个 Slave。使用读写分离中间件后，对于应用代码来讲，只连接到读写分离中间件即可，相当于面对的数据库只有一个，无须关心实际数据库的部署结构。

目前应用比较普遍的读写分离中间件包括如下 3 种。

- MySQL Proxy：MySQL 官方推出的代理中间件，可以实现读写分离。
- Atlas：奇虎 360 推出的数据库中间件，功能丰富，包括读写分离和负载均衡。
- MaxScale：MariaDB 推出的数据库代理中间件，同样可以实现读写分离和负载均衡。

其中 MySQL Proxy 和 Atlas 都不够活跃，而 MaxScale 则在不停地维护更新，所以应用普及度也相对更高，下面就使用 MaxScale 来实现读写分离的功能，整体结构如图 13-9 所示。

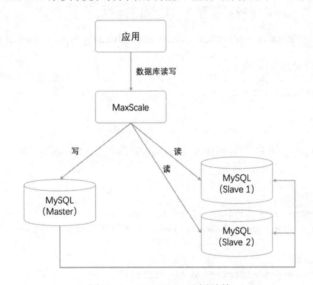

图 13-9 MaxScale 示例结构

需要先搭建好一主二从的复制结构，根据上一节所述内容搭建即可，此处不再重复。复制结构构建完成后，安装 MaxScale，然后进行配置，指定 3 个 MySQL Server 节点等信息。最后，使用 MySQL 客户端登录 MaxScale，即可像使用正常数据库一样进行操作。表 13-1 中列出了实践环境信息。

表 13-1 MaxScale 实践节点信息

节点名称	IP	端口
MySQL Master	192.168.1.101	3307
MySQL Slave 1	192.168.1.101	3308
MySQL Slave 2	192.168.1.101	3309
MaxScale	192.168.1.102	4006

具体实践步骤如下。

1．安装 MaxScale

此处以 CentOS7 系统为例，其他系统环境下的安装方法请参考 MaxScale 官方网站的说明，官网地址如下：

```
https://mariadb.com/kb/en/maxscale/
```

CentOS 系统中使用 YUM 工具进行安装，需要先安装以下依赖库：

```
yum install -y \
  libcurl \
  libaio \
  openssl \
  gnutls
```

然后安装 MariaDB 的 repo，下载并执行官方提供的脚本：

```
curl -sS https://downloads.mariadb.com/MariaDB/mariadb_repo_setup | bash
```

最后使用 YUM 工具安装 MaxScale：

```
yum install -y maxscale latest
```

2．新建数据库用户

需要准备好 3 个 MySQL 用户，分别用于 MaxScale 监控、MaxScale 路由、连接 MaxScale 的测试用户。

```
# 新建 MaxScale 监控用户
create user 'max_monitor'@'%' identified by '123456';
grant replication slave, replication client on *.* to max_monitor@'%';

# 新建 MaxScale 路由用户
create user max_router@'%' identified by "111111";
grant select on mysql.* to max_router@'%';

# 新建测试账号，用于最后连接 MaxScale
create user 'rtest'@'%' identified by '123456';
grant ALL PRIVILEGES on *.* to rtest@"%" Identified by "111111";

# 刷新权限
flush privileges;
```

3．MaxScale 配置

创建配置文件 /etc/maxscale.cnf，MaxScale 会默认加载此文件。配置内容如下：

```
[maxscale]
threads=1
```

```
maxlog=1
log_warning=1
log_notice=1
log_info=1
log_debug=0
log_augmentation=1

[server1]
type=server
address=192.168.1.101
port=3307
protocol=MySQLBackend

[server2]
type=server
address=192.168.1.101
port=3308
protocol=MySQLBackend

[server3]
type=server
address=192.168.1.101
port=3309
protocol=MySQLBackend

[MySQL-Monitor]
type=monitor
module=mysqlmon
servers=server1,server2,server3
user=max_monitor
password=123456
monitor_interval=10000

[Read-Write-Service]
type=service
router=readwritesplit
servers=server1,server2,server3
user=max_router
password=111111
max_slave_connections=100%
max_slave_replication_lag=5
use_sql_variables_in=all

[MaxAdmin-Service]
type=service
router=cli

[Read-Write-Listener]
type=listener
```

```
service=Read-Write-Service
protocol=MySQLClient
port=4006

[MaxAdmin-Listener]
type=listener
service=MaxAdmin-Service
protocol=maxscaled
port=6603
```

内容比较多，但结构很简单，分为以下几个部分。

➘　基本信息

[maxscale]部分配置的是 MaxScale 的基本信息，如日志的级别。

➘　MySQL 节点信息

[server1]、[server2]、[server3]指定了 MySQL 的 3 个节点信息。

➘　服务信息

[Read-Write-Service]定义读写分离服务，其中指定了 3 个 MySQL 节点，以及之前创建的路由用户信息，MaxScale 会使用此用户做请求路由转发。

[MaxAdmin-Service]定义了 MaxScale 管理控制台，通过控制台可以查看 MaxScale 的整体情况。

➘　监听器信息

每个服务都需要一个相应的监听器，[Read-Write-Listener]与[Read-Write-Service]对应，[MaxAdmin-Listener]与[MaxAdmin-Service]对应。

4．启动 MaxScale

MaxScale 不允许使用 root 用户启动，所以需要创建一个普通用户，这里新建一个 maxscale 组与 maxscale 用户：

```
# 创建组
groupadd maxscale
# 创建用户
useradd maxscale -g maxscale
```

下面使用此用户来启动 MaxScale：

```
maxscale --user=maxscale -d
```

其中"-d"表示在命令终端中执行，非后台运行，便于测试期使用。MaxScale 的启动运行日志输出的位置如下：

```
/var/log/maxscale/maxscale.log
```

5．登录 MaxScale 控制台查看整体状态

启动 MaxScale 之后，可以登录控制台 MaxAdmin 查看服务器的状态，执行命令：

```
# 使用默认账号密码登录控制台
maxadmin --user=admin --password=mariadb

# 查看服务器信息列表
MaxScale> list servers

# 返回结果
Servers.
-------------------+-----------------+-------+-------------+--------------------
Server             | Address         | Port  | Connections | Status
-------------------+-----------------+-------+-------------+--------------------
server1            | 192.168.1.101   | 3307  |           0 | Master, Running
server2            | 192.168.1.101   | 3308  |           0 | Slave, Running
server3            | 192.168.1.101   | 3309  |           0 | Slave, Running
-------------------+-----------------+-------+-------------+--------------------
```

从结果中可以看到，3 个 MySQL 节点都已经识别，运行状态正常，说明 MaxScale 已经可以正常使用了。

6. 验证读写分离

使用之前创建的测试用户 rtest 连接 MaxScale，执行查询命令 "select @@hostname;" 可以看到当前执行命令的 MySQL 节点名称，那么执行不同的读写命令就可以知道是否实现了读写分离的效果。表 13-2 是当前 3 个 MySQL 节点的 Hostname。

表 13-2　MySQL 节点 Hostname

节 点 名 称	Hostname
MySQL Master	0f134f5d6d07
MySQL Slave 1	a408e763cef0
MySQL Slave 2	0b8a43a12411

通过 MySQL Client 终端登录 MaxScale：

```
mysql -urtest -P 4006 -h 192.168.1.102 -p111111
```

登录后查看当前使用的 MySQL 节点：

```
# 查询语句
select @@hostname;

# 查询结果
+--------------+
| @@hostname   |
+--------------+
| a408e763cef0 |
+--------------+
```

返回的 Hostname 对照表 13-2 后发现当前节点为 Slave 1，接下来开启事务，表明想要执行写入操作，然后查询所在节点名称：

```
# 开启事务
start transaction;

# 查询语句
select @@hostname;

# 查询结果
+--------------+
| @@hostname   |
+--------------+
| 0f134f5d6d07 |
+--------------+
```

这次返回的是 Master 的 Hostname，符合预期，说明读写分离的功能已经实现了。接下来，关闭事务结束验证：

```
# 查询结果
rollback;

# 查询语句
select @@hostname;

# 查询结果
+--------------+
| @@hostname   |
+--------------+
| a408e763cef0 |
+--------------+
```

事务结束之后，再次查询时已经路由到了 Slave 1 节点。

7. 验证负载均衡

接下来验证读请求是否被转发到了不同的 Slave 节点，使用 Linux 系统脚本执行多次"select @@hostname;"，观察返回结果，验证负载均衡是否生效。执行脚本：

```
# 循环执行 6 次查询语句
for i in 'seq 1 6'; do mysql -P4006 -urtest -p111111 -h192.168.1.102 -e "select @@hostname;"
2>/dev/null & done

# 执行结果
+--------------+
| @@hostname   |
+--------------+
| a408e763cef0 |
```

```
+--------------+
+--------------+
| @@hostname   |
+--------------+
| a408e763cef0 |
+--------------+

+--------------+
| @@hostname   |
+--------------+
| 0b8a43a12411 |
+--------------+

+--------------+
| @@hostname   |
+--------------+
| 0b8a43a12411 |
+--------------+

+--------------+
| @@hostname   |
+--------------+
| a408e763cef0 |
+--------------+

+--------------+
| @@hostname   |
+--------------+
| 0b8a43a12411 |
+--------------+
```

从结果中可以看到，这 6 次查询操作分别被路由到了 Slave 1 与 Slave 2 节点，说明负载均衡功能已经生效。

MaxScale 的实践完成了，完全可以满足读写分离与负载均衡的功能需求，使用也很方便，MaxScale 还有更丰富的功能，有兴趣的读者可以去官网深入了解。

13.3　MHA 高可用架构

扫一扫，看视频

MHA 的全称是 Master High Availability，其目标是保障 Master 的可用性，如图 13-10 所示。

在主从复制结构中，只有 Master 是单点的，出现故障后就会大大影响数据库的可用性。MHA 的思路是监控 Master 的状态，在 Master 出现故障之后，自动从 Slave 中选取出一个新的 Master，并让其他 Slave 修改复制目标，从新的 Master 中进行复制，实现自动故障转移。MHA 的处理速度是非常快的，这样就可以大大减少数据丢失。

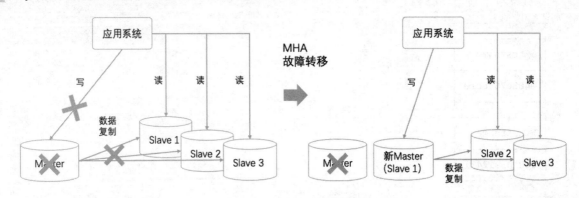

图 13-10　MHA 故障转移

MHA 架构的工作流程如下：

（1）Master 出现故障之后，尽量从 Master 中创修数据，读取 Master 中的二进制日志，如果 Master 所在服务器不是物理故障，大概率是可以成功读取的。

（2）从多个 Slave 节点中选出新的 Master，挑选的原则是看哪一个 Slave 中的数据更接近于 Master，也就是说平时从 Master 中复制最快的那个 Slave 会是新 Master 的第一候选者。

（3）其他 Slave 与新选出的 Master 对比数据，每个 Slave 中形成差异日志，以便清楚自己与新 Master 的差距。

（4）Slave 执行差异日志，以追平新的 Master。

（5）如果第一步中成功从故障 Master 中拿到了二进制日志，则在刚选出的新 Master 中进行回放，以保证数据是最新的。

（6）Slave 更改自己的 Master，开始从新的 Master 中复制。

MHA 架构的优势如下。

↘　快速

故障处理速度快，几十秒内可以完成。

↘　数据安全

数据安全性较高，Slave 的差异日志机制保证了数据的一致性；故障 Master 数据创修机制最大限度地保证了数据不丢失。

↘　易扩展

代码开源，方便扩展。

↘　多集群监控

通过一套 MHA 框架，可以同时管理多个 MySQL 集群。

MHA 架构的不足如下。

↘　只关注 Master

只监控 Master 的状态，不关心 Slave，Slave 的中断、延时等问题都无法掌握。

↘　不支持虚拟 IP

在使用新的 Master 之后，Master 的 IP 发生了变化，如果想要对外部应用是透明的，就需要使用虚拟 IP，这样外部就不用修改连接的 Master 地址了。但 MHA 没有此功能，需要搭配其他方法来实现。

　　➥　用户安全性不可靠

　　MHA 要求各个 MySQL 服务器之间都要配置 SSH 免登录，如果其中某一台服务器出现问题，就会牵连其他服务器，所以存在一定的不安全性。

13.4　组　复　制

扫一扫，看视频

13.4.1　组复制概述

　　组复制（Group Replication）是 MySQL 5.7.17 中发布的一个重要功能，简单易理解，其作用是可以写入任一 MySQL 节点，保证 MySQL 集群中各节点数据完全一致。

　　例如 MySQL 集群中有 3 个节点，不同的客户端连接集群中的不同节点，在不同的客户端中写入数据，写入结果可以在 3 个节点中完全同步，如图 13-11 所示。

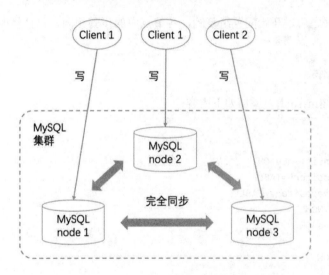

图 13-11　组复制

　　之前介绍的主从复制结构中，所有数据变更的操作都是在 Master 中完成的，所有 Slave 只是被动地复制 Master 的数据，不能主动修改数据，这是为了防止出现数据不一致的情况。这种集群结构中，Master 是单点的，就会有单点故障的可能，所以有了 MHA 架构来保护 Master。但有了组复制的功能之后，这一限制就被打破了，Master 不再是单点的，组复制结构之内的每个节点都可以同时处理读写请求。

　　在主从复制结构中，复制过程是有延时的，而且各个 Slave 之间的数据不是完全一致的，因为每个 Slave 复制的速度不同。但在组复制结构中，各个节点是完全同步的。

　　MySQL 组复制功能是基于分布式一致性算法 Paxos 来实现的，可以保证多个节点中数据的完全一致性。Paxos 算法比较复杂，简单理解就是对于一次写操作，需要各个 MySQL 节点都同意，都写入成功才算是此次写入成功，否则就是写入失败。

组复制结构中节点的增减都是弹性的，新的 MySQL 节点加入之后，会自动与其他节点进行数据同步，保持数据一致。有节点移除时，其他节点会自动感知到，维护自己的组信息。

MySQL 组复制有以下两种模式。

（1）单主模式：自动选主，所有数据更新的操作都有主节点来处理。

（2）多主模式：每个节点都可以处理数据更新操作。

13.4.2 组复制的实现方式

扫一扫，看视频

下面使用 3 个 MySQL 节点来配置组复制的结构。首先准备好 3 个节点，安装好 MySQL 5.7，注意小版本的选择，需要使用 5.7.17 之后的版本，本示例选择的是 MySQL 5.7.30。3 个节点的 HostName 分别定义为 node1、node2、node3，并在每个节点中配置好 hosts，以便相互之间可以通过 HostName 进行沟通。

每个节点都准备好之后，开始配置组复制，各节点中的步骤相同，包括修改配置文件、创建复制用户、启动组复制。

1. node1 中的操作

修改配置文件，在[mysqld]中添加如下内容：

```
server_id=1
gtid_mode=ON
enforce_gtid_consistency=ON
master_info_repository=TABLE
relay_log_info_repository=TABLE
binlog_checksum=NONE
log_slave_updates=ON
log_bin=binlog
binlog_format=ROW

transaction_write_set_extraction=XXHASH64
loose-group_replication_group_name="aaaaaaaa-aaaa-aaaa-aaaa-aaaaaaaaaaaa"
loose-group_replication_start_on_boot=off
loose-group_replication_local_address= "node1:33061"
loose-group_replication_group_seeds= "node1:33061,node2:33061,node3:33061"
loose-group_replication_bootstrap_group= off
loose-group_replication_single_primary_mode=FALSE
loose-group_replication_enforce_update_everywhere_checks= TRUE
```

修改配置后，需要重新启动 MySQL。

接下来创建用于复制的用户，执行如下系列命令：

```
set sql_log_bin=0;

create user rpl_user@'%';

grant replication slave on *.* to rpl_user@'%' identified by 'rpl_pass';

flush privileges;

set sql_log_bin=1;
```

指定 Master，执行命令：

```
change master
  to master_user='rpl_user',
  master_password='rpl_pass'
  for channel 'group_replication_recovery';
```

安装组复制插件，执行命令：

```
install plugin group_replication soname 'group_replication.so';
```

安装完成后，可以查看插件列表进行验证：

```
show plugins;
```

如果安装成功，在返回结果的底部会看到 group_replication 信息。

接下来启动组复制：

```
set global group_replication_bootstrap_group=on;
start group_replication;
set global group_replication_bootstrap_group=off;
```

执行成功之后，查看当前组内成员，执行查询命令：

```
# 查询语句
select * from performance_schema.replication_group_members;
```

查询结果如图 13-12 所示。

CHANNEL_NAME	MEMBER_ID	MEMBER_HOST	MEMBER_PORT	MEMBER_STATE
group_replication_applier	c0283906-01fd-11eb-903e-0242ac120002	node1	3306	ONLINE

图 13-12　组内成员列表

查询结果中已经有了 node1，说明此节点的组复制配置成功了，下面新建一张测试表，并插入一条数据，用于后面加入节点时验证是否复制成功。建表语句如下：

```
# 新建库
create database test;

# 新建测试表
```

```
create table t1 (
  c1 int primary key,
  c2 text not null
);
```

然后插入一条数据：

```
insert into t1
  values (1, 'luis');
```

查询测试表 t1 中的数据：

```
# 查询语句
select * from t1;

# 查询结果
+----+------+
| c1 | c2   |
+----+------+
|  1 | Luis |
+----+------+
```

2. node2 中的操作

同样先修改配置文件，添加的内容与 node1 的配置一致，内容过多，这里不再重复贴出，只需要修改 node1 中两项配置：

```
server_id=2
loose-group_replication_local_address= "node2:33061"
```

将 server_id 修改为 2，还有组复制的本地地址，改为 node2，这样就配置完成了，保存后重启 MySQL 即可。

之后创建复制用户和指定 Master，执行如下系列命令：

```
set sql_log_bin=0;

create user rpl_user@'%';

grant replication slave on *.* to rpl_user@'%' identified by 'rpl_pass';

flush privileges;

set sql_log_bin=1;

change master
  to master_user='rpl_user',
  master_password='rpl_pass'
  for channel 'group_replication_recovery';
```

接下来安装组复制插件，并启动组复制：

```
change master
install plugin group_replication soname 'group_replication.so';

start group_replication;
```

启动完成后，查看当前组内成员：

```
# 查询语句
select * from performance_schema.replication_group_members;
```

查询结果如图 13-13 所示。

```
+-----------------------------+--------------------------------------+-------------+-------------+--------------+
| CHANNEL_NAME                | MEMBER_ID                            | MEMBER_HOST | MEMBER_PORT | MEMBER_STATE |
+-----------------------------+--------------------------------------+-------------+-------------+--------------+
| group_replication_applier   | c0283906-01fd-11eb-903e-0242ac120002 | node1       |        3306 | ONLINE       |
| group_replication_applier   | dc90af00-01fd-11eb-a7d0-0242ac120003 | node2       |        3306 | ONLINE       |
+-----------------------------+--------------------------------------+-------------+-------------+--------------+
```

图 13-13　复制组成员列表

查询结果中已经有了 node2，说明此节点的组复制配置成功了，下面查询测试表 t1，验证数据是否复制过来了。

```
# 查询数据库
show databases like 'test';

# 返回结果
+-----------------+
| Database (test) |
+-----------------+
| test            |
+-----------------+

# 查询表数据
select * from test.t1;

# 查询结果
+----+------+
| c1 | c2   |
+----+------+
|  1 | Luis |
+----+------+
```

可以看到 node1 中创建的测试库和表都已经复制过来了，此节点的复制功能正常。

3. node3 中的操作

与 node2 中的操作一致，先把 node1 中添加的配置复制到 node3 的 MySQL 配置文件中，然后修改如下两项内容：

```
server_id=3
loose-group_replication_local_address= "node3:33061"
```

然后创建复制用户和指定 Master，执行如下系列命令：

```
set sql_log_bin=0;

create user rpl_user@'%';

grant replication slave on *.* to rpl_user@'%' identified by 'rpl_pass';

flush privileges;

set sql_log_bin=1;

change master
  to master_user='rpl_user',
  master_password='rpl_pass'
  for channel 'group_replication_recovery';
```

接下来安装组复制插件，并启动组复制：

```
install plugin group_replication soname 'group_replication.so';

start group_replication;
```

启动完成后，查看当前组内成员：

```
# 查询语句
select * from performance_schema.replication_group_members;
```

查询结果如图 13-14 所示。

```
+----------------------------+--------------------------------------+-------------+-------------+--------------+
| CHANNEL_NAME               | MEMBER_ID                            | MEMBER_HOST | MEMBER_PORT | MEMBER_STATE |
+----------------------------+--------------------------------------+-------------+-------------+--------------+
| group_replication_applier  | c0283906-01fd-11eb-903e-0242ac120002 | node1       |        3306 | ONLINE       |
| group_replication_applier  | dc90af00-01fd-11eb-a7d0-0242ac120003 | node2       |        3306 | ONLINE       |
| group_replication_applier  | dfe5def9-01fd-11eb-be2a-0242ac120004 | node3       |        3306 | ONLINE       |
+----------------------------+--------------------------------------+-------------+-------------+--------------+
```

图 13-14　组复制成员

从查询结果中可以看到，node3 已经添加进来了，此节点的配置完成。下面查询一下测试表 t1，验证数据的复制情况。

```
# 查询表数据
select * from test.t1;

# 查询结果
+----+------+
| c1 | c2   |
+----+------+
|  1 | Luis |
```

```
+----+------+
```

数据复制没有任何问题。最后，在 node3 中执行 INSERT 操作，然后在 node1 中进行查询，以验证多节点插入同步的情况。执行插入操作：

```
# 使用测试库
use test

# 向测试表 t1 插入数据
insert into t1
  values (2, 's3 test');

# 查询 t1
select * from t1;

# 查询结果
+----+---------+
| c1 | c2      |
+----+---------+
|  1 | Luis    |
|  2 | s3 test |
+----+---------+
```

node3 中插入完成，现在切换到 node1，查询 t1 表中的数据：

```
# 查询 t1
select * from t1;

# 查询结果
+----+---------+
| c1 | c2      |
+----+---------+
|  1 | Luis    |
|  2 | s3 test |
+----+---------+
```

node1 的查询结果中已经有了刚刚在 node3 中插入的数据，所以在不同节点插入数据后多节点同步的效果已经达成了。

13.5　小　　结

本章介绍了 MySQL 高可用性的机制，其中，主从复制是 MySQL 集群的基础，通过数据复制，可以让 MySQL 多出数个分身，数据状态几乎完全一致，只是由于复制过程的延时会出现微小的不同。实现数据复制之后，可以提升数据库整体的处理能力，也提升了可用性。数据复制可以通过基于日志点的方式实现，也可以通过 GTID 全局事务 ID 的方式实现。

复制的延时不可避免，但可以通过提高二进制日志写入速度、降低网络传输时间、减少日志回放时间进行优化。读写分离也是基于数据复制结构的，通过读写分离中间件可以自动分离读写操作到不同的 MySQL 节点，如果有多个 Slave 节点，还可以分散读请求。MHA 架构在一定程度上解决了主从复制结构中 Master 单点瓶颈，而组复制功能则彻底解决了此问题，可以在不同的 MySQL 节点中写入数据，并保证不同节点中的数据完全一致。

第 14 章　MySQL 8 重要新特性

MySQL 在 5.x 版本之后，推出了新版本 MySQL 8，直接跳过了 6、7 版本，可见 MySQL 8 的变化之大，如大大增强了 JSON 文档型数据的处理能力，还支持了 CTE 通用表达式，这是 Oracle、SQL Server 这些大型数据库中普遍支持的功能，可以简化复杂查询。

MySQL 8 对数据表的关联算法进行了优化，推出了更高效的 Hash Join 连接算法，比传统的循环嵌套算法性能更优。隐藏索引也是一项很实用的功能，可以使索引不可见，但还是正常的维护，增加了索引使用的灵活性。

通过本章的学习，可以掌握以下主要内容：

- JSON 文档操作。
- Hash Join 算法。
- 隐藏索引。
- CTE 通用表达式。

14.1　JSON 文档

对于 JSON 文档的支持，其实不是 MySQL 8 中才有的，在 MySQL 5.7.8 中就支持了 JSON 数据类型，但是其成熟度不足，并没有得到广泛使用。MySQL 8 对 JSON 类型做了大量的优化与功能的增强，使 JSON 操作具有了更实际的可用性，应用的普及度大大增加了，所以本书将 JSON 文档的操作归为了 MySQL 8 中的重要特性。

MySQL 将 JSON 作为原始的数据类型，这项改动看似只是增加了一个数据类型，但意义极其重大。因为 MySQL 是关系型数据库，而 JSON 文档的处理能力是 MongoDB 这类新型 NoSQL 数据库的强项，所以支持了 JSON 文档之后，MySQL 可以说是迈出了一大步，在关系型数据库中整合了 NoSQL 的优势。

支持 JSON 数据存储之后，将为我们的应用开发提供非常大的便利。例如，网站中需要存储用户的基本信息，通常还支持用户的一些自定义配置，那么就需要添加字段来支持每一项配置。这类配置通常是频繁变化的，每次有新的配置项需求时，就需要增加字段，非常不灵活。如果使用 JSON 数据类型就非常简单了，可以把用户配置整体作为一个字段，字段的值是 JSON 文档，其中包含用户的各个自定义配置信息，如图 14-1 所示。

改用 JSON 数据类型之后，用户自定义配置项的变化就无须修改数据表的字段结构，新添加的配置项只是作为 JSON 文档中的一个字段，与数据表无关。这就是 JSON 文档的主要特性之一，也是 NoSQL 文档数据库的主要应用场景。

id	name	properties1	properties2	properties3
1	apple	abc	opq	xyz
...				

改为JSON数据类型

id	name	configration
1	apple	{ "properties1" : "abc" , "properties2" : "opq" , "properties3" : "xyz" , }
...		

图 14-1　将字段形式改为 JSON 形式

　　MySQL 对 JSON 文档做了独特的处理，会对 JSON 数据进行校验，无效文档会报错。还使用了特殊优化的数据格式，JSON 文档进入 MySQL 后被转换为内部数据格式，可以对文档中的元素进行快速访问。所以 MySQL 对于 JSON 文档的支持并不是简单的字符串解析，而是使用了高效的二进制数据结构，可以高效查找 JSON 文档中嵌套的对象。

14.1.1　JSON 数据类型

扫一扫，看视频

　　下面创建一个带有 JSON 类型的数据表，以此来了解 JSON 类型的使用方式，执行语句：

```
# 创建示例数据库
create database mysql8_demo;

# 创建数据表
create table content (
  id int not null auto_increment,
  title varchar(50),
  tags json default null,
  browser json,
  primary key ('id')
);
```

　　此建表语句创建了一个内容表，有 id、标题 title、标签 tags、浏览此条内容的浏览器 browser 等字段，其中 tags、browser 都是 JSON 类型的。可以发现用法非常简单，对于 JSON 类型不能指定 NULL 之外的其他默认值，而且不能为 JSON 类型的字段创建索引，但可以对 JSON 文档中的某个字段创建索引。

建好数据表之后，插入几条测试数据，以便了解如何插入 JSON 数据，执行语句：

```
# 插入数据
insert into content (title, tags, browser)
values (
  'use mysql json',
  '["mysql", "database"]',
  '{
    "name": "firefox",
    "os": "windows",
    "resolution": {
        "x": 1080,
        "y": 1200
    }
  }'
);

# 插入数据
insert into content (title, tags, browser)
values (
  'mysql8',
  '["mysql"]',
  '{
    "name": "firefox",
    "os": "windows",
    "resolution": {
        "x": 1280,
        "y": 800
    }
  }'
);

# 插入数据
insert into content (title, tags, browser)
values (
  'java mysql',
  '["mysql", "java"]',
  '{
    "name": "safari",
    "os": "mac",
    "resolution": {
        "x": 1920,
        "y": 1080
    }
  }'
);
```

14.1.2 JSON 数据查询

扫一扫，看视频

如果想要查询 JSON 文档中的某个字段的值，需要使用"->"操作符。例如，查询出 browser 文档中 name 字段的值，执行如下查询语句：

```
# 查询语句
select
  id,
  browser->'$.name' as browser
from
  content;

# 查询结果
+----+-----------+
| id | browser   |
+----+-----------+
|  1 | "firefox" |
|  2 | "firefox" |
|  3 | "safari"  |
+----+-----------+
```

从查询结果中发现值都是带有双引号的，如果不需要双引号，就需要使用"->>"操作符，修改一下上面查询语句中的"->"即可，查询语句如下：

```
# 查询语句
select
  id,
  browser->>'$.name' as browser
from
  content;

# 查询结果
+----+---------+
| id | browser |
+----+---------+
|  1 | firefox |
|  2 | firefox |
|  3 | safari  |
+----+---------+
```

查询语句中的"$.name"是 JSON Path 的写法，用于定位 JSON 文档中某个字段，JSON Path 是以"$"开头，通过如下的例子可以了解 JSON Path 的用法。

```
# 示例 JSON 文档
{
```

```
  "id": 123,
  "cates": [4, 5, 6],
  "props": {
    "p1": "abc",
    "p2": "xyz"
  }
}

# JSON Path 示例

$.id //结果：123

$.cates //结果：[4, 5, 6]

$.cates[1] //结果：4

$.props.p1 //结果：abc

$.props.p2 //结果：xyz
```

除了查询 JSON 文档内容，还可以使用 JSON 文档的内容作为查询条件。例如，查询 content 表中还有 mysql 标签的记录，可以使用 json_contains()函数，用于判断 JSON 文档中是否包含某值。执行查询语句：

```
# 查询语句
select
  id,
  title,
  tags
from
  content
where
  json_contains(tags, '["mysql"]');

# 查询结果
+----+----------------+----------------------+
| id | title          | tags                 |
+----+----------------+----------------------+
|  1 | use mysql json | ["mysql", "database"] |
|  2 | mysql8         | ["mysql"]            |
|  3 | java  mysql    | ["mysql", "java"]    |
+----+----------------+----------------------+
```

JSON_SEARCH()也是非常重要的 JSON 操作函数，此函数的用法如下：

```
JSON_SEARCH(document, one/all, search_string [, escape_char[, path] ...])
```

参数说明如下。

- document：搜索的目标文档。
- one/all：one 表示找到一个符合条件的就返回，all 表示把所有的都找到。
- search_string：要查找的字符串，可以像 LIKE 子句一样使用"%"。
- path：指定查找的路径范围。

下面的查询语句使用 JSON_SEARCH()函数搜索 tags 字段中以 mysql 开头的记录，执行查询语句：

```
# 查询语句
select
  id,
  title,
  tags
from
  content
where
  json_search(tags, 'one', 'mysql%') is not null;

# 查询结果
+----+---------------+----------------------+
| id | title         | tags                 |
+----+---------------+----------------------+
|  1 | use mysql json | ["mysql", "database"] |
+----+---------------+----------------------+
```

JSON 文档中的字段同样可以用来分组，如根据 browser 文档中 name 字段来分组，执行查询语句：

```
# 查询语句
select
  browser->>'$.name' as browser,
  count(browser)
from
  content
group by
  browser->>'$.name';

# 查询结果
+---------+----------------+
| browser | count(browser) |
+---------+----------------+
| firefox |              2 |
| safari  |              1 |
+---------+----------------+
```

14.1.3　JSON 数据更新

扫一扫，看视频

可以使用 JSON_SET()函数来修改 JSON 文档中的字段值，如修改 content 表中 tags 字段值，把标签数组中的第一个值改为 mysql8，执行如下修改语句：

```
# 修改语句
update
  content
set
  tags = json_set(tags, '$[0]', 'mysql8');
```

其中 JSON_SET()函数中指定了目标文档为 tags 字段的 JSON 文档，"$[0]" 是 JSON Path，指定的是 JSON 数组中的第一个元素，最后的 mysql8 是要设置的内容。修改完成后，查询表数据，验证修改效果。

```
# 查询语句
select tags from content;

# 查询结果
+------------------------+
| tags                   |
+------------------------+
| ["mysql8", "database"] |
| ["mysql8"]             |
| ["mysql8", "java"]     |
+------------------------+
```

从结果中可以看到，已经修改成功了。上面使用 JSON_SET()函数对 JSON 文档的值进行了修改，接下来尝试使用 JSON_MERGE()函数来合并值，为有 java 标签的记录再添加一个 dev 标签，执行修改语句：

```
# 修改语句
update
  content
set
  tags = json_merge(tags, '["dev"]')
where
  json_search(tags, 'one', 'java') is not null
  and
  json_search(tags, 'one', 'dev') is null;
```

其中 SET 子句使用了 JSON_MERGE()函数为 tags 文档添加了一个 dev 标签，WHERE 子句中使用了两个 JSON_SEARCH()函数，第一个用来验证当前记录的 tags 文档中有 java 标签，第二个用来验证当前记录的 tags 文档中没有 dev 标签，符合这个条件的记录就为其添加 dev 标签。执行完成后，查询数据表，验证修改结果。

```
# 查询语句
select tags from content;

# 查询结果
+-----------------------------+
| tags                        |
```

```
+-------------------------+
| ["mysql8", "database"]  |
| ["mysql8"]              |
| ["mysql8", "java", "dev"] |
+-------------------------+
```

可以看到，成功添加了 dev 标签。MySQL 8 中提供了非常丰富的 JSON 操作函数，建议去 MySQL 官方文档中查看实践。

14.1.4　JSON 聚合函数

扫一扫，看视频

之前的操作都是针对 JSON 数据类型的字段，但实际上 MySQL 还提供了 JSON 函数操作普通字段，如 JSON_ARRAYAGG()、JSON_OBJECTAGG()这两个 JSON 聚合函数，就可以对普通字段进行聚合，使其返回结果为 JSON 类型的数据。

这个功能在应用开发中很实用，因为目前 JSON 数据结构已经成为程序中的标准结构，如果从数据库中返回的数据就是 JSON 结构的，那么对于程序来讲就非常方便了，免去了自己转换的过程。

例如，把 content 表中的 title 字段聚合为一个 JSON 数组，条件是 tags 字段含有 mysql8 标签的记录。执行查询语句：

```
# 查询语句
select
  json_arrayagg(title)
from
  content
where
  json_contains(tags, '["mysql8"]');

# 查询结果
+---------------------------------------------+
| json_arrayagg(title)                        |
+---------------------------------------------+
| ["use mysql json", "mysql8 ", "java  mysql"] |
+---------------------------------------------+
```

再比如把 content 表中的 id 字段与 title 字段聚合为一个 JSON 对象，执行查询语句：

```
# 查询语句
select
  json_object(id, title) as id_title
from
  content;

# 查询结果
+-------------------------+
| id_title                |
```

```
+------------------------+
| {"1": "use mysql json"} |
| {"2": "mysql8 "}        |
| {"3": "java  mysql"}    |
+------------------------+
```

14.2 Hash Join 算法

以前 MySQL 中的表连接算法只有 Nested Loop 嵌套循环这一种，MySQL 8 中推出了 Hash Join 算法，比嵌套循环算法更加高效，MySQL 以后会以 Hash Join 算法为主。本节先介绍 Nested Loop 嵌套循环算法，然后再说明 Hash Join 算法的工作方式。

14.2.1 Nested Loop 嵌套循环算法

Nested Loop 嵌套循环算法的思路非常简单，遍历第一张表中的每条记录，将其传入第二张表中循环比对，如果还有其他关联表，就以此类推，一层层地循环处理，所以称为 Nested Loop 嵌套循环算法。

下面是 MySQL 官网中给出的此算法伪代码：

```
for each row in t1 matching range {
  for each row in t2 matching reference key {
    for each row in t3 {
      if row satisfies join conditions, send to client
    }
  }
}
```

代码逻辑很清晰，就是从关联关系中的第一张表开始逐条与下一张表每条记录比对，有符合条件的就返回给客户端。从中可以发现，需要循环处理非常多的次数。

为了减少循环次数，MySQL 对此算法做了改进，增加了缓存，简单来讲就是把外层中的多条记录放入缓存 buffer，然后把 buffer 传入下一层循环，如缓存中有 10 条记录，那么内存循环就可以一次比较 10 条记录，这样就减少了整体的循环次数。改进后的算法称为 Block Nested-Loop 算法，此算法有了一定程度的优化，但效果有限。

在 MySQL 8.0.18 之后的版本，就是以 Hash Join 算法为主了，从 MySQL 8.0.20 版本开始，将不再使用 Block Nested-Loop 算法。

14.2.2 Hash Join 算法应用

在做多表的 Join 连接操作时，使用 HashTable 查找表中匹配的记录，这种方式就是 Hash Join 算法的基本思路。在大体的工作流程上，Hash Join 可以分为如下两个阶段：

（1）build 构建阶段。

（2）probe 探测阶段。

为了清楚地说明 Hash Join 算法具体是如何工作的，以下面的 Join 查询为例：

```
# 查询语句
select
  first_name,
  country
from
  user u join country c
    on u.country_id = c.country_id;
```

这条查询语句连接了两张表，user 用户表和 country 国家表，其中都有 country_id 字段，以此作为关联字段。下面介绍两个阶段的具体工作方式。

1. build 构建阶段

build 构建阶段的目标是把 JOIN 中的一张表构建成 HashTable。以表所占空间大小为标准，选择占空间小的那一张表作为构建目标。需要注意，是选择空间小的表，而不是记录行数少的表。假设 country 表的空间小，那么 country 表就是构建目标。

确定构建目标表之后，对其中的关联字段进行 Hash 计算，此示例中就是对 country.country_id 进行 Hash 计算。

```
hash(country.country_id)
```

计算结果放入内存的 HashTable 中，在所有行都计算完成并放入 HashTable 之后，构建阶段结束，如图 14-2 所示。

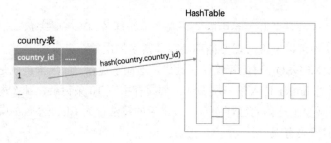

图 14-2　构建 country 表

2. probe 探测阶段

probe 探测阶段是用另一张表中每行 Hash 计算结果到 HashTable 中进行匹配，返回匹配上的记录。此示例中就是对 user.country_id 进行 Hash 计算。

```
hash(user.country_id)
```

使用计算结果到 HashTable 中匹配查找，返回匹配的行，如图 14-3 所示。

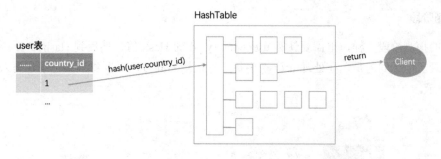

图 14-3　探测 user 表

这样就完成了 JOIN 操作，从这个过程中可以发现两点明显的性能优势：

（1）每张表只需要扫描一次。

（2）HashTable 的查找非常高效，匹配时间恒定。

上述流程中，是假定内存空间可以放下全部的构建目标表中的所有 Hash 计算结果，简单来讲就是内存区域够用。但实际使用过程中，一定会遇到内存不够用的情况，Hash Join 算法处理此情况的解决方法就是使用磁盘空间。下面是在内存不足的情况下两个阶段的处理过程。

1. 构建阶段

在上一个构建过程的基础之上需要增加写磁盘的操作。内存空间用完之后，把表中剩余数据写到磁盘。写磁盘文件时也不会只写一个，会分成多个文件，要确保每个文件都是可以加载到内存的。具体哪条记录写入哪个文件中，也是通过 Hash 计算决定的，此示例中就是对 country.country_id 进行 Hash 计算。

```
hash2(country.country_id)
```

构建过程如图 14-4 所示。

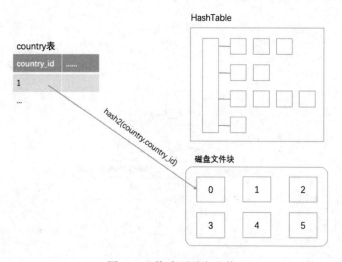

图 14-4　构建到磁盘文件

2. 探测阶段

与之前的探测阶段一样，也需要计算 user.country_id 的 Hash 值，然后到 HashTable 中查找，返回匹配上的记录。但不同的是，在处理 user 表中每一行记录的同时，需要将该条记录也写入磁盘文件，如图 14-5 所示。

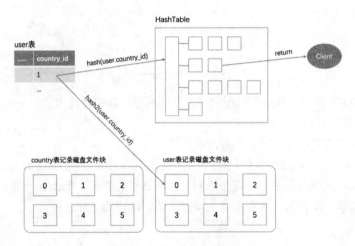

图 14-5 user 表记录写入磁盘

需要注意，写入 user 表记录到文件时，使用的 Hash 函数与写入 country 表时的 Hash 函数是一样的，这样就可以保证 user 表的文件块与构建阶段的文件块是一一对应的。

下一步就是对每一个构建阶段写入的文件块执行一次构建过程，将其中的记录放入内存的 HashTable 中，然后，拿出对应探测阶段写入的文件块再执行一次探测过程。例如，构建 country 表的 0 号文件块，放入 HashTable 中之后，对 user 表的 0 号文件块执行探测过程，对其中的每条记录计算 Hash 值，然后到 HashTable 中查找，如图 14-6 所示。

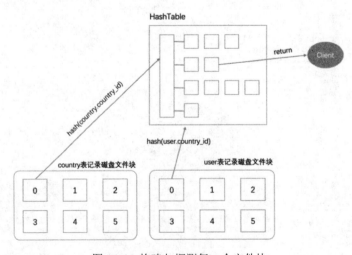

图 14-6 构建与探测每一个文件块

每一个文件块就像是一个表，对每一个文件块都执行一遍构建和探测的过程，全部执行完成之后，Hash Join 操作结束。

14.3　隐　藏　索　引

MySQL 8 中支持了隐藏索引（Invisible Indexes），意思是索引还在，可以被正常维护，表中数据变更之后此索引还是会更新，但不可见。不可见是对于查询优化器而言的，也就是说在生成查询计划时是不考虑隐藏索引的。本节详细介绍隐藏索引概念，了解隐藏索引概念后，才能从隐藏索引的原理中找到学习的技巧。

14.3.1　隐藏索引概述

简单理解，隐藏索引就是把索引放入了回收站，但并没有真正删除，其主要目的是降低数据库的压力。例如，一张表中的一个索引是无用的，在清理数据库时就将其删掉了，但是，"此索引无用"这个判断可能是错误的，其实是有用的，这时就需要重新创建此索引。对于较小的数据表，索引的删除与重建并没有什么影响，但是对于数据量很大的表，这两项操作的成本是很高的。

所以，把索引先放入回收站，数据库运行一段时间之后，确认此索引为无用索引，再执行删除索引的操作，这样就非常安全了。如果发现此索引还有用，就从回收站恢复回来。把索引返回回收站、从回收站还原这两个动作就是索引的隐藏和显示。需要注意，在 MySQL 8.0.0 中，只有 InnoDB 存储引擎支持隐藏索引，从 8.0.1 版本开始所有存储引擎都支持此功能。

14.3.2　隐藏索引的主要操作

了解了隐藏索引的概念后，接下来介绍主要操作。

1. 设置隐藏索引

建表时可以指定索引为隐藏，在索引的后面添加 invisible 关键字，示例语句如下：

```
create table test (
  ...,
  index idx_name(name) invisible
);
```

在单独创建索引时也可以指定隐藏，示例语句如下：

```
create index idx_name on test(name) invisible;
```

或者使用修改表结构的方式，示例语句如下：

```
alter table test add index idx_name(name) invisible;
```

2. 隐藏索引改为显示索引

需要使用修改表结构的方式。

```
alter table test add index idx_name(name) visible;
```

3. 查看某张数据表中索引的状态

需要查询数据库 information_schema 中的 statistics 数据表，执行查询语句：

```
select
  index_name,
  is_visible
from
  information_schema.statistics
where
  table_schema = 'db_test'
  and
  table_name = 'test';
```

14.4　CTE 通用表达式

简单理解，CTE（Common Table Expression，通用表达式）就是增强版的派生表，可以像派生表一样被使用，但比派生表更强大。下面先看 CTE 的语法，然后再看几个例子就明白了。

CTE 的使用语法如下：

```
WITH <cte_name> [(column1, ...)] AS
(
  SELECT ... # 查询语句
)
[, ... # 可以定义多个 CTE]
<SELECT/UPDATE/DELETE>
```

从语法中可以看到，先定义 CTE，然后再使用，并且可以定义多个 CTE 表达式。而派生表则是在某一个语句中内部定义使用的。通过下面的示例可以更好地理解 CTE 的用法。

```
with cte1 as (
  select a from table1
)
select * from cte1;
```

上面代码中先定义了一个 CTE 表达式，命名为了 cte1，此表达式的内容是从 table1 表中查询出来的 a 字段集合。定义好 CTE 表达式之后，使用 SELECT 语句从此表达式中查询出了所有数据。

```
with cte2 as (
  select a+2 as a, b from table1
)
```

```
update
  table1, cte2
set
  table1.a=cte2.a + 10
where
  table1.a - cte2.a = 0;
```

上面代码中先定义了一个 CTE 表达式，命名为了 cte2，此表达式是从 table1 表中查询出的 a、b 字段结果集，并对 a 字段的值进行了加法计算。然后使用 UPDATE 语句执行更新，为 table1 表的 a 字段设置新值，其值是通过对 cte2 中 a 字段计算而来，更新的条件是对 table1 表、cte2 表达式中的 a 字段进行判断。

```
insert into table2
with cte3 as (
  select 10*a as a from table1
)
select * from cte3;
```

上面代码是在 INSERT 语句中定义的 CTE 表达式，命名为 cte3，其内容是从表 table1 中查询而来，命名好 CTE 表达式之后，查询出其中数据，作为 INSERT 语句的插入数据。

下面再把 CTE 表达式与派生表对比一下，主要有以下几点不同。

1. CTE 可读性更好

以同样的查询为例，对比派生表与 CTE 表达式的用法。

派生表的形式如下：

```
select
  ...
from
  t1 left join (
    (select ... from ...) as dt join t2 on ...
  ) on ...
```

CTE 表达式的形式如下：

```
with dt as (
  select
    ...
  from
    ...
)
select
  ...
from
  t1 left join (
    dt join t2 on ...
  ) on ...
```

　　派生表的形式是语句嵌套，而 CTE 表达式是提前定义好，然后作为一张正常的表来使用，用法自然更加清晰，带来更好的可读性。

2. CTE 可以被多次引用

派生表只能被引用一次，如下面的语句：

```
select
  ...
from
  (select a, b, sum(c) s
    from t1
    group by a, b) as d1
  join
  (select a, b, sum(c) s
    from t1
    group by a, b) as d2
  on d1.b = d2.a;
```

其中的 d1 与 d2 是完全一样的，但必须要定义 2 次。下面是 CTE 的用法：

```
with cte_d as
(
  select a, b, sum(c) s
    from t1
    group by a, b
)
select
  ...
from
  cte_d as d1 join cte_d as d2
    on d1.b = d2.a;
```

先定义好 CTE 表达式，然后再执行 SELECT 语句就可以多次使用，比派生表更方便。

3. CTE 可以引用其他的 CTE 表达式

派生表之间是不可以互相引用的，如下面的用法就是错误的：

```
select
  ...
from
  (select ... from ...) as d1,
  (select ... from d1 ...) as d2 ...
```

执行上面的语句会报错。

```
error: 1146 (42s02): table 'db.d1' doesn't exist
```

而 CTE 表达式可以被其他 CTE 引用，如下面的语句：

```
with d1 as (
  select ... from ...
),
d2 as (
  select ... from d1 ...
)

select
  ...
from
  d1, d2 ...
```

此语句中连续定义了两个 CTE 表达式，d1 和 d2，d2 中就引用了 d1，这是完全正确的。

4．CTE 的性能更好

从以上几个特点中就可以发现，CTE 的性能一定比派生表更好，因为 CTE 表达式不管被引用多少次，都只会被创建一次。

14.4.1　CTE 的形式

CTE 表达式有以下两种形式。

1．非循环形式

之前的示例中使用的都是非循环形式的 CTE 表达式，比较简单，就像是一个带有名字的独立子查询。下面再看一个示例：

```
# CTE 表达式定义语句
with cte1 as
(
  select 8 as num1
),
cte2 as
(
  select 9 as num2
)

# 查询语句
select
  num1,
  num2,
  num1 + num2
from
  cte1, cte2;
```

```
# 查询结果
+------+------+-------------+
| num1 | num2 | num1 + num2 |
+------+------+-------------+
|    8 |    9 |          17 |
+------+------+-------------+
```

2. 循环形式

循环形式会在 CTE 表达式的内部执行循环递归，通过分析下面的语句来深入理解循环形式的 CTE 表达式，语句如下：

```
# CTE 表达式定义语句
with recursive my_counter as
(
  select 1 as n
  union all
  select n + 1 from my_counter where n < 10
)

# 查询语句
select
 *
from
  my_counter;

# 查询结果
+------+
| n    |
+------+
|    1 |
|    2 |
|    3 |
|    4 |
|    5 |
|    6 |
|    7 |
|    8 |
|    9 |
|   10 |
+------+
```

其中定义了一个 CTE 表达式 my_counter，请注意，在 my_counter 之前有一个 recursive 关键字，作用是声明此表达式为循环递归形式。在表达式的内部，定义了两个 SELECT 查询语句，并使用 UNION ALL 对查询结果进行合并。

第一个 SELECT 语句很简单，结果就是产生一个字段 n，值为 1。第二个 SELECT 语句会在其结果之上继续执行。

重点就是分析第 2 个 SELECT 语句的执行步骤。

（1）WHERE 中的判断条件是 n<10，其中的 n 就是第一个 SELECT 语句的执行结果，此时 n 为 1，小于 10，那么便执行 n+1，结果为 2，将其合并到结果集中，现在就有两条记录了，分别为 1、2。

（2）第二个 SELECT 语句会继续执行，因为其 WHERE 条件还没有被打破，此时是基于上一次的执行结果 n=2 来执行的，还是满足 n<10 这个条件，所以还会执行 n+1，结果为 3，将其放入结果集，现在就有 3 条记录了，分别为 1、2、3。

（3）第二个 SELECT 语句继续执行，与第 2 步中的做法一样，这样就会产生新的结果 4，将其放入结果集，现在就有 4 条记录了，分别为 1、2、3、4。

（4）不断地重复执行，直到产生结果 10。此时不满足 n<10 这个条件了，所以循环到此为止，my_counter 这个 CTE 表达式的内容就是上面的查询结果，从 1 到 10 的这 10 条记录。

14.4.2　CTE 的实际应用

扫一扫，看视频

CTE 表达式的循环形式有点难理解，但掌握其用法之后，可以方便地写出非常复杂的查询语句。例如，在分类表中，一张表内有多级的嵌套关系，这种情况就可以使用 CTE 表达的循环用法轻松解决。下面通过一个实际的示例来体会其作用。

首先创建一个分类表 category，其中只有以下 3 个字段。

（1）id：分类 ID。

（2）name：分类名称。

（3）parent_id：父分类 ID。

还是使用本章第 14.1 节中创建的数据库 mysql8_demo，建表语句如下：

```
create table category(
  id int,
  name varchar(30),
  parent_id int
);
```

建好表之后，插入几条测试数据，执行如下语句：

```
insert into category
  values (1,'A',null);

insert into category
  values (2,'B',null);

insert into category
  values (3,'A-1',1);

insert into category
  values (4,'A-2',1);
```

```
insert into category
  values (5,'B-1',2);

insert into category
  values (6,'B-2',2);

insert into category
  values (7,'A-1-1',3);

insert into category
  values (8,'A-1-2',3);
```

查询当前 category 表中数据：

```
# 查询语句
select * from category;

# 查询结果
+------+-------+-----------+
| id   | name  | parent_id |
+------+-------+-----------+
|    1 | A     |      NULL |
|    2 | B     |      NULL |
|    3 | A-1   |         1 |
|    4 | A-2   |         1 |
|    5 | B-1   |         2 |
|    6 | B-2   |         2 |
|    7 | A-1-1 |         3 |
|    8 | A-1-2 |         3 |
+------+-------+-----------+
```

表中数据关系很清晰，从名字上就能看得出来，A 是一个根分类，A-1 是 A 的下一级分类，A-1-1 是 A-1 的下一级分类。

【示例】查询 A-1 这个分类及其子分类，显示层级深度。

为实现此需求，可以使用 CTE 循环形式，先查询出 A-1 分类信息，指定其深度为 1，然后在第二个查询语句中使用上一个 SELECT 语句中的 ID 作为父 ID 进行查询，其深度在上一个 SELECT 语句中深度值上加 1。

代码 14-1　查询某分类的子分类及深度

```
# CTE 表达式
with recursive sub_cate as
(
  select
    id,
    name,
    1 as depth
  from
    category
```

```
where
  name = 'A-1'

union all

select
  cat.id,
  cat.name,
  st.depth +1
from
  category cat,
  sub_cate st
where
  cat.parent_id = st.id
)
```

此 CTE 表达式使用了循环形式，其中定义了两个 SELECT 语句，第一个 SELECT 作为初始结果集，根据分类名称 A-1 进行查询，指定了层级深度为 1。第二个 SELECT 在此基础上进行查询，以结果中的 ID 作为查询条件父 ID 的值，并在结果中层级的值上加 1。下面查询此 CTE 表达式：

```
# 查询语句
select * from sub_cate;

# 查询结果
+------+-------+-------+
| id   | name  | depth |
+------+-------+-------+
|    3 | A-1   |     1 |
|    7 | A-1-1 |     2 |
|    8 | A-1-2 |     2 |
+------+-------+-------+
```

【示例】查询出分类 A-1-2 的所有父分类。

为实现此需求，可以使用 CTE 表达式的循环形式，根据分类名称 A-1-2 查询分类信息，作为初始结果集，然后在此基础上查询出父分类信息，并继续循环向上一层查询，直到父分类为空。

代码 14–2 查询某分类的所有父分类

```
# CTE 表达式
with recursive parent_cate as
(
  select
    id,
    name,
    parent_id,
    0 as depth
  from
    category
  where
```

```
    name ='A-1-2'

  union all

  select
    cat.id,
    cat.name,
    cat.parent_id,
    p.depth -1
  from
    category cat,
    parent_cate p
  where
    cat.id = p.parent_id
)

# 查询语句
select
  id, name, depth
from
  parent_cate;

# 查询结果
+------+-------+-------+
| id   | name  | depth |
+------+-------+-------+
|    8 | A-1-2 |     0 |
|    3 | A-1   |    -1 |
|    1 | A     |    -2 |
+------+-------+-------+
```

【示例】查询出根分类及下面的每一级分类的信息。

代码 14-3　查询根分类及其所有子分类

```
# CTE 表达式
with recursive root_sub as
(
  select
    id,
    parent_id,
    name,
    name as root_name
  from
    category
  where
    parent_id is null

  union all

  select
```

```
    cat.id,
    cat.parent_id,
    cat.name,
    rs.root_name
  from
    category cat,
    root_sub rs
  where
    cat.parent_id = rs.id
)
```

```
# 查询语句
select
  *
from
  root_sub;
```

```
# 查询结果
+------+-----------+-------+-----------+
| id   | parent_id | name  | root_name |
+------+-----------+-------+-----------+
|   1  |      NULL | A     | A         |
|   2  |      NULL | B     | B         |
|   3  |         1 | A-1   | A         |
|   4  |         1 | A-2   | A         |
|   5  |         2 | B-1   | B         |
|   6  |         2 | B-2   | B         |
|   7  |         3 | A-1-1 | A         |
|   8  |         3 | A-1-2 | A         |
+------+-----------+-------+-----------+
```

14.5　小　　结

扫一扫，看视频

　　本章介绍了 MySQL 8 中的 4 个重要的新特性，JSON 数据类型不是 MySQL 8 中新推出的，却是在 MySQL 8 中得到了非常大的增强与优化。对 JSON 文档的支持，是 MySQL 突破了传统关系型数据库的限制，融合了 NoSQL 的优势能力。Hash Join 算法是对传统的 Nested Loop 嵌套算法的优化，通过对关联表构建 HashTable，以及在 HashTable 中匹配查找，大大提升了 JOIN 操作的性能，在内存空间够用的情况下，只需要扫描一次关联数据表。

　　隐藏索引使 MySQL 索引有了回收站的功能，可以先隐藏而不删除，确认无用时再删除，避免了因为误删索引、重建索引带来的数据库压力。CTE 表达式类似派生表，但又有很大的不同，尤其循环形式非常强大、实用，处理具有层级关系的表数据非常便利。

CHAPTER 4

第 4 篇

MySQL 管理

第 15 章　用户与权限

用户与权限是 MySQL 体系结构中的重要组成部分，保障了 MySQL 的安全。在安装 MySQL Server 时，会自动创建一个 root 用户，是最大权限用户，但实际应用中，不应该把 root 用户交给客户端，因为这样很不安全。此时就需要创建新的用户，不同的用户还需要为其授予不同的操作权限，相应地，还需要其他一些用户与权限的操作，如创建用户、删除用户、撤销用户权限、对用户角色进行管理等。

通过本章的学习，可以掌握以下主要内容：

- 创建用户。
- 授权用户。
- 撤销用户权限。
- 查看权限。
- 查看用户。
- 删除用户。
- 角色管理。
- 修改用户名。
- 修改用户密码。
- 锁定用户。
- 解锁用户。

15.1　创建新用户

扫一扫，看视频

使用 CREATE USER 语句来创建用户，基本语法如下：

```
CREATE USER [IF NOT EXISTS] <user_name>
   IDENTIFIED BY <password>;
```

首先，需要指定用户名，用户名是由两部分组成的，username 与 hostname，中间使用"@"符号连接，形式如下：

```
username@hostname
```

其中，username 表示登录 MySQL 时的用户名；hostname 表示此用户登录 MySQL 时所在的主机，也就是此用户从哪连接的 MySQL。hostname 是可选的，如果不指定，则表示此用户可以从任何地方登录，不指定 hostname 时，与下面的写法是等效的：

```
username@%
```

如果 username 或者 hostname 中含有特殊字符，如空格、连接符 "-"，那么就需要使用引号把 username 和 hostname 括起来，以下 3 种引号都可以。

```
# 单引号
'username'@'hostname'

# 双引号
"username"@"hostname"

# 反引号
`username`@`hostname`
```

指定用户名之后，还必须指定此用户的密码。除此之外，还有一个可选项 IF NOT EXISTS，意思是不存在此用户名时才创建用户，否则会提示此用户已经存在。

需要注意，用户在被创建完成后，仅仅可以登录 MySQL，但不能做任何操作，因为它还没有被授权。

下面使用 root 用户登录 MySQL Server，然后创建一个新的用户。在命令终端中执行登录命令：

```
mysql -uroot -p111111
```

-u 后面为用户名 root，-p 后面为密码。登录之后查询当前 MySQL 中的用户列表，需要查询 mysql 数据库中的 user 表，执行查询：

```
# 查询用户列表
select user from mysql.user;

# 查询结果
+---------------+
| user          |
+---------------+
| root          |
| mysql.session |
| mysql.sys     |
| root          |
+---------------+
```

然后查询当前的数据库列表，执行查询：

```
# 查询数据库列表
show databases;

# 查询结果
+--------------------+
| Database           |
+--------------------+
| information_schema |
| mysql              |
| performance_schema |
```

```
| sys                 |
+---------------------+
```

查询数据库列表是用户后面与新用户的状态对比。接下来创建一个用户，命名为 test，执行命令：

```
# 执行语句
create user test@localhost identified by '123456';
```

其中 username 部分为 "test@localhost"，表示登录名为 test，hostname 部分为 localhost，表示只允许在主机 localhost 中登录 MySQL。密码指定为 123456。创建完成之后，再次查询用户列表：

```
# 查询语句
select user from mysql.user;

# 查询结果
+---------------+
| user          |
+---------------+
| root          |
| mysql.session |
| mysql.sys     |
| root          |
| test          |
+---------------+
```

可以看到 test 用户创建成功。下面再打开一个命令终端，使用新创建的 test 用户登录，执行命令：

```
 mysql -utest -p123456
```

登录之后查询当前的数据库列表：

```
# 查询数据库列表
show databases;

# 查询结果
+--------------------+
| Database           |
+--------------------+
| information_schema |
+--------------------+
```

从结果中发现，此用户只能看到一个数据库，这是因为此用户没有被授权看到其他数据库。下面新创建一个数据库，查看是什么样的效果，执行命令：

```
show databases;
# 建库语句
create database db1;

# 返回结果
```

```
ERROR 1044 (42000): Access denied for user 'test'@'localhost' to database 'db1'
```

可以看到，返回了错误信息，提示此用户被拒绝执行。

扫一扫，看视频

15.2　用户授权

用户创建完成后，是没有执行权限的，上一节中的示例已经看到了效果，无法创建数据库，所以在创建用户之后要对其进行授权。GRANT 语句用于为用户授予一个或者多个权限。GRANT 语句的基本语法如下：

```
GRANT privilege [,privilege],...
  ON privilege_level
  TO username;
```

首先，在 GRANT 关键字后面指定一个或者多个权限。

然后，指定 privilege_level 权限级别，包括全局、数据库、数据表、列、存储程序、代理。其中的代理（Proxy）是指代理用户，可以通过一个用户代理另一个用户，那么这个代理用户就会具有被代理用户的所有权限。

最后，指定目标用户名。

下面是授权语句的几种用法：

```
# 为用户 test@localhost 授权，可以对 book 表执行 SELECT 操作
grant select
on book
to test@localhost;

# 为用户 test@localhost 授予对 book 表的 insert, update, delete 权限
grant insert, update, delete
on book
to test@localhost;

# 为用户 test@localhost 授予全局的 SELECT 权限
# *.* 表示全局所有对象
grant select
on *.*
to test@localhost;

# 为用户 test@localhost 授予数据库 db1 中的 insert 权限
grant insert
on db1.*
to test@localhost;

# 为用户 test@localhost 授予数据库 db1 中 book 表的 delete 权限
grant delete
```

```
on db1.book
to test@localhost;
```

```
# 用户 test@localhost 只可以查询 user 表中的 name，age，address，email 这 4 个字段
# 还可以修改 user 表中的 email 字段
grant
    select (name, age, address, email),
    update(email)
on user
to test@localhost;
```

```
# 用户 test@localhost 可以执行存储过程 proc1
grant execute
on procedure proc1
to test@localhost;
```

```
# 允许用户 test@localhost 代理 root 用户，具有其所有权限
grant proxy
on root
to test@localhost;
```

在上一小节中创建了用户 test@localhost，查看一下此用户目前的权限情况，在 root 用户下执行语句：

```
# 查询用户权限
show grants for test@localhost;
```

```
# 查询结果
+------------------------------------------+
| Grants for test@localhost                |
+------------------------------------------+
| GRANT USAGE ON *.* TO 'test'@'localhost' |
+------------------------------------------+
```

其中的 USAGE 表示此用户可以登录，但没有任何权限。下面为其授权，允许此用户可以对数据库 db1 做任何操作，同样是在 root 用户中执行语句：

```
# 授权语句
grant all
on db1.*
to test@localhost;
```

目前还没有数据库 db1，使用 root 用户创建：

```
# 建库语句
create database db1;
```

然后切换到 test 用户下，查看数据库列表：

```
# 查询数据库列表
```

```
show databases;

# 查询结果
+--------------------+
| Database           |
+--------------------+
| information_schema |
| db1                |
+--------------------+
```

test 用户已经可以看到数据库 db1 了，接下来查询 test 用户目前的权限：

```
# 查询用户权限
show grants for test@localhost;

# 查询结果
+-----------------------------------------------------+
| Grants for test@localhost                           |
+-----------------------------------------------------+
| GRANT USAGE ON *.* TO 'test'@'localhost'            |
| GRANT ALL PRIVILEGES ON 'db1'.* TO 'test'@'localhost' |
+-----------------------------------------------------+
```

从结果中可以发现，已经比之前增加了一行，说明了此用户可以操作数据库 db1 了。如果是在 test 用户下，可以直接查看自己的权限：

```
show grants;
```

不指定用户名，就表示查看当前用户的权限。

扫一扫，看视频

15.3　撤　销　权　限

可以为用户授予权限，相应地也可以撤销用户的某些权限，使用 REVOKE 语句来撤销权限，有 3 种不同的用法。

1. 撤销一个或多个权限

基本语法如下：

```
revoke
    privilege [,...]
on [object_type] privilege_level
from username [, ...];
```

首先，指定要撤销的权限，可以指定多个，使用逗号分隔。然后，指定对象类型和权限级别。最后，指定要撤销权限的目标用户，也可以指定多个，使用逗号分隔。

2. 撤销所有权限

基本语法如下：

```
revoke
    all [privileges],
    grant option
from username [, ...];
```

3. 撤销代理权限

基本语法如下：

```
revoke proxy
on username
from username[,...];
```

其中，on 关键字后面的 username 是指被代理用户，from 关键字后面的 username 是需要被撤销代理权限的用户。

下面为之前创建的 test@localhost 用户授权，然后再撤销权限，以此来体会撤销权限的这几种用法。

授予用户 test@localhost 对 db2 数据库的 SELECT、UPDATE、INSERT 权限：

```
grant select, update, insert
on db2.*
to test@localhost;
```

授权之后，查看一下此用户目前的权限：

```
# 查询用户权限
show grants for test@localhost;

# 查询结果
+----------------------------------------------------------------+
| Grants for test@localhost                                      |
+----------------------------------------------------------------+
| GRANT USAGE ON *.* TO 'test'@'localhost'                       |
| GRANT ALL PRIVILEGES ON 'db1'.* TO 'test'@'localhost'          |
| GRANT SELECT, INSERT, UPDATE ON 'db2'.* TO 'test'@'localhost'  |
+----------------------------------------------------------------+
```

查询结果中有 3 条信息，第 1 条是创建用户时默认的，第 2 条是上一节示例中授权操作时添加的，第 3 条是刚刚添加的对 db2 的权限。下面把其中的 INSERT、UPDATE 权限撤销，执行语句：

```
revoke insert, update
on db2.*
from test@localhost;
```

再次查询一下用户权限：

```
# 查询用户权限
show grants for test@localhost;
```

```
# 查询结果
+----------------------------------------------------+
| Grants for test@localhost                          |
+----------------------------------------------------+
| GRANT USAGE ON *.* TO 'test'@'localhost'           |
| GRANT ALL PRIVILEGES ON 'db1'.* TO 'test'@'localhost' |
| GRANT SELECT ON 'db2'.* TO 'test'@'localhost'      |
+----------------------------------------------------+
```

从结果中可以发现，第 3 条信息中只有 SELECT 权限了，之前的 INSERT、UPDATE 权限已经被撤销。

为用户 test@localhost 添加对 db2 数据库的 EXECUTE 权限：

```
grant execute
on db2.*
to test@localhost;
```

查询一下目前的权限：

```
# 查询用户权限
show grants for test@localhost;
```

```
# 查询结果
+------------------------------------------------------+
| Grants for test@localhost                            |
+------------------------------------------------------+
| GRANT USAGE ON *.* TO 'test'@'localhost'             |
| GRANT ALL PRIVILEGES ON 'db1'.* TO 'test'@'localhost' |
| GRANT SELECT, EXECUTE ON 'db2'.* TO 'test'@'localhost' |
+------------------------------------------------------+
```

结果中的第 3 条中已经有了 EXECUTE 权限。下面语句把此用户的所有权限都撤销：

```
revoke all, grant option
from test@localhost;
```

验证此用户目前的权限：

```
# 查询用户权限
show grants for test@localhost;
```

```
# 查询结果
+-------------------------------------------+
| Grants for test@localhost                 |
+-------------------------------------------+
| GRANT USAGE ON *.* TO 'test'@'localhost' |
+-------------------------------------------+
```

可以看到，只剩下创建用户时默认的权限设置了，之前的第 2 条与第 3 条授权信息都已经没有了。

最后，为用户 test@localhost 授予代理权限，之后再撤销。执行授权语句：

```
grant proxy
on root
to test@localhost;
```

现在用户 test@localhost 就成了 root 的代理用户，具有 root 用户的所有权限，查看其目前权限：

```
# 查询用户权限
show grants for test@localhost;

# 查询结果
+--------------------------------------------------+
| Grants for test@localhost                        |
+--------------------------------------------------+
| GRANT USAGE ON *.* TO 'test'@'localhost'         |
| GRANT PROXY ON 'root'@'%' TO 'test'@'localhost'  |
+--------------------------------------------------+
```

接下来将代理权限撤销：

```
revoke proxy
on root
from test@localhost;
```

查看用户权限，验证撤销结果：

```
# 查询用户权限
show grants for test@localhost;

# 查询结果
+------------------------------------------+
| Grants for test@localhost                |
+------------------------------------------+
| GRANT USAGE ON *.* TO 'test'@'localhost' |
+------------------------------------------+
```

可以看到，结果符合预期，之前的 PROXY 代理权限已经没有了。

撤销不同级别的权限影响的范围是不同的，撤销权限级别的影响范围如下：

（1）全局级别。不会影响当前已经连接的用户，对之后新连接的用户生效。

（2）数据库级别。对下一次使用 USE 语句变更数据库时生效。

（3）数据表和字段级别。在下一次执行查询时生效。

扫一扫，看视频

15.4　删 除 用 户

使用 DROP USER 语句来删除用户，语法如下：

```
DROP USER [IF EXISTS] username [,...]
```

指定要删除的用户名即可，可以同时删除多个用户。如果要删除的用户不存在，建议添加 IF EXISTS 关键字，否则会报错。

下面创建几个用户，然后体验删除的用法。执行如下语句创建 3 个用户：

```
create user user1, user2, user3 identified by '123456';
```

创建完成之后，查看当前 MySQL 的用户列表，执行语句：

```
# 查询用户
select user, host from mysql.user;

# 查询结果
+-------------------+-----------+
| user              | host      |
+-------------------+-----------+
| a                 | %         |
| dev_user1         | %         |
| read_user1        | %         |
| role_dev          | %         |
| root              | %         |
| rw_user1          | %         |
| rw_user2          | %         |
| user1             | %         |
| user2             | %         |
| user3             | %         |
| mysql.infoschema  | localhost |
| mysql.session     | localhost |
| mysql.sys         | localhost |
| root              | localhost |
+-------------------+-----------+
```

其中有系统默认用户，也有之前创建的用户。注意，role_dev 这个用户其实是一个角色，MySQL 把角色也保存在用户表中。下面删除 user1 与 user2 这两个用户，执行语句：

```
drop user user1,user2;
```

再次查看用户列表，验证删除结果：

```
# 查询语句
select user, host from mysql.user;

# 查询结果
+-------------------+-----------+
| user              | host      |
+-------------------+-----------+
| a                 | %         |
| dev_user1         | %         |
| read_user1        | %         |
| role_dev          | %         |
| root              | %         |
```

```
| rw_user1          | %         |
| rw_user2          | %         |
| user3             | %         |
| mysql.infoschema  | localhost |
| mysql.session     | localhost |
| mysql.sys         | localhost |
| root              | localhost |
+-------------------+-----------+
```

可以看到，user1 与 user2 已经没有了。需要注意，删除用户之后，是对之后登录的用户有效，如果删除之前此用户已经登录了，那么删除之后，此用户还是可以继续操作。如果想删除用户时要求此用户断开连接，可以先将用户的连接结束掉，然后再删除此用户。

以用户 user3 为例，体验此效果。先为 user3 授权，使其具有数据库 db_role 的所有权限：

```
grant all privileges on db_role.* to user3;
```

新打开一个命令终端，使用 user3 登录 MySQL：

```
mysql -uuser3 -p123456
```

然后切换回 root 用户的终端窗口，查看当前连接：

```
show processlist;
```

执行结果如图 15-1 所示。

```
+----+-----------------+-----------+---------+---------+-------+------------------------+------------------+
| Id | User            | Host      | db      | Command | Time  | State                  | Info             |
+----+-----------------+-----------+---------+---------+-------+------------------------+------------------+
|  5 | event_scheduler | localhost | NULL    | Daemon  | 79963 | Waiting on empty queue | NULL             |
| 11 | root            | localhost | db_role | Query   |     0 | starting               | SHOW PROCESSLIST |
| 19 | user3           | localhost | NULL    | Sleep   |    29 |                        | NULL             |
+----+-----------------+-----------+---------+---------+-------+------------------------+------------------+
```

图 15-1　连接列表

从结果中可以看到 user3 的连接，将此连接结束掉，其 ID 为 19，执行命令：

```
kill 19;
```

然后立即删除用户：

```
drop user user3;
```

之后在 user3 的终端中再执行操作时就会报错，例如：

```
mysql> show databases;
ERROR 2006 (HY000): MySQL server has gone away
No connection. Trying to reconnect...
ERROR 1045 (28000): Access denied for user 'user3'@'localhost' (using password: YES)
ERROR:
Can't connect to the server
```

提示拒绝此用户登录了。

15.5　修改用户名

　　MySQL 中用户的名称和密码都是可以修改的。使用 RENAME USER 语句可以修改用户名，语法如下：

```
RENAME USER
    username_old TO username_new,
    ...
```

　　首先，指定要修改的现有用户名，然后指定新的用户名。需要注意，新的用户名一定不能是已经存在的，同时可以修改多个用户名。

　　下面创建 2 个用户，然后修改其用户名：

```
create user user01
  identified by '123456';

create user user02
  identified by '123456';
```

　　创建完成之后，查看当前用户列表：

```
# 查询语句
select user, host from mysql.user;

# 查询结果
+-------------------+-----------+
| user              | host      |
+-------------------+-----------+
...
| user01            | %         |
| user02            | %         |
| mysql.infoschema  | localhost |
| mysql.session     | localhost |
| mysql.sys         | localhost |
| root              | localhost |
+-------------------+-----------+
```

　　user01 和 user02 都已经创建成功，然后将 user01 改为 user_1，user02 改为 user_2，执行语句：

```
rename user
    user01 to user_1,
    user02 to user_2;
```

　　再次查询用户列表：

```
# 查询语句
select user, host from mysql.user;
```

```
# 查询结果
+-------------------+-----------+
| user              | host      |
+-------------------+-----------+
...
| user_1            | %         |
| user_2            | %         |
| mysql.infoschema  | localhost |
| mysql.session     | localhost |
| mysql.sys         | localhost |
| root              | localhost |
+-------------------+-----------+
```

　　用户名的修改对于权限来讲是透明的，不会影响任何与旧用户名相关的数据库对象，所以修改用户名之后，新用户还会具有相同的权限。但是有一点需要注意，如果旧用户中创建了一个存储过程，使用 DEFINER 指定了旧的用户名，那么改名之后就不能正常执行了。下面通过一个示例来体验此效果。

　　先准备好一个测试环境，创建一个新的数据库和数据表并插入数据，执行语句：

```
# 建库
create database db_procdemo;

# 切换库
use db_procdemo;

# 建表
create table user(
    id int primary key auto_increment,
    name varchar(20) not null
);

# 插入数据
insert into user values(1,'apple'),(2,'banana');

# 查询表数据
select * from user;

# 查询结果
+----+--------+
| id | name   |
+----+--------+
|  1 | apple  |
|  2 | banana |
+----+--------+
```

　　测试表准备完毕，下面创建一个用户并为其授权，执行语句：

```
# 创建用户
create user user_proc
  identified by '123456';

# 授权
grant all on *.*
  to user_proc;
```

接下来打开一个新的终端窗口，使用 user_proc 登录并切换数据库，执行语句：

```
# 登录
mysql -uuser_proc -p123456

# 切换数据库
use db_procdemo;
```

创建一个存储过程：

```
delimiter $$

create definer=user_proc procedure getusers()
sql security definer
begin
    select * from user;
end $$

delimiter;
```

这个存储过程非常简单，只是查询出 user 表中的数据，但特殊之处在于下面这两行：

```
create definer=user_proc procedure getusers()
sql security definer
```

使用 DEFINER 指定了用户名，要求以此做安全验证，这样就与用户名 user_proc 直接相关了。
现在切换到 root 终端窗口，调用此存储过程：

```
# 调用存储过程
call getusers();

# 调用结果
+----+--------+
| id | name   |
+----+--------+
|  1 | apple  |
|  2 | banana |
+----+--------+
```

可以正常调用，然后将用户名 user_proc 改为 user_proc_new。

```
rename user user_proc to user_proc_new;
```

再次调用此存储过程：

```
# 调用存储过程
call getusers();
```

```
# 调用结果
ERROR 1449 (HY000): The user specified as a definer ('user_proc'@'%') does not exist
```

调用失败，提示此存储过程指定的用户名 user_proc 不存在。对于这种情况，解决的办法只能是去修改存储过程中的 DEFINER。

15.6　修改用户密码

扫一扫，看视频

有 3 种方式可以修改用户的密码。

1.修改 user 用户表

用户信息保存在 mysql 数据库的 user 表中，其中就包含用户密码字段，使用 UPDATE 关键字即可修改密码。需要注意密码字段名，在 MySQL 5.7.6 以后版本中需要修改字段 authentication_string，在之前的版本中需要修改字段 password。目前 MySQL 5.7.6 以后的版本是主流，下面就以此种情况演示。

先创建一个测试用户：

```
create user user01@localhost
    identified by '123456';
```

然后将密码修改为 111222：

```
# 切换数据库
use mysql;

# 更新密码
update
  user
set
  authentication_string = password('111222')
where
  user = 'user01'
  and
  host = 'localhost';

# 刷新权限
flush privileges;
```

PASSWORD()函数必须用来给明文密码加密。在 UPDATE 完成之后，需要对权限进行刷新，这样才能生效。

2. 使用 SET PASSWORD 语句

例如，把用户 user01 的密码修改为 112233，直接使用 SET PASSWORD 语句修改，执行语句如下：

```
set password for 'user01'@'localhost' = '112233';
```

这种方式非常简单，从 MySQL 5.7.6 版本开始，设置密码时只需要指定明文密码，不需要使用 PASSWORD() 函数，而且修改密码之后，也不需要执行"flush privileges;"语句来刷新权限。

3. 使用 ALTER USER 语句

例如，把用户 user01 的密码修改为 abc123，执行语句：

```
alter user user01@localhost identified by 'abc123';
```

同样只需要指定明文密码，也不需要刷新权限。

扫一扫，看视频

15.7 锁定与解锁用户

MySQL 支持将某个用户锁定，禁止此用户登录。锁定用户的语法如下：

```
ALTER USER username@hostname
    ACCOUNT LOCK;
```

指定目标用户名即可。下面创建一个新用户，然后将其锁定：

```
# 创建用户
create user user02
    identified by '123456';

# 锁定用户
alter user user02
    account lock;
```

锁定之后，打开新的终端窗口，使用此用户登录：

```
# 登录
mysql -uroot -p123456;

# 返回结果
ERROR 1045 (28000): Access denied for user 'root'@'localhost' (using password: YES)
```

报错了，提示禁止此用户登录。用户的锁定状态由 mysql 库的 user 表中 account_locked 字段来说明，查看用户 user02 的锁定状态：

```
# 查询语句
select
    user, host, account_locked
```

```
from
    mysql.user
where
    user = 'user02' and
    host='%';
```

```
# 查询结果
+--------+------+----------------+
| user   | host | account_locked |
+--------+------+----------------+
| user02 | %    | Y              |
+--------+------+----------------+
```

account_locked 字段值为 Y，说明已经被锁定；没有被锁定时，其值为 N。除了锁定已有用户，在创建用户时还可以指定用户为锁定状态，语法如下：

```
CREATE USER username
   IDENTIFIED BY 'password'
   ACCOUNT LOCK;
```

可以锁定用户，自然也可以解锁，语法如下：

```
ALTER USER [IF EXISTS]
    username
    [, ...]
ACCOUNT UNLOCK;
```

之前锁定了 user02 用户，现在为其解锁：

```
alter user user02
   account unlock;
```

解锁之后查看此用户的锁定状态：

```
# 查询语句
select
    user, host, account_locked
from
    mysql.user
where
    user = 'user02' and
    host='%';
```

```
# 查询结果
+--------+------+----------------+
| user   | host | account_locked |
+--------+------+----------------+
| user02 | %    | N              |
+--------+------+----------------+
```

可以看到，account_locked 字段值已经变为 N，说明为解锁状态。

15.8　角色管理

在实际数据库用户管理过程中，经常会出现某些用户具有相同权限的情况，如图 15-2 所示。

如果想为这些用户再添加一个权限，那么就要每个用户都操作一遍。同样的道理，撤销权限时，也需要逐个用户进行操作，这显然是很麻烦的，而且容易出错。最好是能有一个角色的概念，为这一组用户赋予一个统一的角色，然后此角色对应一套权限，这样就更加方便管理了，如图 15-3 所示。

图 15-2　多用户有相同的权限集合　　　　图 15-3　用户、角色、权限关系

需要把同一套权限集合赋予多个用户时，可以先创建一个角色，然后为角色授权，最后为用户指定角色。以后想要修改这些用户权限时，只需要修改角色的权限即可，这样就可以直接改变属于此角色的所有用户权限。

MySQL 8 中支持了用户角色这个功能，下面登录 MySQL 8，创建一个新的数据库和数据表，然后体验用户角色权限的具体用法。

创建数据库与表并插入测试数据，执行如下系列语句：

```
# 建库
create database db_role;

# 切换库
use db_role;

# 建表
create table customer(
    id int primary key auto_increment,
    name varchar(20) not null,
    email varchar(255)
);

# 插入数据
insert into customer(name, email) values
  ('abc', 'abc@a.com'),
  ('xyz', 'xyz@a.com');
```

```
# 查询表
select * from customer;

# 查询结果
+----+------+-----------+
| id | name | email     |
+----+------+-----------+
|  1 | abc  | abc@a.com |
|  2 | xyz  | xyz@a.com |
+----+------+-----------+
```

假设有一个应用要使用数据库 db_role，与此数据库的交互有以下几种需求。

（1）开发人员需要全部的访问权限。

（2）只能读取的权限。

（3）读写权限。

为了避免直接操作某个用户的权限，下面创建几个角色，然后为用户关联角色。执行语句：

```
create role
  role_dev,
  role_read,
  role_write;
```

其中的 role_dev、role_read、role_write 都是角色名称，其名称实际也是包含 2 个部分，rolename@hostname，与创建用户时一样，hostname 如果省略，就代表允许来自任何主机。

为角色授权与用户授权的用法一致，下面为角色 role_dev 授予数据库 db_role 的所有权限。

```
grant all
  on db_role.*
  to role_dev;
```

下面的语句是为角色 role_read 授予数据库 db_role 的 SELECT 权限。

```
grant select
  on db_role.*
  to role_read;
```

下面的语句是为角色 role_write 授予数据库 db_role 的 INSERT、UPDATE、DELETE 权限。

```
grant insert, update, delete
  on db_role.*
  to role_write;
```

现在角色与权限的对应关系已经建立起来了，可以查看一下角色的权限信息，如查询角色 role_dev 的权限情况：

```
# 查询语句
show grants for role_dev;
```

```
# 查询结果
+--------------------------------------------------------+
| Grants for role_dev@%                                  |
+--------------------------------------------------------+
| GRANT USAGE ON *.* TO 'role_dev'@'%'                   |
| GRANT ALL PRIVILEGES ON 'db_role'.* TO 'role_dev'@'%' |
+--------------------------------------------------------+
```

下面开始创建用户，然后设置用户与权限的对应关系。创建以下用户：

```
# 开发者用户
create user dev_user1 identified by '123456';

# 读数据用户
create user read_user1 identified by '123456';

# 读写用户
create user rw_user1 identified by '123456';
create user rw_user2 identified by '123456';
```

用户创建完成了，为其赋予角色。将角色 role_dev 赋予用户 dev_user1：

```
grant role_dev
  to dev_user1;
```

将角色 role_read 赋予用户 read_user1：

```
grant role_read
  to read_user1;
```

将角色 role_read 和 role_write 赋予用户 rw_user1 和 rw_user2：

```
grant role_read, role_write
  to rw_user1, rw_user2;
```

现在用户和角色的关系也建立完成了，查看一下用户 dev_user1 的权限，验证一下授权效果：

```
# 查询用户权限
show grants for dev_user1;

# 查询结果
+-----------------------------------------+
| Grants for dev_user1@%                  |
+-----------------------------------------+
| GRANT USAGE ON *.* TO 'dev_user1'@'%'   |
| GRANT 'role_dev'@'%' TO 'dev_user1'@'%' |
+-----------------------------------------+
```

从结果中可以看到，只是显示了此用户的角色，并没有显示权限信息。一个用户会有多个权限，需要指定某个权限才能看到此用户对应指定角色下的权限，执行语句：

```
# 查询用户权限
show grants for dev_user1 using role_dev;
+-------------------------------------------------------+
| Grants for dev_user1@%                                |
+-------------------------------------------------------+
| GRANT USAGE ON *.* TO 'dev_user1'@'%'                 |
| GRANT ALL PRIVILEGES ON 'db_role'.* TO 'dev_user1'@'%' |
| GRANT 'role_dev'@'%' TO 'dev_user1'@'%'               |
+-------------------------------------------------------+
```

从结果中可以看到角色 role_dev 的权限信息。

在创建完用户并为其设置了角色之后，还有一个问题，就是此用户登录时还是会表现为没有权限。例如，使用 rw_user1 登录：

```
# 登录
mysql -urw_user1 -p123456
```

登录后切换到 db_role 数据库：

```
# 切换库
use db_role;

# 执行结果
ERROR 1044 (42000): Access denied for user 'rw_user1'@'%' to database 'db_role'
```

可以看到，报错了，提示此用户没有权限使用此数据库。这是因为在为用户赋予角色之后，并没有自动为其激活角色权限，可以查看当前的角色进行验证：

```
# 查询当前角色
select current_role();

# 查询结果
+----------------+
| current_role() |
+----------------+
| NONE           |
+----------------+
```

返回结果为 NONE，说明目前还没有角色，这就需要为用户指定一个默认的角色。回到 root 用户的终端窗口下，为用户 rw_user1 指定默认权限：

```
set default role all to rw_user1;
```

其中 set default role 是设置默认角色的语句，all 是指默认激活此用户的所有角色，后面的 rw_user1 就是目标用户名。执行此语句之后，用户 rw_user1 再次登录后就具有了其所属角色的所有权限。

用户 rw_user1 重新登录，然后查询自己当前的角色：

```
# 查询当前角色
```

```
select current_role();

# 查询结果
+----------------------------------+
| current_role()                   |
+----------------------------------+
| 'role_read'@'%','role_write'@'%' |
+----------------------------------+
```

查询结果符合预期,显示了此用户的两个角色。下面切换到数据库 db_role,并查询数据表 customer,验证权限:

```
# 切换库
use db_role;

# 查询语句
select * from customer;

# 查询结果
+----+------+-----------+
| id | name | email     |
+----+------+-----------+
|  1 | abc  | abc@a.com |
|  2 | xyz  | xyz@a.com |
+----+------+-----------+
```

可以对用户撤销权限,同样也可以为角色撤销权限。例如,撤销角色 role_write 对数据库 db_role 的 DELETE 权限,执行语句:

```
revoke delete
  on db_role.*
  from role_write;
```

角色也可以被删除,如删除角色 role_read、role_write,执行语句:

```
drop role role_read, role_write;
```

角色删除之后,此角色下的用户也就没有了此角色,如用户 rw_user1 重新登录,然后查询当前角色:

```
# 查询当前角色
select current_role();

# 查询结果
+----------------+
| current_role() |
+----------------+
| NONE           |
+----------------+
```

返回结果已经为空，表示此时没有任何操作权限。

15.9　小　　结

　　本章介绍了用户与权限的主要用法，其中包括用户管理，如创建用户、删除用户、修改用户名与用户密码、锁定与解锁用户，还有权限的管理，包括为用户授权、撤销用户权限。

　　还介绍了角色管理，这是 MySQL 8 中推出的新功能，可以将一套权限赋予同一个角色，然后为一组用户赋予同一个角色，这样就实现了一组用户具有相同的一套角色，以后需要变更权限时，为角色授权即可，无须单独操作每个用户，非常便于用户权限的管理。

第 16 章　数据备份与恢复

数据库中的数据是应用系统的核心资产，必须要保证数据的安全，所以数据备份是数据库管理工作中不可或缺的重要部分。有了数据备份文件，就可以尽量减少数据的损失，在故障发生之后，可以从备份文件中进行数据的恢复。

数据备份的方式有很多，如单库备份、多库备份、单表备份、结构备份、数据备份、增量备份等。而数据的恢复也有多种方式，如全部恢复、局部恢复、增量恢复等。

通过本章的学习，可以掌握以下主要内容：

- 数据备份的重要性与策略。
- 全量备份。
- 全量恢复。
- 增量备份。
- 增量恢复。

扫一扫，看视频

16.1　数据备份概述

数据的安全已经成为现代企业组织中的核心资产，如果数据遭到破坏，对于企业必将是重大的打击，后果将非常严重。例如，电商公司，数据就是公司的根基，客户数据、商家数据、商品数据、交易数据、物流数据、统计分析数据等，整个系统就是围绕这些数据在运行，如果数据丢失了，灾难程度可想而知。

所以，数据的安全性至关重要，但数据又是很脆弱的，很多情况都会导致数据的丢失，例如：

- 自然灾害，导致机房被毁。
- 物理硬件故障，导致物理数据文件损坏。
- 程序错误，导致错误的数据操作。
- 人为错误，导致错误的数据操作。

面对这么多的异常因素，只有一份数据是绝对不安全的，所以数据备份是必须要做的工作，定时生成数据库备份文件，放到不同的物理位置，防止数据文件同时被损坏，当出现数据异常时，可以使用备份文件进行数据恢复。

数据备份有以下两种策略。

1. 全量备份

把目标数据库中的所有数据完整地备份出来，包括数据结构、数据记录等内容。定时进行完全备份，就可以获得不同时间点的完整数据库内容。

全量备份操作起来非常简单，数据的恢复也很方便。但缺点也很明显，就是在数据量大的情况下，全量备份会需要很长时间才能备份完成，也会占用大量的磁盘空间，而且因为每次都是完整的备份，在多个备份文件之中会存在大量的重复数据。

2. 增量备份

把上次备份之后所产生的变动内容备份下来，定时做增量备份，就可以获得不同时间段的数据库变化情况。

增量备份操作起来也很简单，只是在数据恢复时会比较麻烦，因为需要根据时间或者位置信息去不同的增量备份文件中精准定位，然后进行恢复。

全量备份与增量备份并不是两种完全对立的备份策略，而是相互补充。例如，全量备份是增量备份的基础，因为在做增量备份时，第 1 次备份一定是全量备份，之后的备份是在第一次全量备份的基础上完成的。增量备份还可以实现全量备份无法实现的数据恢复，因为每次全量备份时，备份的都是当时的数据状态，如果在二次备份直接发生了误删除操作，那么第 2 次全量备份的结果就是误删除之后的数据状态，是无法恢复中间过程中正确数据的，但可以在增量备份文件中进行恢复。

16.2　全量备份

在做数据库备份之前，需要先准备好一个测试数据库，这里使用的是 MySQL 官方提供的 sakila 数据库，在 6.1 节中已经介绍了安装方法和数据库的整体结构，如果还没有安装，请先参照 6.1 节准备好 sakila 数据库。

MySQL 自带的 mysqldump 是非常好用的全量备份工具，本节主要就是介绍使用 mysqldump 生成备份的不同方式。mysqldump 是命令行形式的工具，具有非常丰富的选项，用于实现不同的功能，其基本语法如下：

```
mysqldump \
  -u [username] \
  -p [password] \
  [options] \
  [--database_name] \
  [table_name] > [file.sql]
```

语法说明如下。

- -u [username]：连接 MySQL 的用户名。
- -p [password]：连接 MySQL 的密码。
- [options]：自选的备份配置项。
- [--database_name]：需要备份的数据库名称。
- [table_name]：需要备份的具体数据表名称。

- "<"或者">"："">"方向是向外的，表示要产生备份文件，"<"方向是向内的，表示要向数据库中恢复数据。
- [file.sql]：备份文件的路径与名称。

16.2.1 备份单个数据库

扫一扫，看视频

例如，想要把 sakila 数据库中的表结构和数据都备份出来，可以使用如下命令：

```
mysqldump -u root -p sakila > sakila_bak.sql
```

输入密码之后就会自动备份 sakila 数据库到当前目录下的 sakila_bak.sql 文件中。查看文件内容：

```
...
DROP TABLE IF EXISTS 'address_book';
/*!40101 SET @saved_cs_client = @@character_set_client */;
/*!40101 SET character_set_client = utf8 */;
CREATE TABLE 'address_book' (
  'id' int(11) NOT NULL AUTO_INCREMENT,
  'name' varchar(20) NOT NULL,
  'phone' varchar(20) NOT NULL,
  'email' varchar(50) NOT NULL,
  PRIMARY KEY ('id'),
  UNIQUE KEY 'unique_name' ('name'),
  UNIQUE KEY 'idx_phone_email' ('phone','email')
) ENGINE=InnoDB AUTO_INCREMENT=2 DEFAULT CHARSET=latin1;
/*!40101 SET character_set_client = @saved_cs_client */;


--
-- Dumping data for table 'address_book'
--

LOCK TABLES 'address_book' WRITE;
/*!40000 ALTER TABLE 'address_book' DISABLE KEYS */;
INSERT INTO 'address_book' VALUES (1,'job','13899997654','job@abc.com');
/*!40000 ALTER TABLE 'address_book' ENABLE KEYS */;
UNLOCK TABLES;
...
```

上面就是备份文件中的部分内容，可以看到完整的建表语句和插入数据的语句，那么以后就可以使用这个备份文件重新构建出 sakila 数据库了。

16.2.2 备份多个数据库

扫一扫，看视频

如果想要一次备份多个数据库，需要在 mysqldump 命令中使用 "--databases" 选项，在后面指定目标数据库的名字。下面新创建一个数据库用于测试备份多个数据库：

```
# 建库
create database db_test;

# 切换库
use db_test;

# 建表
create table user(
    id int primary key,
    name varchar(20) not null
);

# 插入数据
insert into user(id, name) values
  (1, 'abc'),
  (2, 'xyz');

# 查询表
select * from user;

# 查询结果
+----+------+
| id | name |
+----+------+
|  1 | abc  |
|  2 | xyz  |
+----+------+
```

执行 mysqldump 命令来备份数据库 sakila 和 db_test：

```
mysqldump -uroot -p123456 \
  --databases sakila db_test > sakila_test_bak.sql
```

在此命令中直接指定了密码，这样很方便，但在命令行中写出明文密码是不安全的，只可以在测试时使用。然后使用了 "--databases" 选项，主要是两个连接符，在其后指定了要备份的两个数据库。

执行完成后，查看备份文件 sakila_test_bak.sql 中的内容：

```
...
CREATE DATABASE /*!32312 IF NOT EXISTS*/ 'db_test' /*!40100 DEFAULT CHARACTER SET latin1 */;

USE 'db_test';


--
-- Table structure for table 'user'
--

DROP TABLE IF EXISTS 'user';
```

```
/*!40101 SET @saved_cs_client = @@character_set_client */;
/*!40101 SET character_set_client = utf8 */;
CREATE TABLE 'user' (
  'id' int(11) NOT NULL,
  'name' varchar(20) NOT NULL,
  PRIMARY KEY ('id')
) ENGINE=InnoDB DEFAULT CHARSET=latin1;
/*!40101 SET character_set_client = @saved_cs_client */;

--
-- Dumping data for table 'user'
--

LOCK TABLES 'user' WRITE;
/*!40000 ALTER TABLE 'user' DISABLE KEYS */;
INSERT INTO 'user' VALUES (1,'abc'),(2,'xyz');
/*!40000 ALTER TABLE 'user' ENABLE KEYS */;
UNLOCK TABLES;
...
```

其中除了 sakila 数据库的内容，还有刚刚创建的数据库 db_test。

16.2.3　备份所有数据库

扫一扫，看视频

如果想备份所有数据库，使用 "--databases" 逐一指定数据库名称就比较麻烦了，可以直接使用 "--all-databases" 选项，这样就很方便了。执行命令：

```
mysqldump -uroot -p123456 --all-databases > db_all.sql
```

执行完成之后，查看备份文件 db_all.sql 中的内容：

```
...
CREATE DATABASE /*!32312 IF NOT EXISTS*/ 'mysql' /*!40100 DEFAULT CHARACTER SET latin1 */;

USE 'mysql';

--
-- Table structure for table 'columns_priv'
--

DROP TABLE IF EXISTS 'columns_priv';
/*!40101 SET @saved_cs_client = @@character_set_client */;
/*!40101 SET character_set_client = utf8 */;
CREATE TABLE 'columns_priv' (
  'Host' char(60) COLLATE utf8_bin NOT NULL DEFAULT '',
  'Db' char(64) COLLATE utf8_bin NOT NULL DEFAULT '',
```

```
 'User' char(32) COLLATE utf8_bin NOT NULL DEFAULT '',
 'Table_name' char(64) COLLATE utf8_bin NOT NULL DEFAULT '',
 'Column_name' char(64) COLLATE utf8_bin NOT NULL DEFAULT '',
 'Timestamp' timestamp NOT NULL DEFAULT CURRENT_TIMESTAMP ON UPDATE CURRENT_TIMESTAMP,
 'Column_priv' set('Select','Insert','Update','References') CHARACTER SET utf8 NOT NULL
DEFAULT '',
 PRIMARY KEY ('Host','Db','User','Table_name','Column_name')
) ENGINE=MyISAM DEFAULT CHARSET=utf8 COLLATE=utf8_bin COMMENT='Column privileges';
/*!40101 SET character_set_client = @saved_cs_client */;
...
```

可以看到，其中已经包含了系统数据库 mysql，说明备份所有数据库时会将系统库也备份下来。

16.2.4　备份所有库到独立的文件

之前备份多个数据库和备份所有数据库时，最终是把所有备份内容都放入了一个文件中，如果数据库很多，其中数据量又很大时，这样就很不方便了，最好是能让每个数据库都有一个独立的备份文件。

mysqldump 命令并没有提供这个功能，但是我们可以通过一个简单的 Linux 脚本来实现，代码如下：

```
for DB in $(mysql -uroot -p123456 -e 'show databases' -s --skip-column-names); do
    mysqldump -uroot -p123456 $DB > "$DB.sql";
done
```

代码很简单，只是一个 for 循环，循环迭代处理的目标是下面这行代码的结果集。

```
mysql -uroot -p123456 -e 'show databases' -s --skip-column-names
```

其作用是列出当前 MySQL 中的数据库列表，而且使用 "--skip-column-names" 选项省略掉了结果中的表头，这样就只显示数据库的名称列表。此命令的执行效果如下：

```
# 执行命令
root@899a8ff5ceea:/# mysql -uroot -p123456 -e 'show databases' -s --skip-column-names

# 执行结果
information_schema
db_test
mysql
performance_schema
sakila
sampledb
sys
...
```

得到数据库名称列表后，对其循环处理，对其中的每一个都执行 mysqldump 备份命令：

```
mysqldump -uroot -p123456 $DB > "$DB.sql";
```

　　其中的"$DB"就是每次循环中数据库的名称，将此数据库备份为一个以名称命名的 sql 文件中。这样就实现了每个数据库都备份为一个独立的文件。此脚本执行完成之后，查看文件列表，验证备份结果：

```
# 执行命令
root@899a8ff5ceea:/# ls -l *.sql | awk '{print $9}'

# 执行结果
db_test.sql
information_schema.sql
mysql.sql
performance_schema.sql
sakila.sql
sys.sql
...
```

　　ls 命令过滤出了所有的 sql 文件，并通过 awk 命令使结果中只列出文件名，因为全部显示出来内容过多。从以上结果中可以看出每个数据库都已经有了一个独立的备份文件。

16.2.5　备份单独表

扫一扫，看视频

　　除了可以备份数据库，mysqldump 也可以备份指定的数据表，在数据库名称后面指定表名即可。例如，备份 sakila 数据库中的 city 表，执行命令：

```
mysqldump -uroot -p123456  sakila city > tb_city.sql
```

执行后查看 tb_city.sql 文件内容：

```
DROP TABLE IF EXISTS 'city';
/*!40101 SET @saved_cs_client     = @@character_set_client */;
/*!40101 SET character_set_client = utf8 */;
CREATE TABLE 'city' (
  'city_id' smallint(5) unsigned NOT NULL AUTO_INCREMENT,
  'city' varchar(50) NOT NULL,
  'country_id' smallint(5) unsigned NOT NULL,
  'last_update' timestamp NOT NULL DEFAULT CURRENT_TIMESTAMP ON UPDATE CURRENT_TIMESTAMP,
  PRIMARY KEY ('city_id'),
  KEY 'idx_fk_country_id' ('country_id'),
  CONSTRAINT 'fk_city_country' FOREIGN KEY ('country_id') REFERENCES 'country' ('country_id')
ON UPDATE CASCADE
) ENGINE=InnoDB AUTO_INCREMENT=601 DEFAULT CHARSET=utf8mb4;
/*!40101 SET character_set_client = @saved_cs_client */;

--
-- Dumping data for table 'city'
--
```

```
LOCK TABLES 'city' WRITE;
/*!40000 ALTER TABLE 'city' DISABLE KEYS */;
INSERT INTO 'city' VALUES (1,'A Corua (La Corua)',87,'2006-02-15 04:45:25'),
...
```

其中只有 city 表的相关内容。

备份表时也可以指定多张表，在数据库名称后面跟上多个表的名称即可，例如：

```
mysqldump -uroot -p123456 sakila city address> tb_city_addr.sql
```

16.2.6　备份表结构

扫一扫，看视频

备份时还可以只备份表结构，而不备份表中数据，mysqldump 命令中的 "--no-data" 选项就是这个作用。例如，备份 sakila 数据库的表结构，执行命令：

```
mysqldump -uroot -p123456 --no-data sakila > sakila_nodata.sql
```

执行后查看备份文件 sakila_nodata.sql 中的内容：

```
mysqldump -uroot -p123456 --no-data sakila > sakila_nodata.sql
...
--
-- Table structure for table 'actor'
--

DROP TABLE IF EXISTS 'actor';
/*!40101 SET @saved_cs_client     = @@character_set_client */;
/*!40101 SET character_set_client = utf8 */;
CREATE TABLE 'actor' (
  'actor_id' smallint(5) unsigned NOT NULL AUTO_INCREMENT,
  'first_name' varchar(45) NOT NULL,
  'last_name' varchar(45) NOT NULL,
  'last_update' timestamp NOT NULL DEFAULT CURRENT_TIMESTAMP ON UPDATE CURRENT_TIMESTAMP,
  PRIMARY KEY ('actor_id'),
  KEY 'idx_actor_last_name' ('last_name')
) ENGINE=InnoDB AUTO_INCREMENT=201 DEFAULT CHARSET=utf8mb4;
/*!40101 SET character_set_client = @saved_cs_client */;

--
-- Temporary table structure for view 'actor_info'
--

DROP TABLE IF EXISTS 'actor_info';
/*!50001 DROP VIEW IF EXISTS 'actor_info'*/;
SET @saved_cs_client = @@character_set_client;
SET character_set_client = utf8;
/*!50001 CREATE VIEW 'actor_info' AS SELECT
 1 AS 'actor_id',
```

```
  1 AS 'first_name',
  1 AS 'last_name',
  1 AS 'film_info'*/;
SET character_set_client = @saved_cs_client;
...
```

可以看到，备份文件中只有表结构相关的内容，并没有插入数据的语句。

16.2.7　备份表数据

扫一扫，看视频

可以只备份表结构，那么自然也可以只备份表中的数据。mysqldump 命令中的“--no-create-info”选项作用就是省略掉建表语句。例如，备份 sakila 数据库的表数据，执行命令：

```
mysqldump -uroot -p123456 --no-create-info --databases sakila > sakila_data.sql
```

执行后查看备份文件 sakila_data.sql 中的内容：

```
...
CREATE DATABASE /*!32312 IF NOT EXISTS*/ 'sakila' /*!40100 DEFAULT CHARACTER SET latin1 */;

USE 'sakila';


--
-- Dumping data for table 'actor'
--

LOCK TABLES 'actor' WRITE;
/*!40000 ALTER TABLE 'actor' DISABLE KEYS */;
INSERT INTO 'actor' VALUES (1,'PENELOPE','GUINESS','2006-02-15 04:34:33'),
...
```

从中可以看到只有插入数据的语句，并没有建表语句。

16.2.8　压缩备份

扫一扫，看视频

如果数据库内容很多，备份文件就会非常大，此时采用压缩备份就是非常好的选择，但 mysqldump 也是没有压缩功能的，很简单，使用 Linux 系统功能就可以，mysqldump 命令与 gzip 压缩命令通过管道相连，就可以直接压缩文件了。例如，压缩备份 sakila 数据库，执行命令：

```
mysqldump -u root -p123456 sakila  | gzip > sakila.sql.gz
```

执行后即可生成压缩好的备份文件 sakila.sql.gz，解压后即是之前普通的 SQL 文件。

之前的每个数据库备份为一个独立的文件，还有此处的压缩备份，都是在 Linux 系统中使用 mysqldump 的小技巧。还有一个很好用的技巧，就是在备份文件名中加入当前日期，这样就更加方便了，用法如下：

```
mysqldump -u root -p123456 sakila > sakila-$(date +%Y%m%d).sql
```

执行之后就可以生成文件名称如 "sakila-20201103.sql" 的备份文件，加入日期之后可以更好地管理备份文件。如果在同一目录下执行备份时，还可以避免覆盖之前的备份文件。在备份文件名中加入日期是主流的用法。

16.2.9　文本格式备份

之前的备份方式都是把数据库中的数据以 SQL 形式保存，使用 mysqldump 还可以把数据直接保存为文本格式，需要使用 "--tab" 选项，其值需要指定一个目录，执行之后就会在此目录下生成备份文件，会以表为单位，一个表包括两个文件，一个是表结构的 SQL 文件，一个是表数据的文本文件，都是以表名命名，后缀不同。

使用文本保存数据时，需要指定一些符号，如分隔符、结束符等，通过以下选项进行定义。

（1）--fields-terminated-by=str：分隔字段值的字符串，默认为 "\t"。

（2）--fields-enclosed-by=char：将字段值的字符括起来，默认为无。

（3）--fields-optionally-enclosed-by=char：将非数字型字段值的字符括起来，默认为无。

（4）--fields-escaped-by=char：特殊字符转义符，默认没有转义。

（5）--lines-terminated-by=str：每行的结束字符串，默认为 "\n"。

例如，以文本格式备份 sakila 数据库，执行如下命令：

```
mysqldump -uroot -p123456 \
  --tab=/sakila_data \
  --fields-terminated-by=, \
  --fields-enclosed-by='"' \
  --lines-terminated-by=0x0d0a \
  sakila
```

参数说明如下。

- --tab=/sakila_data：指定了备份输出目录为 "/sakila_data"。注意，此目录要事先创建好，mysqldump 不会自动创建，而且对于 MySQL 此目录要有写入权限。例如，使用 root 用户运行此命令，运行 MySQL Server 的用户是 mysql，那么备份数据时，表结构的 SQL 文件是由 root 用户写入的，而表数据的 TXT 文件是由 mysql 用户写入的。
- --fields-terminated-by=,：指定了字段之间的分隔符为 ","。
- --fields-enclosed-by=""：指定了每个字段值都用双引号括起来。
- --lines-terminated-by=0x0d0a：指定行结束符为回车符，0x0d0a 是回车符的编码。

执行此命令之后，查看目录 "/sakila_data" 下的文件列表：

```
# 执行命令
root@899a8ff5ceea:/# ls -al /sakila_data

# 执行结果
```

```
drwxrwxrwx 2 root   root     4096 Oct  3 08:20 .
drwxr-xr-x 1 root   root     4096 Oct  3 08:08 ..
-rw-r--r-- 1 root   root     1583 Oct  3 08:20 actor.sql
-rw-rw-rw- 1 mysql  mysql    9199 Oct  3 08:20 actor.txt
-rw-r--r-- 1 root   root     2552 Oct  3 08:20 actor_info.sql
-rw-r--r-- 1 root   root     1917 Oct  3 08:20 address.sql
-rw-rw-rw- 1 mysql  mysql   80567 Oct  3 08:20 address.txt
-rw-r--r-- 1 root   root     1552 Oct  3 08:20 address_book.sql
-rw-rw-rw- 1 mysql  mysql      39 Oct  3 08:20 address_book.txt
-rw-r--r-- 1 root   root     1511 Oct  3 08:20 category.sql
-rw-rw-rw- 1 mysql  mysql     590 Oct  3 08:20 category.txt
-rw-r--r-- 1 root   root     1694 Oct  3 08:20 city.sql
-rw-rw-rw- 1 mysql  mysql   27157 Oct  3 08:20 city.txt
-rw-r--r-- 1 root   root     1511 Oct  3 08:20 country.sql
-rw-rw-rw- 1 mysql  mysql    4354 Oct  3 08:20 country.txt
-rw-r--r-- 1 root   root     3132 Oct  3 08:20 customer.sql
-rw-rw-rw- 1 mysql  mysql   70320 Oct  3 08:20 customer.txt
...
```

从中可以看到，每张表的确是有两个文件，如 actor.sql、actor.txt 是数据表 actor 的两个备份文件。还可以看到这两个文件是不同的用户生成的，sql 文件是 root 用户生成的，txt 文件是 mysql 用户生成的。

打开一个 sql 文件，查看其内容形式，如打开 city.sql：

```
...
--
-- Table structure for table 'city'
--

DROP TABLE IF EXISTS 'city';
/*!40101 SET @saved_cs_client     = @@character_set_client */;
/*!40101 SET character_set_client = utf8 */;
CREATE TABLE 'city' (
  'city_id' smallint(5) unsigned NOT NULL AUTO_INCREMENT,
  'city' varchar(50) NOT NULL,
  'country_id' smallint(5) unsigned NOT NULL,
  'last_update' timestamp NOT NULL DEFAULT CURRENT_TIMESTAMP ON UPDATE CURRENT_TIMESTAMP,
  PRIMARY KEY ('city_id'),
  KEY 'idx_fk_country_id' ('country_id'),
  CONSTRAINT 'fk_city_country' FOREIGN KEY ('country_id') REFERENCES 'country' ('country_id')
ON UPDATE CASCADE
) ENGINE=InnoDB AUTO_INCREMENT=601 DEFAULT CHARSET=utf8mb4;
...
```

sql 文件的内容和之前备份文件中建表语句是一致的，然后查看 city.txt 中的内容：

```
"1","A Corua (La Corua)","87","2006-02-15 04:45:25"
"2","Abha","82","2006-02-15 04:45:25"
"3","Abu Dhabi","101","2006-02-15 04:45:25"
"4","Acua","60","2006-02-15 04:45:25"
```

```
"5","Adana","97","2006-02-15 04:45:25"
"6","Addis Abeba","31","2006-02-15 04:45:25"
"7","Aden","107","2006-02-15 04:45:25"
"8","Adoni","44","2006-02-15 04:45:25"
"9","Ahmadnagar","44","2006-02-15 04:45:25"
"10","Akishima","50","2006-02-15 04:45:25"
...
```

其中每一行都是数据表中的一行记录，每个字段值都是用双引号括起来，字段直接使用逗号分隔，都符合命令中参数的定义。

在执行此命令时，可能会遇到一个问题，错误信息如下：

```
# 错误提示
mysqldump: Got error: 1290: The MySQL server is running with the --secure-file-priv option
so it cannot execute this statement when executing 'SELECT INTO OUTFILE'
```

这是因为"--tab=/sakila_data"指定的这个目录与 MySQL 中的配置不一致，错误信息中的"--secure-file-priv"变量指定了允许的导入/导出位置，可以进入 MySQL 命令行查看此变量的值，执行查询：

```
# 查询变量
show variables like "secure_file_priv";

# 查询结果
+------------------+-------+
| Variable_name    | Value |
+------------------+-------+
| secure_file_priv | NULL  |
+------------------+-------+
```

这个变量的值有 3 种情况。

（1）NULL：表示禁止，不能导出。

（2）目录路径：表示只能导出到这个目录下，其他目录不允许。

（3）空：表示没有限制。

解决这个问题的方法有以下两种。

（1）将 secure_file_priv 的值设置一个目录，然后将 mysqldump 命令中的 tab 选项指定此目录。

（2）将 secure_file_priv 的值设置为空，不做限制。

16.3　全量恢复

16.3.1　恢复一个数据库

扫一扫，看视频

之前已经备份好了一份 sakila 数据库，现在把它删除，然后使用备份文件恢复回来。先删除数据库：

```
drop database sakila;
```

在恢复数据库之前，需要创建好数据库，执行建库语句：

```
create database sakila;
```

现在可以执行恢复命令了。

```
mysql -u root -p123456 sakila < sakila_bak.sql
```

📢 注意

这里使用的是 mysql 命令，而不是 mysqldump 命令。后面使用了"<"符号，表示把右边 sakila_bak.sql 文件中的数据恢复到左边的 sakila 数据库中。

执行完成之后，查看 sakila 数据库中的数据表，验证恢复效果：

```
# 切换库
use sakila;

# 查询数据表
show tables;

# 查询结果
+----------------------------+
| Tables_in_sakila           |
+----------------------------+
| actor                      |
| actor_info                 |
| address                    |
| category                   |
| city                       |
| country                    |
| customer                   |
| customer_list              |
| film                       |
| film_actor                 |
| film_category              |
| film_list                  |
| film_text                  |
| inventory                  |
| language                   |
| nicer_but_slower_film_list |
| payment                    |
| rental                     |
| sales_by_film_category     |
| sales_by_store             |
| staff                      |
| staff_list                 |
```

```
| store                        |
+------------------------------+
```

可以看到，数据表都恢复了，再验证一下表中的数据，查询 city 表：

```
# 查询语句
select * from city limit 10;

# 查询结果
+---------+----------------------+------------+---------------------+
| city_id | city                 | country_id | last_update         |
+---------+----------------------+------------+---------------------+
|       1 | A Corua (La Corua)   |         87 | 2006-02-15 04:45:25 |
|       2 | Abha                 |         82 | 2006-02-15 04:45:25 |
|       3 | Abu Dhabi            |        101 | 2006-02-15 04:45:25 |
|       4 | Acua                 |         60 | 2006-02-15 04:45:25 |
|       5 | Adana                |         97 | 2006-02-15 04:45:25 |
|       6 | Addis Abeba          |         31 | 2006-02-15 04:45:25 |
|       7 | Aden                 |        107 | 2006-02-15 04:45:25 |
|       8 | Adoni                |         44 | 2006-02-15 04:45:25 |
|       9 | Ahmadnagar           |         44 | 2006-02-15 04:45:25 |
|      10 | Akishima             |         50 | 2006-02-15 04:45:25 |
+---------+----------------------+------------+---------------------+
```

表数据也没问题，数据库恢复成功。

如果备份时选择了备份所有数据库，那么所有备份信息都会在一个备份文件中，这种情况下如果想恢复其中的某个数据库，可以使用以下方式。

```
mysql -u root -p123456 --one-database sakila < db_all.sql
```

16.3.2　恢复一张数据表

如果某张表被误删了，而备份文件是整库的备份，那么就需要从数据库备份文件中单独恢复那张被删除的表。恢复思路如下：

（1）创建一个临时库，用备份文件恢复整库数据到这个临时库中。

（2）从临时库中单独备份那张被删除的表。

（3）用此表的备份文件恢复到正式库中。

这样就实现了只恢复特定的数据表。

现在假设 film_text 表被误删除了，执行删表语句：

```
# 切换数据库
use sakila;

# 删除数据表
drop table film_text;
```

下面就要从备份文件 sakila_bak.sql 中将 film_text 表恢复回来。

第 1 步：创建一个临时库，将备份数据恢复到此库。

```
# 在 MySQL 命令终端中创建数据库
create database sakila_tmp;

# 在系统命令行下执行恢复命令
mysql -u root -p123456 sakila_tmp < sakila_bak.sql
```

第 2 步：从临时库中备份数据表 film_text。

```
# 系统命令行下执行备份命令
mysqldump -uroot -p123456 sakila_tmp film_text > film_text.sql
```

第 3 步：从备份文件 film_text.sql 中恢复数据表 film_text。

```
# MySQL 客户端中加载 SQL 文件
source /film_text.sql;
```

导入完成后，查询 film_text 表数据，验证恢复效果：

```
# 查询语句
select
  film_id,title
from
  film_text
limit 10;

# 查询结果
+---------+------------------+
| film_id | title            |
+---------+------------------+
|       1 | ACADEMY DINOSAUR |
|       2 | ACE GOLDFINGER   |
|       3 | ADAPTATION HOLES |
|       4 | AFFAIR PREJUDICE |
|       5 | AFRICAN EGG      |
|       6 | AGENT TRUMAN     |
|       7 | AIRPLANE SIERRA  |
|       8 | AIRPORT POLLOCK  |
|       9 | ALABAMA DEVIL    |
|      10 | ALADDIN CALENDAR |
+---------+------------------+
```

可以看到表与数据都没问题，恢复成功。

16.3.3　从文本格式备份文件中恢复

在 "mysqldump --tab" 备份方式中，每个表会有两个备份文件：

（1）sql 文件，内容是表结构。

（2）txt 文件，内容是表数据。

所以在恢复时需要进入备份目录，先恢复 sql 文件，建好表结构，再导入 txt 文件中的表数据。还是以表 film_text 为例，先删除此表，然后恢复。执行删除语句：

```
drop table film_text;
```

然后进入备份文件目录，恢复表结构：

```
# 进入备份目录
cd /sakila_data

# 从 sql 文件恢复表结构
mysql -uroot -p123456 sakila < film_text.sql
```

恢复表结构之后，使用 mysqlimport 命令加载 txt 表数据：

```
mysqlimport \
  -uroot -p123456 \
  --fields-terminated-by=, \
  --fields-enclosed-by='"' \
  --lines-terminated-by=0x0d0a \
  sakila /sakila_data/film_text.txt
```

需要注意，此处指定的字符必须与备份时所用的一致。例如，之前的备份命令为：

```
mysqldump -uroot -p123456 \
  --tab=/sakila_data \
  --fields-terminated-by=, \
  --fields-enclosed-by='"' \
  --lines-terminated-by=0x0d0a \
  sakila
```

所以此处恢复时也使用这几个字符，这样才能正确解析 txt 文件中的数据。数据恢复之后，查询 film_text 表，验证恢复效果：

```
# 查询语句
select
  film_id,title
from
  film_text
limit 10;
```

```
# 查询结果
+---------+------------------+
| film_id | title            |
+---------+------------------+
|       1 | ACADEMY DINOSAUR |
|       2 | ACE GOLDFINGER   |
|       3 | ADAPTATION HOLES |
|       4 | AFFAIR PREJUDICE |
|       5 | AFRICAN EGG      |
|       6 | AGENT TRUMAN     |
|       7 | AIRPLANE SIERRA  |
|       8 | AIRPORT POLLOCK  |
|       9 | ALABAMA DEVIL    |
|      10 | ALADDIN CALENDAR |
+---------+------------------+
```

可以看到结果没有问题，表 film_text 恢复成功。

扫一扫，看视频

16.4　增　量　备　份

　　增量备份并不是像全量备份那样导出数据，而是保留数据库的操作记录，也就是二进制日志文件，通过日志文件中的操作记录就可以实现数据的恢复。

　　实现增量备份的思路如下：

　　（1）对数据库做一次全量备份，作为后续增量的基础。

　　（2）全量备份之后，刷新一下日志，开启新的日志文件，那么以后这个日志文件里面的操作记录就是上一步全量备份的增量。

　　（3）每隔一段时间后，刷新一次日志，开启新的日志文件，以便记录新的增量。一直重复此动作，就实现了增量备份。

　　下面创建一个新的数据库，实践增量备份的用法。因为使用的是二进制日志，所以要记得开启日志，方法是修改 MySQL 配置文件，在[mysqld]中添加如下语句：

```
# Server ID
# 使用二进制日志时必须指定
Server_id=1

# 开启二进制日志
log-bin=mysql-bin
```

修改配置文件之后需要重启 MySQL Server，然后执行创建数据库语句：

```
create database bak_grow;
```

创建数据表，并插入基础数据：

```
# 切换库
use bak_grow;

# 建表
create table customer(
    id int primary key,
    name varchar(20) not null
);

# 插入数据
insert into customer(id, name) values
  (1, 'a'),
  (2, 'b');
```

准备好数据库和数据表之后，查询一下表中数据，以便了解目前初始的数据状态。

```
# 查询语句
select * from customer;

# 查询结果
+----+------+
| id | name |
+----+------+
| 1  | a    |
| 2  | b    |
+----+------+
```

测试数据已经准备好了，接下来做一次全量备份。

```
# 系统命令行下执行
mysqldump -uroot -p111111 bak_grow > bak_grow.sql
```

全量备份作为之后增量备份的基础，接着刷新二进制日志。

```
# 系统命令行下执行
mysqladmin -uroot -p111111 flush-logs
```

刷新之后会生成一个新的二进制日志文件，可以到 MySQL 的数据目录中查看。如果不知道数据目录的位置，可以查询变量 datadir。

```
# 查询语句
show variables like 'datadir';

# 查询结果
+---------------+----------------+
| Variable_name | Value          |
+---------------+----------------+
| datadir       | /var/lib/mysql/ |
+---------------+----------------+
```

然后查看此目录下的二进制日志文件。

```
# 系统命令行下执行
ls -l /var/lib/mysql/ | grep mysql-bin

# 返回结果
-rw-r-----  1 mysql mysql      872 Oct  3 14:23 mysql-bin.000001
-rw-r-----  1 mysql mysql      473 Oct  3 14:24 mysql-bin.000002
-rw-r-----  1 mysql mysql     1013 Oct  3 14:30 mysql-bin.000003
-rw-r-----  1 root  root      1380 Oct  3 15:36 mysql-bin.000004
-rw-r-----  1 mysql mysql     1017 Oct  3 15:36 mysql-bin.000005
-rw-r-----  1 mysql mysql      114 Oct  3 15:36 mysql-bin.index
```

目前最新的日志文件是 mysql-bin.000005，之后的数据库操作记录都会记录在此文件中，所以此文件就成了全量备份之后的增量备份文件。这样，增量备份就实现了。

扫一扫，看视频

16.5　增 量 恢 复

增量恢复主要用于数据操作记录的回放，而不是像全量恢复那样统一恢复到某个数据状态。

如图 16-1 所示，在表 customer 中有了 1、2 这两条记录之后，做了全量备份，备份文件中包含这两条记录。后来客户端插入了一条新的记录，这个插入动作记录到了二进制日志文件中，这就是增量备份。

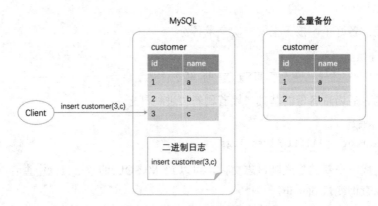

图 16-1　增量备份与全量备份

如果在插入新记录之后，customer 表损坏了，应该怎么恢复呢？直接使用全量备份恢复就只能恢复两条记录，所以，需要增量备份文件的配合，回放其中的插入动作，使 customer 表中的数据恢复到完整状态。

增量备份尤其擅长处理误操作问题，在二进制日志中找出误操作的那条记录，将其忽略，回放其他操作，这样就恢复了被误操作所影响的数据。

如图 16-2 所示，客户端做了 3 个动作：

（1）插入记录 3。

（2）删除记录 1，这是误操作。

（3）插入记录 4。

在这种情况下，不能只使用全量备份文件进行恢复，因为其中的数据不完整。也不能完全回放增量备份文件中的所有动作，因为这样做起不到恢复误删记录的作用。所以需要对增量备份文件做更精细的操作。恢复步骤如下：

（1）删除损坏库。

（2）使用全量备份恢复表数据。

（3）在增量备份中找出误操作记录。

（4）回放误操作之前的记录。

（5）忽略误操作记录，回放之后的记录。

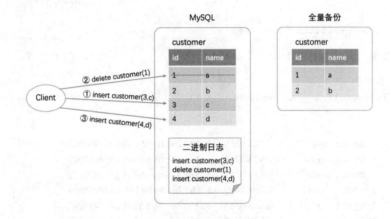

图 16-2　误删除操作

下面以 customer 表为例，实践增量恢复的过程。在上一节中，customer 中有 id 为 1、2 的两条记录，并做了全量备份，之后开启了新的二进制日志文件，作为增量备份文件。下面执行图 16-2 所示的 3 个操作，其中 DELETE 为误操作，目标就是通过增量恢复方式来消除误操作。

步骤 1：执行 3 个数据操作。

```
# 插入
insert into customer(id, name) values
  (3, 'c');

# 删除（作为误操作）
delete from customer where id=2;

# 插入
insert into customer(id, name) values
  (4, 'd');
```

执行之后查看 customer 表中的数据：

```
# 查询语句
select * from customer;

# 查询结果
+----+------+
| id | name |
+----+------+
|  1 | a    |
|  3 | c    |
|  4 | d    |
+----+------+
```

可以看到，结果中增加了记录 3、4，但记录 2 没有了。

步骤 2：刷新二进制日志，开启新的增量备份文件。

```
# 系统命令行下执行
mysqladmin -uroot -p111111 flush-logs
```

刷新之后，查看二进制日志文件列表：

```
# 系统命令行下执行
ls -l /var/lib/mysql/ | grep mysql-bin

# 返回结果
-rw-r-----   1 mysql mysql     872 Oct  3 14:23 mysql-bin.000001
-rw-r-----   1 mysql mysql     473 Oct  3 14:24 mysql-bin.000002
-rw-r-----   1 mysql mysql    1013 Oct  3 14:30 mysql-bin.000003
-rw-r-----   1 root  root     1380 Oct  3 15:36 mysql-bin.000004
-rw-r-----   1 mysql mysql    1017 Oct  3 15:36 mysql-bin.000005
-rw-r-----   1 mysql mysql    2180 Oct  3 15:42 mysql-bin.000006
-rw-r-----   1 mysql mysql     114 Oct  3 15:36 mysql-bin.index
```

目前最新的日志为 mysql-bin.000006，这是刷新日志之后新开启的日志文件，所以第一步中的 3 个操作是被记录在 mysql-bin.000005 中。

步骤 3：删除已经被损坏的数据库 bak_grow。

```
drop database bak_grow;
```

步骤 4：全量恢复。

```
# 重建库
create database bak_grow;

# 使用全量备份文件恢复库
use bak_grow;

source /bak_grow.sql;

# 查看 customer 表数据
```

```
select * from customer;

# 查询结果
+----+------+
| id | name |
+----+------+
|  1 | a    |
|  2 | b    |
+----+------+
```

可以看到，customer 表中的数据已经恢复到初始状态。

步骤 5：查看增量备份文件，定位 DELETE 误操作的记录位置。

```
mysqlbinlog \
  --no-defaults \
  --base64-output=decode-rows \
  -v /var/lib/mysql/mysql-bin.000005
```

日志文件内容如下：

```
...
# at 353
#201003 15:36:21 server id 1   end_log_pos 395 CRC32 0x1be1ef1e   Write_rows: table id 111 flags:
STMT_END_F
### INSERT INTO 'bak_grow'.'customer'
### SET
###   @1=3
###   @2='c'
...
# at 625
#201003 15:36:37 server id 1   end_log_pos 667 CRC32 0xfe399de5   Delete_rows: table id 111 flags:
STMT_END_F
### DELETE FROM 'bak_grow'.'customer'
### WHERE
###   @1=2
###   @2='b'
...
# at 897
#201003 15:36:41 server id 1   end_log_pos 939 CRC32 0x0e7a9325   Write_rows: table id 111 flags:
STMT_END_F
### INSERT INTO 'bak_grow'.'customer'
### SET
###   @1=4
###   @2='d'
...
```

这就是 3 条操作的记录日志，其中每条日志中都有两个关键信息：

（1）开头的"# at 897"代表此条日志的位置点。

（2）之后的"#201003 15:36:41"代表此条日志的执行时间。

回放操作时就要根据这两个信息来执行。

步骤 6：回放二进制日志中误操作之前的动作。

从日志中可以看到，DELETE 操作时间为"201003 15:36:37"，那么就以此时间为停止重放的时间点，执行如下命令：

```
mysqlbinlog \
  --no-defaults \
  --stop-datetime='2020-10-03 15:36:37' \
  /var/lib/mysql/mysql-bin.000005 | mysql -u root -p111111
```

其中使用 stop-datetime 选项来指定停止时间点，在回放到此条记录时，就会停止执行。此命令执行之后，日志中的第一个 INSERT 操作应该已经被执行了，查看 customer 表验证恢复效果：

```
# 查询语句
select * from customer;

# 查询结果
+----+------+
| id | name |
+----+------+
|  1 | a    |
|  2 | b    |
|  3 | c    |
+----+------+
```

可以看到记录 3 已经恢复了。

步骤 7：回放二进制日志中误操作之后的动作。

略过 DELETE 记录，找到下一条记录的执行时间为"201003 15:36:41"，以此作为回放的起始时间点，执行如下命令：

```
mysqlbinlog \
  --no-defaults \
  --start-datetime='2020-10-03 15:36:41' \
  /var/lib/mysql/mysql-bin.000005 | mysql -u root -p111111
```

执行之后，DELETE 操作之后的动作就都重复完成了，也就是第二个 INSERT 应该执行了，现在查看 customer 表验证恢复效果：

```
# 查询语句
select * from customer;

# 查询结果
+----+------+
| id | name |
+----+------+
|  1 | a    |
|  2 | b    |
```

```
| 3 | c    |
| 4 | d    |
+----+------+
```

可以看到，结果符合预期，数据都已经被正常恢复了。以上就是增量恢复的流程。

在上面回放过程中，是基于命令执行时间的，还可以基于位置点来执行，用法如下：

```
# 指定结束位置点
mysqlbinlog \
  --no-defaults \
  --stop-position='625' \
  /var/lib/mysql/mysql-bin.000005 | mysql -u root -p111111

# 指定开始位置点
mysqlbinlog \
  --no-defaults \
  --start-position='897' \
  /var/lib/mysql/mysql-bin.000005 | mysql -u root -p111111
```

16.6　小　　结

扫一扫，看视频

　　本章介绍了 MySQL 数据库备份的主要操作，数据的安全性是必须重视的，备份是提升数据安全的必备工作。定期对数据进行备份，在出现数据损坏的情况时，才可以进行抢修恢复，尽可能地降低数据损失。备份分为全量备份和增量备份，全量备份是对数据库中当前所有数据都进行备份，增量备份简单理解就是保存操作日志。

　　这两种备份方式不是独立不相干的，而是互为补充，一起保障数据安全。全量备份有多种用法，如备份某个库、某个表，也可以备份多个库或者所有库，备份时可以选择只备份表结构或者只备份数据。备份命令与 Linux 系统命令相结合可以提供很多便利，如每个数据库使用独立备份文件、对备份文件进行压缩、指定备份文件的时间。增量备份主要就是开启二进制日志，以便记录数据操作动作，在增量恢复时，从日志文件中回放正确的操作记录即可实现数据恢复。

第 17 章   日 志 管 理

日志是任何系统都不可缺少的部分，MySQL 自然也需要日志。MySQL 中的日志可以分为两大类，一类是用于记录系统运行状况的，通过此类日志可以分析异常问题，如错误日志、查询日志等。另一类日志与数据紧密相关，如二进制日志、中继日志，通过此类日志来完成数据的存储、恢复、同步。本章就要学习这些日志的具体用途与管理方法，更好地使用日志功能。

通过本章的学习，可以掌握以下主要内容：
- 错误日志。
- 通用查询日志。
- 慢查询日志。
- 二进制日志。
- 中继日志。

扫一扫，看视频

17.1   错 误 日 志

错误日志对于 MySQL 的健康运行和异常定位起着关键作用。错误日志中包含了 MySQL 启动、关闭过程中的记录，以及运行期间的重要事件。

错误日志包含 3 种日志级别：
- Error（错误）。
- Warning（警告）。
- Note（注意）。

17.1.1   开启错误日志

错误日志无须手动启动，默认就是启动状态，而且不能够被关闭，因为错误日志太重要了。能配置的是错误日志文件的位置，通过查看变量 log-error 可以知道当前所在的位置，执行语句：

```
# 查询变量
show variables like 'log_error';

# 查询结果
+---------------+--------+
| Variable_name | Value  |
+---------------+--------+
```

```
| log_error      | stderr |
+----------------+--------+
```

目前错误日志是输出到 stderr 标准错误输出设备，并没有写入日志文件，可以在 MySQL 配置文件中修改其路径。

```
[mysqld]
log_error= /var/log/mysql/error.log
```

修改配置文件之后，需要重新启动 MySQL，然后再次查询 log-error 变量的值。

```
# 查询变量
show variables like 'log_error';

# 查询结果
+----------------+--------------------------+
| Variable_name  | Value                    |
+----------------+--------------------------+
| log_error      | /var/log/mysql/error.log |
+----------------+--------------------------+
```

如果没有配置 log-error，MySQL 会默认把错误日志写入 datadir 数据目录下，并以"@@hostname.err"作为错误日志文件的名称。log-error 不是一个动态变量，只能通过修改配置文件并重启 MySQL 才能生效。

通过配置可以指定错误日志的日志级别，主要通过以下两个变量：

● log_warnings
● log_error_verbosity

查看当前 MySQL 中这两个变量的值：

```
# 查看 log_warnings
select @@log_warnings;
+----------------+
| @@log_warnings |
+----------------+
|              2 |
+----------------+

# 查看 log_error_verbosity
select @@log_error_verbosity;
+----------------------+
| @@log_error_verbosity |
+----------------------+
|                    3 |
+----------------------+
```

log_error_verbosity 可以设置的值有 3 个。

● 1：Error 级别，只记录 Error 错误信息。
● 2：Error 与 Warning 级别，错误与警告信息都会记录。

- 3：Error、Warning、Note 级别，错误、警告、普通注意信息都会记录。

log_warnings 的值与 log_error_verbosity 对应关系如下。

- 0：等于 log_error_verbosity 的 1（Error）。
- 1：等于 log_error_verbosity 的 2（Error、Warning）。
- 2：等于 log_error_verbosity 的 3（Error、Warning、Note）。

17.1.2 查看错误日志

错误日志就是普通的文本格式，是可读的，所以可以使用任何查看文本文件的方式来查看，如 Linux 中的 cat 命令。上一小节把错误日志文件的路径指定为"/var/log/mysql/error.log"，下面使用 cat 命令查看其内容。

```
# 执行命令
root@5e797c1e4223:/# cat /var/log/mysql/error.log

# 返回结果
2020-05-15T20:10:51.556205Z 0 [Warning] TIMESTAMP with implicit DEFAULT value is deprecated.
Please use --explicit_defaults_for_timestamp server option (see documentation for more details).
2020-05-15T20:10:52.187383Z 0 [Warning] InnoDB: New log files created, LSN=45790
2020-05-15T20:10:52.358399Z 0 [Warning] InnoDB: Creating foreign key constraint system tables.
2020-05-15T20:10:52.368199Z 0 [Warning] No existing UUID has been found, so we assume that
this is the first time that this server has been started. Generating a new UUID:
2d3b9c49-96e8-11ea-b97b-0242ac120002.
2020-05-15T20:10:52.370563Z 0 [Warning] Gtid table is not ready to be used. Table
'mysql.gtid_executed' cannot be opened.
2020-05-15T20:10:53.113555Z 0 [Warning] CA certificate ca.pem is self signed.
2020-05-15T20:10:53.159983Z 1 [Warning] root@localhost is created with an empty password !
Please consider switching off the --initialize-insecure option.
2020-05-15T20:10:55.673416Z 0 [Warning] TIMESTAMP with implicit DEFAULT value is deprecated.
Please use --explicit_defaults_for_timestamp server option (see documentation for more details).
2020-10-04T06:32:26.748009Z 0 [Note] InnoDB: Mutexes and rw_locks use GCC atomic builtins
...
2020-10-04T06:32:28.024884Z 0 [Warning] Insecure configuration for --pid-file: Location
'/var/run/mysqld' in the path is accessible to all OS users. Consider choosing a different directory.
2020-10-04T06:32:28.031427Z 0 [Note] InnoDB: Buffer pool(s) load completed at 201004  6:32:28
2020-10-04T06:32:29.229496Z 0 [Note] Event Scheduler: Loaded 0 events
2020-10-04T06:32:29.230050Z 0 [Note] mysqld: ready for connections.
Version: '5.7.30-log'  socket: '/var/run/mysqld/mysqld.sock'  port: 3306  MySQL Community Server (GPL)
```

其中用文本形式记录了 MySQL 的启动过程信息。

17.1.3 删除错误日志

MySQL 并没有专门删除错误日志的命令，因为错误日志就是普通的文本文件，对于系统的运行没有影响，所以完全可以自己清理错误日志，如直接清空其内容：

```
# 清空文件内容
echo > /var/log/mysql/error.log
```

或者复制保留：

```
# 移动文件
mv /var/log/mysql/error.log /var/log/mysql/error.log.20201101
```

文件改名之后，用作日志备份，而且相当于之前的错误日志文件已经没有了，MySQL 在需要写错误日志文件时，会自动重新创建，这样就实现了错误日志删除。

17.2 通用查询日志

通用查询日志会事无巨细地记录所有 MySQL 操作，如 MySQL 的启动、关闭，客户端连接登录、数据更新、数据查询等，记录得如此详细，很明显是用来做数据库调试的，从详细的日志信息中找出问题。

通用查询日志对于问题定位很方便，但是大大增加了 MySQL 的压力，访问量大的时候，就要频繁地写日志，会大量占用 I/O 资源，导致 MySQL 整体性能下降。所以，此日志仅供查找问题，平时不建议开启。

17.2.1 开启通用查询日志

在了解通用查询日志的特性之后，可以知道此日志默认情况下一定是关闭的，与错误日志正好相反。定义查询日志是否开启的变量是 general_log，执行如下语句查看此变量：

```
# 查看变量
show variables like "general_log";

# 查询结果
+---------------+-------+
| Variable_name | Value |
+---------------+-------+
| general_log   | OFF   |
+---------------+-------+
```

其值为 OFF，说明目前没有开启。将其值设置为 ON 后即可开启通用查询日志：

```
set global general_log='ON';
```

设置完成后再次查看其值：

```
# 查看变量
```

```
show variables like "general_log";

# 查询结果
+---------------+-------+
| Variable_name | Value |
+---------------+-------+
| general_log   | ON    |
+---------------+-------+
```

可以看到，值变为了 ON，说明已经开启了通用查询日志。开启之后，通过查询变量 general_log_file 获取该日志文件的所在位置，执行如下语句查看此变量：

```
# 查看变量
show variables like "general_log_file";

# 查询结果
+------------------+--------------------------------+
| Variable_name    | Value                          |
+------------------+--------------------------------+
| general_log_file | /var/lib/mysql/5e797c1e4223.log |
+------------------+--------------------------------+
```

也可以修改此变量来更改日志文件位置。

除了使用修改变量的方式开启通用查询日志外，也可以修改配置文件。

```
[mysqld]
log [log_path]
```

其中 log_path 是通用查询日志文件路径，是可选的，如果不指定，日志会写在 MySQL 数据目录下，并以 "@@hostname.log" 为文件名。

修改配置文件之后，需要重启 MySQL 才能生效。对于这两种开启通用查询日志的方式，建议使用修改变量的方式，因为是临时使用，所以不建议修改配置文件。

17.2.2　查看通用查询日志

扫一扫，看视频

通用查询日志同样是普通的文本形式，所以使用文本查看工具即可，如 Linux 系统中的 tail、cat 命令。上一小节中已经开启了通用查询日志，现在随便执行一些操作，例如：

```
show databases;

use bak_demo;

select * from customer;
```

然后查看通用日志文件的内容，上一小节中查到了此日志文件的位置，使用 cat 命令查看。

```
# 执行命令
root@5e797c1e4223:/# cat /var/lib/mysql/5e797c1e4223.log

# 返回结果
mysqld, Version: 5.7.30-log (MySQL Community Server (GPL)). started with:
Tcp port: 3306  Unix socket: /var/run/mysqld/mysqld.sock
Time                     Id Command    Argument
2020-10-04T09:00:25.751306Z     2 Query    show variables like "general_log"
2020-10-04T09:02:18.237027Z     2 Query    show variables like "general_log_file"
2020-10-04T09:12:52.122355Z     2 Query    SELECT DATABASE()
2020-10-04T09:13:01.284390Z     2 Query    show databases
2020-10-04T09:13:23.340526Z     2 Query    SELECT DATABASE()
2020-10-04T09:13:23.342948Z     2 Init DB bak_demo
2020-10-04T09:13:23.345664Z     2 Query    show databases
2020-10-04T09:13:23.350453Z     2 Query    show tables
2020-10-04T09:13:23.354060Z     2 Field List   customer
2020-10-04T09:13:23.369901Z     2 Field List   user
2020-10-04T09:13:29.815001Z     2 Query    select * from customer
```

其中记录了每项操作的时间和具体命令。

17.2.3 停止与删除通用查询日志

扫一扫，看视频

可以通过修改变量和修改配置的方式来开启，自然也是通过这两种方式来停止。修改变量 general_log 来关闭通用查询日志：

```
set global general_log='OFF';
```

修改之后查看此变量值：

```
# 查看变量
show variables like "general_log";

# 查询结果
+---------------+-------+
| Variable_name | Value |
+---------------+-------+
| general_log   | OFF   |
+---------------+-------+
```

可以看到，值变为了 OFF，说明已经关闭了。修改配置文件的方式很简单，只需要将之前设置的 log 项去掉：

```
[mysqld]
# log [log_path]
```

删除或者注释掉都可以，修改完成后需要重启 MySQL。通用查询日志文件删除的方法与错误日志一样，因为都是普通的文本文件，所以处理思路一致，此处不再赘述。

17.3　慢查询日志

慢查询日志记录的是所有执行时间超过指定阈值的查询请求，如慢查询的阈值为 1 秒，如果"SELECT ..."这条查询语句的执行时间为 1.2 秒，那么此语句就会被记录到慢查询日志中。

慢查询日志中记录的都是执行过于缓慢的查询语句，也就是查询性能优化的重点目标，所以慢查询日志是性能优化的重要工具。

17.3.1　开启慢查询日志

扫一扫，看视频

通过变量 slow_query_log 可以知道是否已经开启了慢查询日志，执行如下语句查看此变量：

```
# 查看变量
show variables like 'slow_query_log';

# 返回结果
+----------------+-------+
| Variable_name  | Value |
+----------------+-------+
| slow_query_log | OFF   |
+----------------+-------+
```

其值为 OFF，说明目前没有开启。将其值设置为 ON 后即可开启慢查询日志。

```
set global slow_query_log='ON';
```

设置完成后再次查看其值：

```
# 查看变量
show variables like 'slow_query_log';

# 返回结果
+----------------+-------+
| Variable_name  | Value |
+----------------+-------+
| slow_query_log | ON    |
+----------------+-------+
```

开启慢查询后，需要知道慢查询日志文件的位置，变量 slow_query_log_file 记录了其位置。执行如下语句查看此变量：

```
# 查看变量
show variables like 'slow_query_log_file';
```

```
# 查询结果
+---------------------+-------------------------------------+
| Variable_name       | Value                               |
+---------------------+-------------------------------------+
| slow_query_log_file | /var/lib/mysql/5e797c1e4223-slow.log |
+---------------------+-------------------------------------+
```

也可以修改此变量值来更改日志文件位置。除了修改变量之外，也可以修改配置文件来开启慢查询日志和指定日志文件位置。修改配置文件：

```
[mysqld]

# 开启慢查询日志
slow_query_log = ON

# 指定慢查询日志文件的路径
slow_query_log_file = /var/lib/mysql/slow.log
```

修改配置文件之后需要重启 MySQL 以便使配置生效。

17.3.2　设置慢查询阈值

扫一扫，看视频

开启慢查询之后，重要的就是设置慢查询阈值，也就是定义执行多长时间以上的查询算是慢查询。变量 long_query_time 的值就是慢查询阈值，查看目前的变量值：

```
# 查看变量
show variables like 'long_query_time';

# 查询结果
+-----------------+-----------+
| Variable_name   | Value     |
+-----------------+-----------+
| long_query_time | 10.000000 |
+-----------------+-----------+
```

其值为 10，说明目前的慢查询阈值为 10 秒，这个默认值太大了，在实际应用中必须调整，可以根据 MySQL 的处理能力决定阈值的大小。阈值的修改方式也是修改变量和修改配置文件这两种方式。

（1）修改变量。为了便于产生慢查询日志，将把阈值修改为 0.01 秒。

```
# 设置变量
set long_query_time = 0.01;

# 查看变量
show variables like 'long_query_time';

# 查询结果
```

```
+------------------+----------+
| Variable_name    | Value    |
+------------------+----------+
| long_query_time  | 0.010000 |
+------------------+----------+
```

（2）修改配置文件，配置如下。

```
[mysqld]
long_query_time = 0.01
```

修改配置文件之后需要重启 MySQL 才会生效。

17.3.3　查看慢查询日志

扫一扫，看视频

下面执行一个查询语句，以便产生慢查询日志：

```
# 查询语句
select sleep(1);

# 查询结果
+----------+
| sleep(1) |
+----------+
|        0 |
+----------+
```

此语句使用了 SLEEP()函数，睡眠时间为 1 秒，已经超出了设置的慢查询阈值 0.01 秒，那么此语句就会被记录到慢查询日志文件中。

上面已经查询得知了慢查询日志文件的位置，直接使用普通文本查看工具打开即可，因为此日志也是普通文本格式存储的，使用 cat 命令查看：

```
# 执行命令
root@5e797c1e4223:/# cat /var/lib/mysql/5e797c1e4223-slow.log

# 返回结果
mysqld, Version: 5.7.30-log (MySQL Community Server (GPL)). started with:
Tcp port: 3306  Unix socket: /var/run/mysqld/mysqld.sock
Time                 Id Command    Argument
# Time: 2020-10-04T10:04:40.778366Z
# User@Host: root[root] @ localhost []  Id:       2
# Query_time: 1.002604  Lock_time: 0.000000 Rows_sent: 1  Rows_examined: 0
use bak_demo;
SET timestamp=1601805880;
select sleep(1);
```

从中可以看到上面指定的语句"select sleep(1);"被成功记录到了慢查询日志中，日志中记录了此条语句的执行时间点，查询耗时秒数等信息。

17.3.4　分析慢查询日志

慢查询日志是普通文本格式，可以直接查看，但实际应用中需要更便利的分析功能，所以 MySQL 提供了慢查询分析工具 mysqldumpslow，可以分析出执行次数最多的语句、执行时间最长的语句等。例如，执行命令：

```
mysqldumpslow /var/lib/mysql/5e797c1e4223-slow.log
```

在 mysqldumpslow 命令后面添加慢查询日志文件路径即可，返回信息形式如下：

```
Reading mysql slow query log from /var/lib/mysql/5e797c1e4223-slow.log
Count: 1  Time=0.00s (0s)  Lock=0.00s (0s)  Rows=0.0 (0), 0users@0hosts
  mysqld, Version: N.N.N-log (MySQL Community Server (GPL)). started with:
  # Time: N-N-04T10:N:N.778366Z
  # User@Host: root[root] @ localhost [] Id:      N
  # Query_time: N.N  Lock_time: N.N Rows_sent: N  Rows_examined: N
  use bak_demo;
  SET timestamp=N;
  select sleep(N)
```

其中，主要信息项的含义如下。

- Count：出现执行次数。
- Time：执行时间。
- Lock：锁定时间。
- Rows：返回行数。

mysqldumpslow 命令的参数说明如下。

- -s：表示排序方式，有以下可选值。
  - ↘ c：按照执行次数排序。
  - ↘ l：按照锁定时间排序。
  - ↘ r：按照返回行数排序。
  - ↘ al：按照平均锁定时间排序。
  - ↘ ar：按照平均返回行数排序。
  - ↘ at：按照平均查询时间排序（默认值）。
- -t：表示分析结果中返回多少条记录，是 top n 的意思。
- -g：表示可以使用正则模式进行过滤。

以下为示例命令：

```
mysqldumpslow \
  -s r \
  -t 10 \
```

```
/xxx/slow.log
```

此命令中 "-s r" 表示根据返回记录行数排序，"-t 10" 表示返回前 10 条分析信息。所以此命令的含义就是分析出返回记录数最多的前 10 条语句。

```
mysqldumpslow \
  -s at \
  -t 20 \
  /xxx/slow.log
```

此命令中 "-s at" 表示根据平均查询时间排序，"-t 20" 表示返回前 20 条分析信息。所以此命令的含义就是分析出平均查询时间最长的前 20 条语句。

```
mysqldumpslow \
  -s ar \
  -t 10 \
  -g "name" \
  /xxx/slow.log
```

此命令中 "-s ar" 表示根据平均返回记录数排序，"-t 10" 表示返回前 10 条分析记录，"-g "name"" 表示过滤含有字符串 name 的记录。所以此命令的含义就是分析出平均返回记录最多，并且其中包含 name 字符串的前 10 条语句。

17.3.5　停止与删除慢查询日志

停止慢查询日志也可以通过修改变量和修改配置文件来实现。修改变量如下：

```
set global slow_query_log='OFF';
```

修改后查看变量值：

```
# 查看变量
show variables like 'slow_query_log';

# 返回结果
+-----------------+-------+
| Variable_name   | Value |
+-----------------+-------+
| slow_query_log  | OFF   |
+-----------------+-------+
```

修改配置文件，只需要把之前设置的慢查询参数去掉即可。

```
[mysqld]

# 开启慢查询日志
# slow_query_log = ON
```

```
# 指定慢查询日志文件的路径
# slow_query_log_file = /var/lib/mysql/slow.log
```

将这两项注释掉或者删除都可以，修改之后需要重启 MySQL 才能生效。慢查询日志的删除与错误日志的方法一样，都是普通的文本格式，所以处理方式一致，此处不再赘述。

17.4　二进制日志

二进制日志是 MySQL 中非常重要的日志，在学习数据备份一章中，增量备份实际上就是使用的二进制日志。二进制日志也被称作变更日志，因为其中记录着所有改变了数据的语句，对于查询类型的语句不做记录，所以称为变更日志。

二进制日志的常见使用场景如下。

- 数据恢复：在第 16 章中已经学习了如何使用二进制日志进行增量备份与数据恢复，回放二进制日志中正常的变更动作记录就可以恢复数据。
- 数据复制：MySQL 的主从复制也是通过二进制日志实现的，将 Master 中的二进制日志传输到 Slave，Slave 回放其中的操作记录，达成数据同步。
- 数据审计：对二进制日志中的信息进行审查，判断是否有异常操作。

17.4.1　开启二进制日志

扫一扫，看视频

二进制日志默认是关闭的，需要手动将其开启。修改配置文件：

```
[mysqld]
server-id=1
log-bin[=dir/name]
```

其中，server-id 表示 MySQL 服务器 ID，多个 MySQL Server 在一起工作时，需要保证每个 MySQL Server 的 server-id 是不同的，开启二进制日志时通常都需要指定此项参数。log-bin 表示开启二进制日志，后面的值中可以指定二进制日志文件的存放位置以及文件名的前缀，如配置 "log-bin=mysql-bin"，以后生成的二进制文件的名称便为如下形式：

```
mysql-bin.000001
mysql-bin.000002
mysql-bin.000003
...
```

二进制日志文件名的前缀一致，后面是递增的序号，每当二进制文件达到指定大小，或者执行了刷新日志的命令之后，便会生成新的二进制日志文件，后面的序号较现有最大序号增加 1。

配置文件中的 log-bin 后面也可以不指定任何值，MySQL 会默认使用 "@@hostname" 作为二进制日志文件名的前缀，MySQL 重启后配置生效。二进制日志文件的存放位置如果没有指定，MySQL 就会使用数据目录来存放。

17.4.2　查看二进制日志

扫一扫，看视频

　　二进制日志并不能像错误日志、查询日志那样使用文本查看工具来查看，直接打开会显示乱码，如使用 cat 命令查看二进制日志文件的内容。

```
# 执行命令
cat /var/lib/mysql/mysql-bin.000001

# 显示内容
_bin??x_w{5.7.30-log??x_8
...
**4?s]??x_#???? x_"A?A?h#??x_% ?Ustd
...
```

　　全都是乱码，无法阅读，所以需要使用 MySQL 提供的二进制日志查看工具 mysqlbinlog，在此命令后添加二进制日志文件路径即可。

```
# 执行命令
mysqlbinlog /var/lib/mysql/mysql-bin.000001

# 返回结果
...
# at 390
#201003 14:20:14 server id 1  end_log_pos 546 CRC32 0xeff7e893    Query      thread_id=2
exec_time=1   error_code=0
use `bak_demo`/*!*/;
SET TIMESTAMP=1601734814/*!*/;
create table user(
    id int primary key,
    name varchar(20) not null
)
/*!*/;
# at 546
...
```

　　这样就变为可读状态了，从中可以看到 SQL 语句、实际执行的时间、server id 等信息。

17.4.3　停止二进制日志

扫一扫，看视频

　　想要停止二进制日志，需要修改配置文件，将之前添加的 log-bin 参数去掉，例如：

```
[mysqld]
# log-bin[=dir/name]
```

　　修改之后重启 MySQL 生效。

如果只是想暂停二进制日志功能，可以不必修改配置文件，使用 sql_log_bin 参数可以实现二进制日志的暂停和重启。

```
# 暂停
set sql_log_bin=0

# 重启
set sql_log_bin=1
```

参数值含义如下。
● 0：表示暂停二进制日志。
● 1：表示重新启动二进制日志。

17.4.4　删除二进制日志

扫一扫，看视频

因为二进制日志数据格式的特殊性，所以不能使用处理普通文本类型日志的方式了，MySQL 提供了删除二进制日志的方法。

删除所有二进制日志，执行命令：

```
reset master;
```

此命令可以删除所有二进制日志。在执行此命令之前查看一下当前二进制日志文件的情况，执行文件列表命令：

```
# 执行命令
ls -l /var/lib/mysql | grep 'mysql-bin' | awk '{print $9}'

# 执行结果
mysql-bin.000001
mysql-bin.000002
mysql-bin.000003
mysql-bin.000004
mysql-bin.000005
mysql-bin.000006
mysql-bin.index
```

使用 ls 命令列出了"/var/lib/mysql"目录下的文件，使用 grep 命令过滤出了二进制日志文件，然后使用 awk 命令只显示出文件名列，可以看到目前有这么多二进制日志文件。需要注意，其中的 mysql-bin.index 并不是二进制日志文件，而是一个索引文件。

然后执行 reset master 命令，之后再次查看文件列表。

```
# 执行命令
ls -l /var/lib/mysql | grep 'mysql-bin' | awk '{print $9}'

# 执行结果
```

```
mysql-bin.000001
mysql-bin.index
```

可以看到二进制日志文件只剩下 mysql-bin.000001 了，因为后续还需要记录二进制日志，所以要留下一个日志文件，但其中已经没有操作记录了，使用 mysqlbinlog 命令查看其内容。

```
# 执行命令
mysqlbinlog /var/lib/mysql/mysql-bin.000001

# 执行结果
/*!50530 SET @@SESSION.PSEUDO_SLAVE_MODE=1*/;
/*!50003 SET @OLD_COMPLETION_TYPE=@@COMPLETION_TYPE,COMPLETION_TYPE=0*/;
DELIMITER /*!*/;
# at 4
#201004 13:18:48 server id 1  end_log_pos 123 CRC32 0x5dc2361a     Start:  binlog  v  4,
server v 5.7.30-log created 201004 13:18:48 at startup
# Warning: this binlog is either in use or was not closed properly.
ROLLBACK/*!*/;
BINLOG '
uMt5Xw8BAAAAdwAAAHsAAAABAAQANS43LjMwLWxvZwAAAAAAAAAAAAAAAAAAAAAAAAAAAAAAA
AAAAAAAAAAAAAAAAAC4y3lfEzgNAAgAEgAEBAQEEgAAXwAEGggAAAAICAgCAAAACgoKKKioAEjQA
ARo2wl0=
'/*!*/;
# at 123
#201004 13:18:48 server id 1  end_log_pos 154 CRC32 0x9f03907f     Previous-GTIDs
# [empty]
SET @@SESSION.GTID_NEXT= 'AUTOMATIC' /* added by mysqlbinlog */ /*!*/;
DELIMITER;
# End of log file
/*!50003 SET COMPLETION_TYPE=@OLD_COMPLETION_TYPE*/;
/*!50530 SET @@SESSION.PSEUDO_SLAVE_MODE=0*/;
```

以上是 mysql-bin.000001 中的所有内容，里面是没有任何操作记录的，说明都已经被删除了。

删除某编号之前的二进制日志：

```
purge master logs to 'mysql-bin.000005'
```

执行此命令可以删除编号小于 000005 的二进制日志文件。

删除某时间点之前的二进制日志：

```
purge master logs before '2020-11-12 10:08:00'
```

执行此命令可以删除指定时间"2020-11-12 10:08:00"之前的二进制日志文件,时间格式为"yyyy-mm-dd hh:MM:ss"。

17.5　中　继　日　志

　　中继日志是主从复制结构中用到的日志，Slave 拿到 Master 的二进制日志之后，会保存在本地，这个本地日志就称为中继日志。Slave 的 SQL 线程就是从中继日志中回放操作记录，写入本地数据库的。

　　对于中继日志，不能对其进行开启、停止、删除操作，因为它是 MySQL 系统内部使用的日志文件，我们能做的是通过配置参数来影响中继日志的工作方式。

　　查询一下中继日志的相关参数，执行命令：

```
# 查询变量
show variables like '%relay%';

# 查询结果
+---------------------------+---------------------------------------------+
| Variable_name             | Value                                       |
+---------------------------+---------------------------------------------+
| max_relay_log_size        | 0                                           |
| relay_log                 |                                             |
| relay_log_basename        | /var/lib/mysql/5e797c1e4223-relay-bin       |
| relay_log_index           | /var/lib/mysql/5e797c1e4223-relay-bin.index |
| relay_log_info_file       | relay-log.info                              |
| relay_log_info_repository | FILE                                        |
| relay_log_purge           | ON                                          |
| relay_log_recovery        | OFF                                         |
| relay_log_space_limit     | 0                                           |
| sync_relay_log            | 10000                                       |
| sync_relay_log_info       | 10000                                       |
+---------------------------+---------------------------------------------+
```

下面介绍几个重要的参数用法。

　　（1）relay_log_purge：表示是否自动清空中继日志，其值为 ON/OFF，默认值为 ON(自动清空)。

　　（2）relay_log_recovery：假设 Slave 由于某种原因中断了执行，导致中继日志没有被处理完成，此参数表示在此情况下，是否放弃未处理部分，重新从 Master 获取日志。默认值为 OFF（否），建议开启此功能。

　　（3）sync_relay_log：Slave 在接收到 Master 的二进制日志之后，会先写入系统缓冲区，然后再刷新到中继日志里面。此参数表示多少条事务之后刷新到中继日志。值越大，缓冲区中的日志累积越多，刷盘次数越少，优点是 I/O 操作少，性能好，缺点是数据安全性低，如果 Slave 出现故障，缓冲区中日志会丢失较多。相反，此值越低，刷盘次数越多，I/O 操作多，导致性能下降，但提升了数据安全性。默认值为 10000，就是缓冲区中积累了 10000 条事务后刷新到中继日志，此值过大，建议调小。sync_relay_log_info 参数含义同此参数。

17.6　小　　结

　　本章介绍了 MySQL 中几种重要日志的管理方法，错误日志记录的是 MySQL 的运行信息，在出现问题时需要分析错误日志查找原因。通用查询日志记录的是 MySQL 处理请求过程的调试信息，非常详细，但不要长期开启，因为日志记录太过频繁，导致 MySQL 处理能力下降。慢查询日志用于定位执行效率低的查询语句，可以帮助锁定优化目标。

　　二进制日志用处广泛，可以用于恢复数据、复制数据等重要场景。中继日志是数据复制过程的重要组件，无法对其进行管理，但可以控制其参数来调整中继日志的工作方式，如是否自动清空、接收到多少条事务日志之后写入中继日志等。

第 18 章 MySQL 监控

目前是数据驱动时代，绝大多数的应用都依赖于数据库，但很多人都有一个误区，就是只关注应用本身的状态，对其进行全方位的监控，却不管数据库的状态，不做任何监控。当发现应用出现异常时，还需要去找原因，发现是数据库的问题后，还需要花时间去分析数据库哪里出了问题。

如果对数据库做好监控，就可以更快地知道是不是数据库出了问题，可以更容易地找到问题所在。所以，为了能够让应用正常地运行，必然需要对数据库进行高效的监控。

通过本章的学习，可以掌握以下主要内容：

● 可用性监控。

● 整体状态监控。

● 性能监控。

● 复制监控。

● 性能监控工具。

18.1 可用性监控

扫一扫，看视频

对于 MySQL 数据库的监控，首先要确保它是正常工作的，MySQL 的可用性是最基础的监控指标，可用性的监控有 3 个层次。

1. MySQL 是否在正常运行

这个是最基本的要求，需要知道 MySQL 是否在正常地提供服务。检测方法很简单，使用 MySQL 提供的检测工具和 mysqladmin 命令的 ping 选项即可。

```
mysqladmin -uroot -p111111 ping
```

此命令中需要指定 MySQL Server 的主机地址、用户名、密码，实际使用中，建议不要直接使用 root 用户，而且不要把密码写在命令行。如果 MySQL 是正常运行的，返回结果如下：

```
mysqld is alive
```

否则，会提示 MySQL 连接失败。

此命令不只可以单次执行，还可以循环执行。例如，每隔 1 秒执行一次，需要使用 "-i" 参数，在其后指定间隔的秒数。

```
mysqladmin -uroot -p111111 -i 1 ping
```

还可以指定总共执行多少次，需要使用"-c"参数，在其后指定执行次数。

```
mysqladmin -uroot -p111111 -i 1 -c 3 ping
```

2. MySQL 是否可以正常工作

MySQL 正常运行状态并不能保证内部可以正常读写，所以需要知道是否可以正常处理请求。可以通过执行一个简单的 SQL 语句来检测。例如，通过执行语句"select 1;"来验证读请求的处理。

```
# 执行命令
mysql -uroot -p111111 -e "select 1;"

# 返回结果
+---+
| 1 |
+---+
| 1 |
+---+
```

通过 mysql 命令的"-e"选项来执行非常方便，在执行完指定语句之后就会退出。并不一定要执行"select 1;"，可以自己来决定验证语句，如查询 MySQL 的版本：

```
# 执行命令
mysql -uroot -p111111 -e "select @@version;"

# 返回结果
+-----------+
| @@version |
+-----------+
| 5.7.30    |
+-----------+
```

只要可以正常返回正确的内容，就说明 MySQL 可以正常处理读请求。还可以继续验证写请求的处理请求，验证方法可以是创建一个监控表，然后向表中插入数据。

3. 业务数据库是否正常

在确定 MySQL 可以正常处理读写请求之后，如果希望更加万无一失，可以继续对业务数据库进行验证，这就需要根据自己的业务情况来编写合适的验证代码。

这 3 个层次的验证可靠度逐一提高，但复杂度与性能影响也越来越大，可以根据自己的情况选择合适的方式。

扫一扫，看视频

18.2　整体状态监控

MySQL 统计了非常多的运行状态信息，都存储在 STATUS 对象中，想查看 MySQL 整体状态时，查询这个对象就可以了。查询语句如下：

```
show global status;
```

查询结果如图 18-1 所示。

Variable_name	Value
Aborted_clients	3
Aborted_connects	8
Binlog_cache_disk_use	37
Binlog_cache_use	67
Binlog_stmt_cache_disk_use	0
Binlog_stmt_cache_use	295
Bytes_received	13816747
Bytes_sent	14426364
Com_admin_commands	0
Com_assign_to_keycache	0
Com_alter_db	0
Com_alter_db_upgrade	0
Com_alter_event	0
Com_alter_function	0
Com_alter_instance	0
Com_alter_procedure	0
Com_alter_server	0
Com_alter_table	66
Com_alter_tablespace	0
Com_alter_user	0
Com_analyze	0
Com_begin	0
Com_binlog	0

+ − ✓ ✕　　　　　　　　　　　　　　show global status

Record 31 of 354

图 18-1　全局状态信息

从图 18-1 的底部可以看到，一共有 354 条，非常丰富，限于篇幅这里无法一一说明，下面介绍几个有代表性的状态信息。

1. Uptime

Uptime 表示 MySQL Server 已经运行了多长时间，由此可以知道上次启动 MySQL Server 是什么时候，由此可以判断是否发生过非正常的重启。例如，在一个月之前重启的 MySQL，但查看 Uptime 之后，发现只运行了一周的时间，那么一定是一周前发生了异常，需要查找问题，以防止再次发生问题。

执行以下命令单独查看此项信息：

```
# 查询语句
show global status like 'uptime';

# 查询结果
+---------------+-------+
| Variable_name | Value |
+---------------+-------+
| Uptime        | 12488 |
+---------------+-------+
```

2. Threads Connected

此项信息表示当前 MySQL 的连接数。如果此值很小，而应用的访问量很大，严重失衡，那么就说明数据库大概率出现了问题，因为应用中大部分的访问都需要请求数据库，这时就要留意应用的表现是否有异常。

如果此值很大，大于设置的 MySQL 最大连接数的 80%，就说明数据库的压力过大了。MySQL 最大连接数通过以下命令查看：

```
# 查询语句
show variables like 'max_connections';

# 查询结果
+-----------------+-------+
| Variable_name   | Value |
+-----------------+-------+
| max_connections | 151   |
+-----------------+-------+
```

执行以下命令单独查看 Threads Connected 信息：

```
# 查询语句
show global status like 'threads_connected';

# 查询结果
+--------------------+-------+
| Variable_name      | Value |
+--------------------+-------+
| Threads_connected  | 1     |
+--------------------+-------+
```

3. Max Connections

此项信息表示 MySQL 自上次启动以来，最大连接数的峰值是多少。以此可以了解到 MySQL 的压力情况。

执行以下命令单独查看 Max Connections 信息：

```
# 查询语句
show global status like 'max_used_connections';

# 查询结果
+----------------------+-------+
| Variable_name        | Value |
+----------------------+-------+
| Max_used_connections | 1     |
+----------------------+-------+
```

4. Max Connection Time

此项信息对应上一项 Max Connections，表示其峰值出现的时间。例如，历史最大连接数为 100，那么此项信息记录了这么多的同时连接是发生在什么时候。正常来讲这个时间应该与应用的高峰期相对应，否则可能需要分析一下原因，如有某个数据库处理作业在执行，或者有非正常的数据库访问。

可以将此项信息与上一项配合分析，定期观察，可以了解数据库连接的趋势、突破连接峰值的时间间隔变化。

执行以下命令单独查看 Max Connection Time 信息：

```
# 查询语句
show global status like 'max_used_connections_time';

# 查询结果
+---------------------------+---------------------+
| Variable_name             | Value               |
+---------------------------+---------------------+
| Max_used_connections_time | 2020-10-05 04:19:34 |
+---------------------------+---------------------+
```

5. Failed Connections

此项信息表示失败连接的数量，如密码错误，由此可以反映出安全方面的问题。例如，失败连接过多，大概率是在被非法连接，可能是在暴力破解，也可能是为了阻塞 MySQL 的正常连接。

执行以下命令单独查看 Failed Connections 信息：

```
# 查询语句
show global status like 'aborted_connects';

# 查询结果
+------------------+-------+
| Variable_name    | Value |
+------------------+-------+
| Aborted_connects | 0     |
+------------------+-------+
```

除了以上几个全局状态信息，还有两个查询语句很重要，可以了解 MySQL 状态。

1. 查看当前的用户任务

通过 show full processlist 语句可以查看当前有哪些用户连接到了 MySQL，以及这些用户正在做什么事。简单来说就是查看现在谁在数据库中干什么。执行语句：

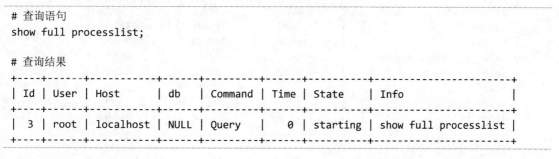

```
# 查询语句
show full processlist;

# 查询结果
+----+------+-----------+------+---------+------+----------+-----------------------+
| Id | User | Host      | db   | Command | Time | State    | Info                  |
+----+------+-----------+------+---------+------+----------+-----------------------+
|  3 | root | localhost | NULL | Query   |    0 | starting | show full processlist |
+----+------+-----------+------+---------+------+----------+-----------------------+
```

这条语句的作用很大，如通过结果中的 Time 字段就可以知道 Info 字段中的这个任务已经执行多长时间了，由此就可以发现执行效率低的语句，之前学习慢查询优化时，就介绍了使用此语句来实时发现优化目标。再如出现了死锁，那么也可以从此语句的结果中发现。

2．查看数据库占用空间

通过下面这条语句可以统计出当前数据库中所有数据表所占用的空间：

```
# 查询语句
select
  table_name,
  table_rows,
  data_length,
  index_length
from
  information_schema.tables
where
  table_schema = database();
```

```
# 查询结果
+----------------------------+------------+-------------+--------------+
| table_name                 | table_rows | data_length | index_length |
+----------------------------+------------+-------------+--------------+
| actor                      |        200 |       16384 |        16384 |
| actor_info                 |       NULL |        NULL |         NULL |
| address                    |        603 |       98304 |        16384 |
| category                   |         16 |       16384 |            0 |
| city                       |        600 |       49152 |        16384 |
| country                    |        109 |       16384 |            0 |
| customer                   |        599 |       81920 |        49152 |
| customer_list              |       NULL |        NULL |         NULL |
| film                       |       1000 |      196608 |        81920 |
| film_actor                 |       5462 |      196608 |        81920 |
| film_category              |       1000 |       65536 |        16384 |
| film_list                  |       NULL |        NULL |         NULL |
| film_text                  |       1000 |      180224 |        16384 |
| inventory                  |       4581 |      180224 |       196608 |
| language                   |          6 |       16384 |            0 |
| nicer_but_slower_film_list |       NULL |        NULL |         NULL |
| payment                    |      16086 |     1589248 |       638976 |
| rental                     |      16005 |     1589248 |      1196032 |
| sales_by_film_category     |       NULL |        NULL |         NULL |
| sales_by_store             |       NULL |        NULL |         NULL |
| staff                      |          2 |       65536 |        32768 |
| staff_list                 |       NULL |        NULL |         NULL |
| store                      |          2 |       16384 |        32768 |
+----------------------------+------------+-------------+--------------+
```

以上是对 sakila 数据库的查询结果，从中可以看到每个表中的记录数、数据总大小以及索引的大小，将 data_length 与 index_length 这两列的值全部相加之后，就可以知道 sakila 数据库所占用的空间大小。

扫一扫，看视频

18.3　性 能 监 控

MySQL 性能方面的指标中，最重要的就是 QPS（Queries Per Second）与 TPS（Transactions Per Second）了，还有并发请求数量，因为它会严重影响性能。这 3 个是性能监控的重点。

1. QPS 监控

QPS 为每秒处理的请求数，也就是 MySQL Server 每秒响应了多少个请求。QPS 可以反映出 MySQL 数据库的吞吐能力。需要注意，其中的 Query 是指客户端发送到 MySQL Server 的所有语句，而不是单指查询请求。

在 MySQL 的 STATUS 对象中，有一项信息为 Questions，记录了 MySQL 所执行过的语句数量，通过此项信息就可以计算出 QPS。查询 Questions 语句如下：

```
# 查询语句
show global status like "questions";

# 查询结果
+---------------+-------+
| Variable_name | Value |
+---------------+-------+
| Questions     | 4720  |
+---------------+-------+
```

其值表示从 MySQL 启动后所执行过的语句数量。需要注意，这条查询语句中使用了 global 关键字，表示的是全局状态信息，如果不加 global 关键字，则查询的是当前 SESSION 的状态信息，例如：

```
# 查询语句
show status like "questions";

# 查询结果
+---------------+-------+
| Variable_name | Value |
+---------------+-------+
| Questions     | 2     |
+---------------+-------+
```

二者是完全不同的，所以使用时需要留意。要计算的 QPS 自然是 MySQL 全局的情况，所以要使用 global。

通过 Questions 可以知道总的请求数，再除以总的秒数就可以计算出 QPS 的值了，总秒数可以通过 Uptime 这个全局状态值取得，执行查询语句：

```
# 查询语句
show global status like 'uptime';

# 查询结果
+---------------+--------+
| Variable_name | Value  |
+---------------+--------+
| Uptime        | 178171 |
+---------------+--------+
```

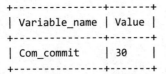 **注意**

这个语句中也使用了 global，表示获取全局状态值。

所需的两个数值都已经获取到了，那么就可以根据 QPS 计算公式得到具体值了，公式如下：

```
QPS = Questions / Uptime
```

这个公式计算出的是 MySQL 启动之后总体的 QPS 情况，如果想计算一段时间内的 QPS 值，需要使用下面的公式：

```
QPS = (Questions2 - Questions1) / (Uptime2 - Uptime1)
```

例如，在 10 点的时候查询一下 Questions 和 Uptime，此值就是 Questions1 和 Uptime1,过了 10 分钟之后，也就是 10:10 的时候，再查询一下 Questions 和 Uptime，此值就是 Questions2 和 Uptime2。这样就获得了这 10 分钟之内的 QPS 值。

2. TPS 监控

TPS 为 MySQL Server 每秒处理的事务数。事务包括提交、回滚两种情况，所以事务的数量是二者各自数量的和。

提交的事务数为全局状态中 Com_commit 的值，执行查询语句：

```
# 查询语句
show global status like 'com_commit';

# 查询结果
+---------------+-------+
| Variable_name | Value |
+---------------+-------+
| Com_commit    | 30    |
+---------------+-------+
```

回滚的事务数为全局状态中 Com_rollback 的值，执行查询语句：

```
# 查询语句
show global status like 'com_rollback';

# 查询结果
+---------------+-------+
```

```
| Variable_name | Value |
+---------------+-------+
| Com_rollback  | 0     |
+---------------+-------+
```

秒数还是通过全局状态 Uptime 来获取，所以 TPS 的计算公式为：

```
TPS = （Com_commit + Com_rollback）/ Uptime
```

这个公式计算的依然是 MySQL 启动以来总的 TPS 状况，如果想计算某个时间段之内的 TPS 值，思路与上面计算 QPS 的思路一致，公式如下：

```
TPS =
  [(Com_commit2 + Com_rollback2) - (Com_commit1 + Com_rollback1)]
  / (Uptime2 - Uptime1)
```

除了通过 Com_commit 与 Com_rollback 获取总事务数之外，还有一种方法，就是分别获取 SELECT、INSERT、UPDATE、DELETE 的执行数量，4 个的总和即为总的事务数，执行以下查询语句获得各自的数值：

```
# 查询语句
show global status
  where variable_name in(
    'com_select',
    'com_insert',
    'com_delete',
    'com_update'
  );

# 查询结果
+---------------+-------+
| Variable_name | Value |
+---------------+-------+
| Com_delete    | 0     |
| Com_insert    | 2071  |
| Com_select    | 437   |
| Com_update    | 0     |
+---------------+-------+
```

那么总的 TPS 的计算公式为：

```
TPS = (Com_select + Com_insert + Com_update + Com_delete) / Uptime
```

某时间段之内的 TPS 计算公式为：

```
TPS =
  [
    (Com_select2 - Com_select1) +
    (Com_insert2 - Com_insert1) +
    (Com_update2 - Com_update1) +
```

```
    (Com_delete2 - Com_delete1)
  ]
  / (Uptime2 - Uptime1)
```

可以看到，使用这种方式比之前计算提交、回滚事务数的方式更加复杂，但也是有优势的，因为这种方式分得更细，这样就可以计算出更精细的值。例如，只想把 INSERT、UPDATE、DELETE 的执行数量计入事务总数，使用这个方式就方便了，Com_insert、Com_update、Com_delete 这 3 者的值相加就可以了。或者希望计算每秒插入的数量，只使用 Com_insert 就可以了。

3. 并发请求数量监控

Threads_running 这个状态表示当前并发请求的数量，查询方式：

```
# 查询语句
show global status like 'Threads_running';

# 查询结果
+-----------------+-------+
| Variable_name   | Value |
+-----------------+-------+
| Threads_running | 1     |
+-----------------+-------+
```

并发请求数与 MySQL 的性能成反比，并发请求数越高，就会使 MySQL 整体处理能力下降，所以需要关注并发请求数量的情况。如果并发请求数量远远小于数据库的连接数，这就是有问题的，很有可能是出现了阻塞。

可以通过以下语句查询阻塞情况：

```
select
  trx1.trx_mysql_thread_id '被阻塞线程',
  trx1.trx_query '被阻塞SQL',
  trx2.trx_mysql_thread_id '阻塞线程',
  trx2.trx_query '阻塞SQL',
  (UNIX_TIMESTAMP() - UNIX_TIMESTAMP(trx2.trx_started)) '阻塞时间'
from
  information_schema.innodb_lock_waits lw
  join
  information_schema.innodb_trx trx1
    on lw.requesting_trx_id=trx1.trx_id
  join
  information_schema.innodb_trx trx2
    on lw.blocking_trx_id=trx2.trx_id
where
  (UNIX_TIMESTAMP() - UNIX_TIMESTAMP(trx2.trx_started))>10;
```

其中使用了系统数据库 information_schema 中的 innodb_lock_waits 表与 innodb_trx 表，对其进行连接查询，查询条件是距离当前时间已经过去 10 秒的语句。其中的具体秒数可以自己定义。

18.4　复　制　监　控

在实际线上环境中，MySQL 基本不可能只部署一个节点，单节点模式太不可靠了，所以绝大多数情况下都会使用多节点复制模式，那么复制状况的监控就必不可少了。

复制的监控主要分为 3 个方面。

1．复制是否中断

查看 Slave 节点的状态信息，需要确保 I/O 线程和 SQL 线程都为 YES，否则复制状态就是不正常的。在 Slave 节点中查看复制状态：

```
# 查询状态
show slave status \G;

# 查询结果
*************************** 1. row ***************************
...
             Slave_IO_Running: Yes
            Slave_SQL_Running: Yes
...
```

2．复制延时

有 3 种方式可以查看 Slave 复制的延时情况。

第 1 种方式，可以查看 Slave 复制状态信息中的 Seconds_Behind_Master 信息项。

```
# 查询状态
show slave status \G;

# 查询结果
*************************** 1. row ***************************
...
        Seconds_Behind_Master: 0
...
```

其值为 0 秒，说明复制情况很好。但此值并不是很准确，Seconds_Behind_Master 具体的含义是 Slave 中 SQL 线程与 I/O 线程之间的差异，也就是 SQL 线程是否能够理解把 I/O 线程拿过来的二进制日志立即处理完。所以这个信息项只是描述了 Slave 本地的复制延时情况，如果 Master 与 Slave 传输非常快，那么此值还是可以比较准确地反映主从复制的延时情况的。但是，如果 Master 与 Slave 传输得很慢，而 Slave 本地处理非常快，此值还是 0，这时就有问题了，实际上 Slave 是明显落后于 Master 的。

第 2 种方式，可以通过对比 Master 当前的二进制文件位置与 Slave 当前复制的位置，这样就可以知道 Slave 落后了多少。

查询 Master 状态：

```
# 查询状态
show master status \G;

# 查询结果
*************************** 1. row ***************************
            File: mysql-bin.000002
        Position: 486
...
```

查询 Slave 状态：

```
# 查询状态
show slave status \G;

# 查询结果
*************************** 1. row ***************************
...
            Master_Log_File: mysql-bin.000002
        Read_Master_Log_Pos: 486
...
```

第 3 种方式，使用 PERCONA 公司开发的复制延时监控工具 pt-heartbeat，简单有效，具体使用方法请参照 13.1.6 小节，此处不再赘述。

3．复制数据一致性

13.1.6 小节安装的 percona-toolkit 工具包中，不只有监控复制延时的 pt-heartbeat 工具，还有一个工具叫作 pt-table-checksum，就是用来做复制数据一致性检测的。使用方式如下：

```
pt-table-checksum h=<MySQL 主机地址>, u=<登录用户名> \
  --ask-pass \
  --databases xxx \
  --replicate db_test.checksum
```

参数说明如下。

- --ask-pass：表示需要输入密码。
- --databases：表示要检查的数据库。
- --replicate：表示检测数据写入哪个库中的哪个表。

以下为 PERCONA 官方给出的 checksum 表的建表语句：

```
CREATE TABLE checksums (
    db              CHAR(64)      NOT NULL,
    tbl             CHAR(64)      NOT NULL,
    chunk           INT           NOT NULL,
    chunk_time      FLOAT         NULL,
    chunk_index     VARCHAR(200)  NULL,
    lower_boundary  TEXT          NULL,
```

```
        upper_boundary TEXT                NULL,
        this_crc        CHAR(40)     NOT NULL,
        this_cnt        INT          NOT NULL,
        master_crc      CHAR(40)           NULL,
        master_cnt      INT                NULL,
        ts              TIMESTAMP    NOT NULL DEFAULT CURRENT_TIMESTAMP ON UPDATE CURRENT_TIMESTAMP,
        PRIMARY KEY (db, tbl, chunk),
        INDEX ts_db_tbl (ts, db, tbl)
    ) ENGINE=InnoDB DEFAULT CHARSET=utf8;
```

需要注意，以上操作都是在 Master 中进行的，不需要操作 Slave，此工具可以自动找到复制结构中的所有 Slave。

关于工具 pt-table-checksum 更详细的信息，可以参考其官方网站：

```
https://www.percona.com/doc/percona-toolkit/2.2/pt-table-checksum.html
```

18.5　性能监控工具

扫一扫，看视频

18.5.1　Mytop

Mytop 是一款 MySQL Server 性能监控工具，可以方便地查看 MySQL 的基本性能信息，以及正在执行的请求列表，是哪些用户执行的，由此可以轻松地发现有问题的语句。Mytop 非常类似于 Linux 系统中的 top 命令。下面先看 Mytop 的执行效果，然后再介绍安装方法。

执行 mytop 命令如下：

```
mytop -uroot -p123456 -d sakila -h 192.168.31.22
```

指定 MySQL Server 的连接信息以及目标数据库即可，返回结果如下：

```
MySQL on 192.168.31.22 (5.7.30-log)                    up 2+15:28:16 [23:42:24]
 Queries: 4.7k   qps:     0 Slow:       0.0   Se/In/Up/De(%):    09/43/00/00
              qps now:    0 Slow qps: 0.0 Threads:    5 (   1/   0) 00/00/00/00
 Key Efficiency: 100.0% Bps in/out: 60.5/ 67.2   Now in/out:   9.6/ 2.1k


    Id      User       Host/IP        DB      Time   Cmd Query or State
    --      ----       -------        --      ----   --- ----------
    57      root       172.17.0.1     sakila     0   Query show full processlist
    39      root       localhost      sakila 39381   Sleep
    40      root       localhost             53867   Sleep
    37      root       172.17.0.1     sakila 59224   Sleep
    38      root       172.17.0.1     sakila 59238   Sleep
```

执行结果中，整体可以分为两个部分，一是上面的基础信息；二是下面的列表。先看第一部分：

```
MySQL on 192.168.31.22 (5.7.30-log)                    up 2+15:28:16 [23:42:24]
 Queries: 4.7k   qps:     0 Slow:       0.0   Se/In/Up/De(%):    09/43/00/00
```

```
        qps now:    0 Slow qps: 0.0  Threads:    5 (  1/   0) 00/00/00/00
  Key Efficiency: 100.0%  Bps in/out:  60.5/ 67.2   Now in/out:   9.6/ 2.1k
```

第 1 行显示的是 MySQL Server 主机信息，以及 Uptime 时间。

第 2 行各项含义如下。

- Queries：已经处理的 Query 请求数量。
- qps：关键的性能指标 QPS，每秒处理的请求数。
- Slow：慢查询数量。
- Se/In/Up/De(%)：SELECT/INSERT/UPDATE/DELETE 这几类请求的各自占比。

第 3 行显示的是实时信息，各项含义如下。

- qps now：本周期内处理的 Query 请求数量。
- Slow qps：本周期内的慢查询数量。
- Threads：当前连接线程数，括号中前面数字是 active 状态的线程数量，后面数字是线程缓存中的数量。
- 最后一项（00/00/00/00）：没有名字，实际就是 Se/In/Up/De(%)，表示本周期内的各类请求占比。

第 4 行各项含义如下。

- Key Efficiency：表示有多少 key 为从缓存中读取的而非磁盘。
- Bps in/out：平均流入/流出数据量。
- Now in/out：实时流入/流出数据量。

接下来看第二部分：

```
  Id     User      Host/IP       DB       Time    Cmd Query or State
  --     ----      -------       --       ----    --- ----------
  57     root      172.17.0.1    sakila      0    Query show full processlist
  39     root      localhost     sakila  39381    Sleep
  40     root      localhost             53867    Sleep
  37     root      172.17.0.1    sakila  59224    Sleep
  38     root      172.17.0.1    sakila  59238    Sleep
```

各项数据的含义如下。

- Id：线程 ID。
- User：连接 MySQL 的用户名。
- Host/IP：此用户所在的主机地址。
- DB：此用户所连接的数据库名称。
- Time：闲置时间。
- Cmd：此线程所执行的命令。
- Query or State：线程的请求信息。

此列表是根据 Time 字段升序排序的。Mytop 提供很多控制键，部分内容如下。

- h 键：根据 Host 过滤。
- s 键：根据 User 过滤。

- k 键：结束某个线程。
- m 键：进入 QPS 模式，只是动态显示 QPS 数量。
- o 键：反方向排序，如默认为 Time 值升序，按 o 键后改为降序。

安装方法以 CentOS7 系统为例，使用 YUM 命令安装即可。

```
yum -y install mytop
```

其他系统中的安装方法以及 Mytop 的更详细信息可以参见项目官网：

```
http://jeremy.zawodny.com/mysql/mytop/
```

18.5.2　综合监控工具 OrzDBA

扫一扫，看视频

OrzDBA 是淘宝 DBA 团队开源的一款监控工具，相比于 Mytop，OrzDBA 的功能更加强大，不仅可以监控 MySQL 数据库，还可以监控 Linux 系统。先看 OrzDBA 的运行效果，然后再介绍安装方法。

执行如下命令可以监控 Linux 系统的状况：

```
# 在 orzdba 的目录下执行
./orzdba -sys

# 执行结果
.====================================================.
|        Welcome to use the orzdba tool !            |
|          Yep...Chinese English~                    |
'================ Date : 2020-10-06 ================'

HOST: localhost.localdomain   IP: 127.0.0.1

-------- -----load-avg---- ---cpu-usage--- ---swap---
  Time  | 1m   5m   15m |usr sys idl iow|  si   so|
03:29:55| 0.00 0.01 0.05|  0   0 100   0|   0    0|
03:29:56| 0.08 0.03 0.05|  0   0 100   0|   0    0|
03:29:57| 0.08 0.03 0.05|  1   1  98   0|   0    0|
```

执行后会一直循环输出列表中的统计信息，1 秒输出一次。列表中包括如下 4 项信息。

- time：表示此次统计的时间。
- load-avg：系统的负载状况。有 3 个数值，分别为 1 分钟、5 分钟、15 分钟内的负载统计值。
- cpu-usage：CPU 的使用情况。其中，usr 表示处于用户态的时间占比；sys 表示处于用户态的时间占比；idl 表示处于等待状态（不包含 iow）的时间占比；iow 表示处于 I/O 等待状态的时间占比。
- swap：磁盘交换空间的使用情况。

执行如下命令可以监控 MySQL 状态：

```
# 在 orzdba 的目录下执行
./orzdba -mysql
```

执行结果如图 18-2 所示。

```
HOST: localhost.localdomain    IP: 127.0.0.1
DB  : performance_schema|sakila|sampledb|sys
Var : binlog_format[ROW] max_binlog_cache_size[17179869184G] max_binlog_size[1G]
      max_connect_errors[100] max_connections[151] max_user_connections[0]
      open_files_limit[1048576] sync_binlog[1] table_definition_cache[1400]
      table_open_cache[2000] thread_cache_size[9]

      innodb_adaptive_flushing[ON] innodb_adaptive_hash_index[ON] innodb_buffer_pool_size[128M]
      innodb_file_per_table[ON] innodb_flush_log_at_trx_commit[1] innodb_flush_method[]
      innodb_io_capacity[200] innodb_lock_wait_timeout[50] innodb_log_buffer_size[16M]
      innodb_log_file_size[48M] innodb_log_files_in_group[2] innodb_max_dirty_pages_pct[75.000000]
      innodb_open_files[2000] innodb_read_io_threads[4] innodb_thread_concurrency[0]
      innodb_write_io_threads[4]

--------             -QPS- -TPS-          -Hit%- ------threads------ -----bytes-----
   time | ins  upd  del   sel  iud |    lor   hit| run con cre cac|  recv  send|
03:48:26|   0    0    0     0    0 |      0 100.00|   0   0   0   0|     0     0|
03:48:27|   0    0    0     1    0 |      0 100.00|   1   3   0   2|   738    1k|
03:48:28|   0    0    0     1    0 |      0 100.00|   1   3   0   2|   738    1k|
03:48:29|   0    0    0     1    0 |      0 100.00|   1   3   0   2|   738    1k|
```

图 18-2　OrzDBA 监控 MySQL 效果

上面部分显示的是数据库的基本信息，包括 MySQL 主机信息、现有的数据库列表、参数列表。下面就是实时的统计信息，每秒输出一次。列表中各项信息说明如下。

第 1 栏：time 表示本次统计的时间。

第 2 栏：ins 表示 INSERT 操作数量；upd 表示 UPDATE 操作数量；del 表示 DELETE 操作数量；sel 表示 SELECT 操作数量（作为 QPS）；iud 表示 INSERT、UPDATE、DELETE 这 3 者操作的和（作为 TPS）。

第 3 栏：lor 代表 Innodb_buffer_pool_read_requests，为 InnoDB 逻辑读的数量；hit 为 InnoDB 请求命中率，计算公式为：

```
(Innodb_buffer_pool_read_requests - Innodb_buffer_pool_reads)
  / Innodb_buffer_pool_read_requests * 100%
```

第 4 栏：recv 代表接收字节数；send 代表发送字节数。

OrzDBA 还有更多的用法，如查看 InnoDB 的运行情况：

```
# 在 orzdba 的目录下执行
./orzdba -innodb
```

执行结果如图 18-3 所示。

```
,=========================================.
|       Welcome to use the orzdba tool !  |
|           Yep...Chinese English~        |
|========= Date : 2020-10-06 =============|
HOST: localhost.localdomain    IP: 127.0.0.1
DB  : performance_schema|sakila|sampledb|sys
Var : binlog_format[ROW] max_binlog_cache_size[17179869184G] max_binlog_size[1G]
      max_connect_errors[100] max_connections[151] max_user_connections[0]
      open_files_limit[1048576] sync_binlog[1] table_definition_cache[1400]
      table_open_cache[2000] thread_cache_size[9]

      innodb_adaptive_flushing[ON] innodb_adaptive_hash_index[ON] innodb_buffer_pool_size[128M]
      innodb_file_per_table[ON] innodb_flush_log_at_trx_commit[1] innodb_flush_method[]
      innodb_io_capacity[200] innodb_lock_wait_timeout[50] innodb_log_buffer_size[16M]
      innodb_log_file_size[48M] innodb_log_files_in_group[2] innodb_max_dirty_pages_pct[75.000000]
      innodb_open_files[2000] innodb_read_io_threads[4] innodb_thread_concurrency[0]
      innodb_write_io_threads[4]

--------  ---innodb bp pages status-- ----innodb data status---- --innodb log--  his ---log(byte)--  read ---query---
   time | data  free dirty flush| reads writes  read written|fsyncs written| list uflush uckpt| view inside que|
04:20:36|    0     0     0     0|     0      0      0       0|     0      0|   27     0     0|    0      0    0|
04:20:37| 2814  5356     0     0|     0      0      0       0|     0      0|   27     0     9|    0      0    0|
04:20:39| 2814  5356     0     0|     0      0      0       0|     0      0|   27     0     9|    0      0    0|
```

图 18-3　使用 OrzDBA 查看 InnoDB 状态

OrzDBA 的更多使用方式可以查看帮助信息：

```
./orzdba -h
```

OrzDBA 功能强大，不足之处是安装较为复杂，下面是 CentOS7 系统下的详细安装步骤。

步骤 1：下载 OrzDBA。

OrzDBA 工具在淘宝的 SVN 代码库中，执行语句：

```
svn co http://code.taobao.org/svn/orzdba/trunk
```

如果下载失败，可以去 GitHub 网站中下载，项目地址如下：

```
https://github.com/zhangchunsheng/orzdba
```

这是上面 SVN 中代码的镜像。下载后，里面有使用说明文档，还有后面所需要的依赖安装包。

步骤 2：安装系统依赖库。

```
yum install -y \
  perl-Test-Simple.x86_64 \
  perl-Time-HiRes \
  perl-ExtUtils-CBuilder \
  perl-Test-Simple \
  perl-ExtUtils-MakeMaker \
  perl-DBD-MySQL \
  perl-Module-Build \
  perl-DBI \
  perl-Module-Build-XSUtil \
  perl-Class-Data-Inheritable.noarch \
  perl-Module-Signature \
  perl-Archive-Tar \
  perl-Pod-Readme
```

步骤 3：安装 tcprstat。

下载地址如下：

```
http://github.com/downloads/Lowercases/tcprstat/tcprstat-static.v0.3.1.x86_64
```

执行如下命令进行安装：

```
# 移至/usr/bin
mv \
  tcprstat-static.v0.3.1.x86_64 \
  /usr/bin

# 通过软连接改名
ln -sf \
  /usr/bin/tcprstat-static.v0.3.1.x86_64 \
  /usr/bin/tcprstat
```

步骤 4：安装依赖包。

进入 OrzDBA 的目录，解压其中的 orzdba_rt_depend_perl_module.tar.gz，里面是所需要的依赖包，执行语句：

```
tar zxf orzdba_rt_depend_perl_module.tar.gz
```

进入解压后的目录 Perl_Module：

```
cd Perl_Module
```

其中包含如下文件：

```
Class-Data-Inheritable-0.08.tar.gz
File-Lockfile-v1.0.5.tar.gz
Module-Build-0.31.tar.gz
version-0.99.tar.gz
```

使用 tar 命令将其全部解压，然后逐一安装。

安装 version 模块，执行如下命令：

```
cd version-0.99
perl Makefile.PL
make
sudo make install
```

安装 Class-Data-Inheritable 模块，执行如下命令：

```
cd Class-Data-Inheritable-0.08
perl Makefile.PL
make
sudo make installc
```

安装 Module-Build 模块，执行如下命令：

```
cd Module-Build-0.31
perl Build.PL
./Build
sudo ./Build install
```

安装 File-Lockfile 模块，执行如下命令：

```
cd File-Lockfile-v1.0.5
perl Build.PL
perl ./Build
sudo perl ./Build install
```

步骤 5：修改 orzdba 脚本中的 MySQL 连接信息。

MySQL 的地址、用户名、密码需要直接配置在 orzdba 这个脚本中，在修改之前，建议复制此文件作为备份，防止修改错误。在 OrzDBA 目录下找到 orzdba 文件，将其打开，找到第 160 行，修改前的内容为：

```
my $MYSQL = qq{mysql -s --skip-column-names -uroot -P$port };
```

修改其中的连接信息，修改后的内容为：

```
my $MYSQL = qq{mysql -s --skip-column-names -uroot -P$port -p123456 -h 192.168.1.101};
```

步骤 6：为 orzdba 脚本增加执行权限。

```
chmod +x orzdba
```

至此，OrzDBA 安装完成，可以正常使用了。

18.6　小　　结

扫一扫，看视频

本章介绍了 MySQL 监控的主要方法。其中，可用性监控是为了了解 MySQL 是否可以正常工作。整体状态监控是为了掌握 MySQL 的运行状态，MySQL 将大量的运行状态信息放在了 STATUS 对象中，可以从中获取需要的状态信息。性能监控是为了掌握 MySQL 的运行效率，重点是 QPS、TPS 以及并发线程情况。复制结构是 MySQL 实际应用中的主流结构，所以需要监控复制是否正常工作，以及复制的延时情况、复制后数据的一致性情况。

目前有很多 MySQL 监控工具，本章介绍了两个性能成熟的监控工具，Mytop 是类似于 top 的轻量级监控工具，OrzDBA 是淘宝开源的监控工具，功能丰富，可以监控 Linux 系统以及 MySQL，对于 MySQL 也可以进行各种维度的细粒度监控。学习完本章之后可以全面掌握 MySQL 的监控用法。